高等学校通识教育系列教材

计算机网络与网页制作
——Dreamweaver CS5案例教程

肖川　陈学青　主编

清华大学出版社

北　京

内 容 简 介

计算机信息技术与网络科技已成为当今大学生必须学习和掌握的文化课程。本书将基础理论知识与实际应用能力有机结合。在基础理论方面,本书深入浅出地讲授并梳理了当今计算机网络知识的方方面面,包括局域网、因特网、各种网络服务、网络安全等;在实际应用方面,本书循序渐进地讲解并演示了如何使用 Dreamweaver CS5 软件制作网页及站点,包括添加文本和图像、应用层叠式样式表、布局页面元素、添加多种媒体元素、构建表单、增加行为等。全书共 19 章,第 1 章至第 6 章涵盖基础理论,第 7 章至第 19 章讲解网页制作。

为了方便读者,本书配有电子教案和所用演示案例的源代码。本书在内容上兼顾了科学性、先进性、实用性和通俗性,可作为高等院校各专业学生计算机文化基础课的教材,也可作为计算机成人教育、各类培训班与进修班的教材或主要参考书,同时也可供工程技术人员与计算机爱好者阅读。

图书在版编目(CIP)数据

计算机网络与网页制作——Dreamweaver CS5 案例教程/肖川,陈学青主编. —北京:清华大学出版社,2013.8 (2020.9重印)

高等学校通识教育系列教材

ISBN 978-7-302-32534-5

Ⅰ. ①计… Ⅱ. ①肖… ②陈… Ⅲ. ①网页制作工具-高等学校-教材 Ⅳ. ①TP393.092

中国版本图书馆 CIP 数据核字(2013)第 108039 号

责任编辑:刘向威
封面设计:文　静
责任校对:梁　毅
责任印制:刘海龙

出版发行:清华大学出版社
　　　　　网　　　址:http://www.tup.com.cn,http://www.wqbook.com
　　　　　地　　　址:北京清华大学学研大厦 A 座　　　　邮　　编:100084
　　　　　社 总 机:010-62770175　　　　　　　　　　邮　　购:010-83470235
　　　　　投稿与读者服务:010-62776969,c-service@tup.tsinghua.edu.cn
　　　　　质量反馈:010-62772015,zhiliang@tup.tsinghua.edu.cn
　　　　　课件下载:http://www.tup.com.cn,010-83470236
印 装 者:北京九州迅驰传媒文化有限公司
经　　　销:全国新华书店
开　　本:185mm×260mm　　　印　　张:16.75　　　字　　数:412 千字
版　　次:2013 年 8 月第 1 版　　　　　　　　　　印　　次:2020 年 9 月第 4 次印刷
印　　数:3801～4000
定　　价:29.00 元

产品编号:051640-01

本书编委会名单

主编：施伯乐

编委：张向东　　陈学青　　马颖琦

　　　肖　川　李大学　王　放

　　　朱　洁　王　欢　张守志

序

20 世纪 80 年代之后，随着计算机的逐渐普及，计算机技术极大程度地改变了我们的生活面貌。进入 21 世纪，计算机技术方兴未艾，继续迅猛发展，新技术不断涌现。从触摸输入到语音识别，从智能手机到平板电脑，从网络购物到移动导航，人们的生活和工作方式不断的向着更便捷、更高效的方式转变。从视频计算到数据挖掘，从物联网到云计算，从博客、微博这样的网络新媒体，到微信、飞信等通讯工具，这些新技术甚至更加深层次地改变着我们的生活。

现代社会要求更加高素质的人才，这其中也包括计算机基本素养。大学生要掌握迅速获取信息、鉴别比较信息、加工处理信息的能力，也应当具有使用电子办公软件、多媒体素材编辑处理、数据库存储检索信息、个人网页设计等基本技能。

十八大报告指出："全面实施素质教育，深化教育领域综合改革，着力提高教育质量，培养学生创新精神。"我们要认真学习领会这一精神，摆脱单向灌输、逐条解释软件功能的教学方法。而是从学生的实际需要出发，和学生的生活学习实践相结合，以生动有趣的案例为引导，激发学生的学习兴趣，强调学生动脑思考、举一反三，着重培养学生自我学习提高的能力和创新的能力。

根据上述要求，结合国家和社会的需要，以提高学生计算机素养、创新能力为目标，以提高学生计算机应用技能为抓手，我们根据多年教学实践的经验，组织编写了这套"高校通识教育系列教材"。尽可能贴近学生的学习生活，系统概要地介绍相关理论知识，以丰富有趣的实例作为引导，不再孤立地逐个介绍软件功能，而是强调软件功能的综合运用。

这套丛书分为四本：《计算机办公自动化——Office 2010 案例教程》介绍了文字处理、电子表格、演示文稿三种办公软件；《多媒体技术应用——Adobe CS5 案例教程》介绍了多媒体技术、绘图软件、动画制作软件、音频视频编辑软件；《数据库基础与应用——Access 案例教程》介绍了数据库基础知识及 Access 软件；《计算机网络与网页制作——Dreamweaver CS5 案例教程》介绍了网络基础知识和网页设计软件。

这套丛书不仅可以作为高等院校计算机通识教育的教材，也可以作为计算机成人教育、各类培训班与进修班的教材或主要参考书，也可以作为社会各类人员的自学读物。

因为时间仓促和水平所限，难免发生谬误。在使用中如发现不妥之处，欢迎广大读者提出批评和建议。

复旦大学首席教授

施伯乐

2013 年 7 月

前　言

目前,计算机网络已成为人们生活和工作必需的组成部分。网络提供的诸多服务和功能,如电子邮件、电子商务、网络电话、远程医疗诊断、信息获取等给人们的工作、学习和生活带来了极大便利,提高了人们的生活水平。尤其是世界上规模最大的全球互联网 Internet,它的诞生和广泛应用标志着人们开始进入信息化社会。

在这样一个 WWW(World Wide Web)时代背景下,了解计算机网络,学习网络通信的基本技能,掌握如何制作电子信息发布的基本单位(即网页)成为每个大学生必备的常识和技能。

本书用作复旦大学校级精品课程"计算机网络与网页制作"的教材,立足于计算机网络基础理论知识与网页制作实际应用能力的有机结合。全书共 19 章,按内容可分成相对独立的两部分:第 1 章～第 6 章阐述计算机网络的基础理论知识,主要介绍局域网、因特网、各种网络服务、网络安全技术等;第 7 章～第 19 章讲授如何使用 Dreamweaver CS5 设计和制作网站,在每章的最后附有"动手实践",列出拓展性的实验题目,这些实验题目不存在标准答案,其目的是促使学生在自主探索过程中进一步思考以开拓思路解决实际问题。

本书由复旦大学计算机科学技术学院担任计算机基础教学工作的两位老师合作编写,其中第 1 章～第 6 章由陈学青执笔,第 7 章～第 19 章由肖川执笔,全书由肖川统稿。

由于时间仓促、作者水平有限,本书难免有些错误和疏漏,敬请读者不吝指正。作者电子邮箱:cxiao@fudan.edu.cn。

为方便读者,本书配有电子教案和所用演示案例的素材。读者可在清华大学出版社网站 http://www.tup.tsinghua.edu.cn 免费获取本书配套的电子教案和案例素材。

编　者
2013 年 3 月

目　　录

第 1 章

计算机网络基础

学习目标

◆ 计算机网络的发展

◆ 计算机网络的功能

◆ 计算机网络的组成

◆ 计算机网络的分类

在这一章将介绍计算机网络的基础知识,包括计算机网络的发展、功能、软硬件组成、网络协议以及网络分类。

1.1 计算机网络的发展

计算机网络是现代通信技术与计算机技术相结合的产物,自 20 世纪诞生至今已经经历了 50 多年的发展,其发展历程大致划分为 3 个阶段:第一阶段是以单计算机为中心的终端联机系统,第二阶段是以通信子网为中心的计算机-计算机网络,第三阶段是开放式标准化的计算机网络。

1.1.1 以单计算机为中心的终端联机系统

20 世纪 50 年代前后,计算机主机非常昂贵,通信线路和通信设备则相对便宜,为了共享计算机主机计算资源,诞生了第一代以单计算机为中心的终端联机系统,称为计算机-终端网络。

随着远程终端接入数量的增加,中心计算机的负载越来越重。为了减轻中心计算机的负载,在通信线路和中心计算机之间设置了一个前端处理机 FEP(Front End Processor)或通信控制器 CCU(Communication Control Unit)专门负责与各终端之间的通信控制,使得主机只要负责数据处理而不要负责通信,大大提高了中心计算机的利用率。在远程终端聚集的地方,采用集中器或多路复用器,用低速线路把附近群集的终端连起来,再通过调制解调器(Modem)及高速线路与远程中心计算机的前端处理机相连。这样的终端联机系统既提高了线路的利用率,又节约了远程线路的投资,如图 1.1 所示。

典型代表是 20 世纪 60 年代初期的美国航空公司的航空机票订票系统 SABRE Ⅰ,它由一台计算机主机和全美范围内 2000 多个终端组成。系统中只有中心计算机具有订票业务处理功能,其他终端(即计算机外部设备包括显示器和键盘,没有 CPU 和内存)都是通过中心计算机开展订票业务。

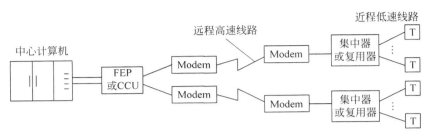

图 1.1　计算机-终端网络

这个阶段的联机系统的通信主要发生在终端和中心计算机之间,终端联机的目的是传输信息、实现远程信息处理,可见这样的联机系统已具备了网络雏形。

1.1.2　以通信子网为中心的计算机-计算机网络

随着计算机网络技术的发展,到 20 世纪 60 年代中后期,计算机网络不再局限于单计算机网络,而是由多台计算机主机通过通信线路互联起来,为用户提供服务的第二代计算机网络,也称为计算机-计算机网络。

主机之间并不是用线路直接相连,而是由通信控制处理机(CCP)转接后互联。CCP 和它们之间互联的通信线路一起负责主机间的通信任务,构成通信子网;通信子网互联的主机(Host)负责运行程序,提供资源共享,构成资源子网。如图 1.2 所示。

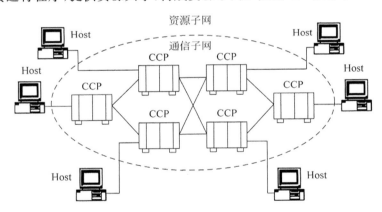

图 1.2　计算机-计算机网络

从图 1.2 可以看出,首先,第二代计算机网络以通信子网为中心,而第一代网络是以单台计算机为中心;其次,这里的多台计算机均具有自治处理能力,不存在主从关系;其三,系统中终端和中心计算机间的通信已发展到计算机和计算机间的通信,由通信子网负责。第二代计算机网络的典型代表如美国国防部高级研究计划局研究开发的 ARPANET。

这个阶段的联机系统是为共享资源而互联起来的计算机集合体,初步形成了计算机网络的基本概念。

1.1.3　开放式标准化的计算机网络

20 世纪 70 年代末至 90 年代的第三代计算机网络是具有统一网络体系结构并遵循国

际标准的开放式和标准化的网络。

ARPANET 兴起后，计算机网络发展迅猛，各大网络厂商相继推出自己的网络体系结构和产品，但由于没有统一的标准，各厂商各自为政，自成封闭系统，导致不同厂商生产的产品之间难以互联，这时人们迫切希望有一种统一的网络体系结构，形成一种开放的标准化的计算机网络环境，使得无论哪家网络厂商的网络产品只要符合统一的标准，相互之间就可以进行通信。正是在这样的背景下诞生了两种国际通用的最重要的体系结构，即 TCP/IP 体系结构和国际标准化组织 ISO 的 OSI 体系结构。

1.2　计算机网络的定义与功能

1.2.1　计算机网络的定义

计算机网络可简单定义为一些相互连接、以共享资源为目的、自治的计算机集合。从逻辑功能上看，计算机网络是以传输信息为基础目的，用通信线路将多个计算机连接起来的计算机系统的集合。具体来讲，计算机网络是将地理位置上分散的、具有独立自治功能的多台计算机及相关设备，通过通信线路连接起来，在网络操作系统、网络管理软件及网络通信协议的管理和协调下，实现资源共享和信息传递的计算机系统。

1.2.2　计算机网络的功能

(1) 数据通信是计算机网络最基本的功能。计算机网络用来快速传送计算机与终端、计算机与计算机之间的各种信息，如电子邮件、电子公告牌(BBS)、远程登录等都是网络提供的数据通信服务。利用这一功能，可将分散在各个地区的单位或部门用计算机网络联系起来，进行统一调配、控制和管理。

(2) 资源共享是计算机网络的核心功能。"资源"可以是网络中的硬件，也可以是软件或数据信息。"共享"是指网络用户可以使用网络资源。例如，某些外部设备如高速打印机，提供给网络用户使用，就可以使没有添置这些设备的地方也能打印输出；某些单位设计的软件可供需要者有偿或无偿使用。如果不能实现资源共享，完全由用户自己购置完整的软、硬件及数据信息资源，将大大增加全系统的建设费用。正因为资源共享，所以不用考虑网络资源的物理位置，也无论用户身处何地，使用千里之外的资源都像使用本地资源一样。计算机网络试图消除"地理位置的束缚"。

(3) 协同工作、分布处理。当网络中某台计算机负载过重时，或该计算机正在处理某项工作时，网络可以将新任务转交给其他负载不重的计算机去完成，这样就均衡了各计算机的负载，从而改善处理问题的实时性，提高各计算机的可用性。对大型综合性问题，可以将问题分解，把各部分功能分别交给不同的计算机同时进行处理，充分利用网络资源，扩大计算机的处理能力，增强实用性。对解决复杂问题来讲，多台计算机联合使用并构成高性能的计算机体系要比单独购置高性能的大型计算机便宜得多。

(4) 提高可靠性。网络中的每台计算机都可通过网络互为备用，一旦某台计算机发生故障，就可由其他计算机代为完成任务，从而避免单机情况下，某台计算机发生故障而导致整个系统瘫痪的现象，以提高系统的可靠性。

对于大多数应用来说,其中的核心功能还是资源共享。

1.3 软硬件组成

计算机网络的软件主要是网络操作系统和网络通信协议。计算机网络的硬件除了计算机本身以外主要是网络设备和传输介质,其中,网络设备包括交换机、网卡、路由器、集线器、ADSL 等;而传输介质包括双绞线、同轴电缆、光纤以及无线传输介质。组成计算机网络的软硬件共同构建了计算机网络系统。

1.3.1 计算机网络软件

网络操作系统

网络操作系统(Network Operation System,NOS)是构建在网络计算机硬件之上的特殊的操作系统,其任务是屏蔽本地资源和网络资源的差异,为用户提供基本网络服务功能,完成网络上所有共享资源管理,并提供服务。

网络操作系统除了通常操作系统的基本功能,如处理机管理、内存管理、文件系统、I/O 管理等,还具备文件共享服务管理功能、打印服务、通信服务、数据库服务、分布式服务、网络管理服务以及 Internet/Intranet 服务。

目前,可供选择的主流网络操作系统有 Windows Server、UNIX 系列操作系统、Linux Server 操作系统。Windows Server 主要是继承原先的 Windows NT;UNIX 系统版本主要有 UNIX SUR 4.0、HP-UX 11.0,SUN 的 Solaris 8.0 等;常用 Linux Server 系列有 REDHAT 的 RHEL6 等。

1.3.2 计算机网络硬件

计算机网络硬件主要包括网络设备和传输介质。网络设备是计算机网络的基础设施,传输介质是连接网络设备的媒介。由于集线器和同轴电缆逐步被淘汰,所以这里不再介绍。

1. 网络设备

(1) 网卡

网卡是工作在链路层的网路组件,是局域网中连接计算机和传输介质的接口,不仅能实现与局域网传输介质之间的物理连接和电信号匹配,还涉及帧的发送与接收、帧的封装与拆封、介质访问控制、数据的编码与解码以及数据缓存的功能等。

(2) 网桥与交换机

网桥是一种依据帧地址进行转发的二层网络设备,可将数个局域网网段连接在一起。网桥可连接相同介质的网段也可访问不同介质的网段。网桥的主要作用是分割和减少冲突。它的工作原理同交换机类似,也是通过 MAC(Media Access Control)地址表进行转发。网桥主要完成 3 个功能:转发、过滤数据帧;帧格式转换;传输速率转换。交换机本质上就是一个多端口的网桥。

(3) 路由器

路由器是互联网的主要节点设备,它通过转发数据包实现网络互连,绝大多数路由器支持 TCP/IP 协议。

路由器通常连接两个或多个子网,根据接收到数据包中的网络层地址以及路由器内部维护的路由表决定输出端口以及下一跳地址,并且重写链路层数据包头实现数据包转发。路由器通过动态维护路由表来反映当前的网络拓扑,并通过与网络上其他路由器交换路由和链路信息来维护路由表。

2. 传输介质

(1) 双绞线

双绞线(Twisted Pair)是由两条相互绝缘的导线按照一定的规格互相缠绕(一般以逆时针缠绕)在一起而制成的一种通用配线,属于信息通信网络传输介质。

RJ-45 插头是一种只能沿固定方向插入并自动防止脱落的塑料接头,俗称"水晶头",专业术语为 RJ-45 连接器,是一种网络接口规范。类似的还有 RJ-11 接口,就是平常所用的"电话接口",用来连接电话线。双绞线的两端必须都安装这种 RJ-45 插头,以便插在网卡(NIC)、集线器(Hub)或交换机(Switch)以及 ADSL 的 RJ-45 接口上,进行网络通信。

(2) 光纤

光纤是光导纤维的简称,是一种细小、能传导光信号的介质。从内到外,由石英玻璃纤芯、折射率较低的反光材料包层和塑料保护套组成。由于低折射率反光材料包层的作用,使得在纤芯中的光信号的损失较小。

光纤不受电磁干扰,所以光纤具有倍频带宽、通信距离长、抗干扰能力强等优点。

3. 无线介质

无线介质为无线电波、微波以及红外线。

1.4 网络协议

在介绍计算机网络协议之前,有必要先介绍计算机网络基本概念——计算机网络体系结构。国际标准化组织(International Organization for Standardization,ISO)为标准化计算机网络定义了一个七层的开放式系统互联(Open System Interconnection,OSI)模型。自顶向下包括应用层、表示层、会话层、传输层、网络层、数据链路层和物理层,如图 1.3 所示。

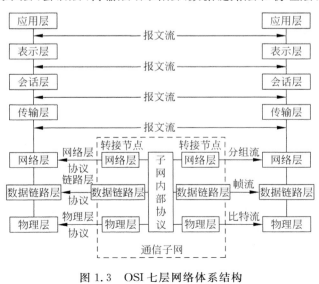

图 1.3 OSI 七层网络体系结构

由于 OSI 模型过于复杂、模型协议的实现运行效率低下等原因,导致没能广泛使用。不过,作为一个有价值的理论参考模型,OSI 为各种网络协议的制定提供参考。

相比之下,TCP/IP 模型十分简单,它只有 3 层:应用层、传输层、网际层。图 1.4 将 OSI 层次结构同 TCP/IP 模型协议栈作一个横向对比:①与 IP 协议对应的是 OSI 的网络层具体的协议实现;②与 TCP 和 UDP 协议对应的是 OSI 传输层的具体协议实现;③HTTP、FTP、SMTP、TELNET 等诸多协议实现了 OSI 应用层、表示层和会话层的具体协议实现。

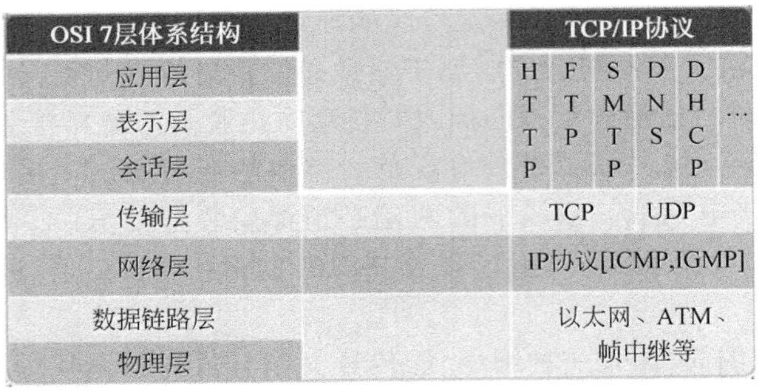

OSI 7层体系结构		TCP/IP协议	
应用层		H F S D D	
表示层		T T M N H ...	
会话层		T T T S C	
		P P P P P	
传输层		TCP	UDP
网络层		IP协议[ICMP,IGMP]	
数据链路层		以太网、ATM、	
物理层		帧中继等	

图 1.4 OSI 7 层体系结构与 TCP/IP 协议栈比较

下面主要从 TCP/IP 模型入手,概述各层包含的主要网络协议。

1.4.1 IP 协议

网际协议(Internet Protocol,IP)是 TCP/IP 构架体系中最主要的两个协议之一。IP 协议将网络上所有支持 IP 协议的主机连接起来。如果将每一个主机看作一个节点,那么该节点将由一个 32 位的地址来标识,称之为该主机的 IP 地址。因特网中主机的相互通信都是依赖 IP 地址。IP 最重要的文档为 RFC 791(Request For Comments)。RFC 文档包含有关 Internet 的技术规范可以在 http:\\www.ietf.org\rfc.html 中找到。

1.4.2 Internet 控制消息协议(ICMP)

Internet 控制消息协议(Internet Control Message Protocol,ICMP)是一个控制协议,是 IP 协议的一个基本扩充。任何支持 IP 协议的节点通过 ICMP 协议来知晓网络的活动状态和错误。因此,没有 ICMP 协议的 IP 协议是一个不可靠的协议:不能得到状态的确认,没有数据错误的控制能力,也不能重新传输数据。ICMP 是一个标准协议,不属于高层协议,是网际层(IP 层)的协议。

ICMP 的协议报文是 IP 协议格式的数据包,它有两种类型:ICMP 差错报告报文和 ICMP 询问报文。ICMP 差错报告报文分为 5 种类型:①终点不可达;②源站抑制;③超时;④参数问题;⑤重定向问题。ICMP 询问报文可分为 4 种类型:①回送请求与应答;②时间戳请求与应答;③掩码地址请求与应答;④路由询问与通告。

在应用层中有一种常用的网络服务程序 PING(Packet InterNet Groper),用来测试两个网络节点的连通性。PING 是应用层直接使用 ICMP 的典型案例,事实上它不利用传输层的 TCP 或 UDP 协议。

现代操作系统如 Windows 系列、Linux 系列、UNIX 系列等都自带 PING 使用程序。例如:在 Windows 操作系统中的运行中输入 cmd,打开 command 命令行,输入 ping 空格加上目标设备 IP 地址。这个命令的含义是向目标设备发送一条 ICMP 响应消息,如果设备可达,则返回一条 ICMP 响应回复。

图 1.5 显示正常设备可达的情况下 ICMP 响应回复的内容。

图 1.5 可达响应回复的内容

图 1.6 显示超过了生存时间(TTL)值时的响应内容。

图 1.6 超过了生存时间(TTL)值时的响应内容

图 1.7 显示目标设备不可达时的响应内容。

图 1.7 目标不可达时的响应内容

但是,需要注意的是目标设备不可达,并不代表使用其他协议也不可达。原因是 ICMP 的响应消息有可能被路由或者防火墙阻塞了。

综上可见,PING 服务程序使用了 ICMP 差错报告报文和 ICMP 回送请求和回送应答报文。

1.4.3 Internet 组管理协议

与 ICMP 协议类似,组管理协议(Internet Group Management Protocol,IGMP)也是 IP 协议的一个补充协议,适用于多播(也有文献资料称组播 Multicast)环境的 IP 协议服务,此 协议也位于网际层。一般情况下,基于多播的应用程序都使用 IGMP 协议,且多播只向一

计算机网络基础

组网络节点而不是像广播那样向网络中的每一个节点发送消息。

IGMP 协议可以分为两个阶段：

主机在加入多播组时应向多播组的多播地址发送一个 IGMP 报文，本地多播路由器收到此报文后将多播组成员关系转发给网络上其他多播路由器。组成员关系是动态的，本地多播路由器要周期性探测本地网络主机以确认这些主机是否还是多播组成员。只要有一个主机是活跃的，那么多播路由器就认为这个多播组是活跃的。相反的，如果经过几波轮询探测后发现没有主机响应，那么多播路由器认为这个组的所有主机都离开了，那么就不会把这个多播组成员关系转发给网络上其他多播路由器。

1.4.4 传输控制协议

传输控制协议（Transport Control Protocol，TCP）是 TCP/IP 体系中传输层两种协议之一。TCP 协议是一种面向连接的、可靠的、端到端的传输协议。由于 TCP 协议提供的面向连接的服务，所以在传送数据之前必须先建立连接，数据传送结束后要释放连接。

TCP 协议的连接与建立都是通过客户-服务器方式。主动发起建立连接的应用为客户（Client）；被动等待建立连接的应用为服务器（Server）。服务器应用程序必须执行一个被动打开（Passive Open）的操作。这时的服务器并不是对网络进行呼叫，而是监听并等待建立连接请求，如有请求则作出响应。而客户应用程序则执行主动打开（Active Open）操作表明要向某个 IP 的某一个端口请求建立连接。

"三次握手"建立连接：

客户应用程序向服务器应用发送一个同步序列号（SYN：x）表明要建立连接。服务器应用监听到这一请求后向客户应用程序发送一个确认信息（ACK：x+1）以及服务器响应的同步序列号（SYN：y），当客户应用程序收到确认信息后，将确认信息（ACK：y+1）发送到服务器应用。这样建立连接采用的过程叫做三次握手。

建立好连接后，就可以进行消息的发送和接收了。收到消息后发送 ACK 确认消息，若消息发送超时，将会回到重发队列中以便再次发送。

"四次挥手"释放连接：

客户应用程序向服务器的 TCP 层发送一个连接释放请求（FIN：x），并且不再发送任何数据。服务器 TCP 层接收到此释放请求后，发出确认信息（ACK：x+1）。此时，连接已经释放了。但是连接处于半关闭状态，即客户应用程序不再发送数据了，但是还能接收到服务器发送的数据。服务器也不再接收客户应用发来的数据，只是服务器还能向客户应用程序发送数据。当服务器向客户应用程序发送信息结束后，服务器发出释放请求（FIN：y）并重复发送上次发送的确认信息（ACK：x+1）到客户应用程序。最后，客户应用程序接收到后，发出确认信息（ACK：y+1）给服务应用。自此，从客户到服务器应用和服务器应用到客户应用双方向的连接都释放掉了。我们称这种双方向的连接释放过程叫"四次挥手"。

TCP 协议提供了可靠的、面向连接的传输服务，因此不可避免地增加了开销，如信息确认、控制流量、计时以及管理连接等。这使得协议数据单元的头部空间变大，占用更多的系统资源。

1.4.5　用户数据报协议

用户数据报协议(User Data Protocol,UDP)是 TCP/IP 体系传输层的另一个协议。面向连接的 TCP 协议通常用于两个主机通信;在实现一对多的广播或者多对多的多播时,就要使用 UPD 协议,因为它是一个无连接的、不可靠的协议,这些特点表现出其特殊优势:

(1) 无连接即发送数据前不用建立连接,结束时也不用释放连接,这样可降低系统开销和发送数据前的准备延迟;

(2) UDP 协议数据报首部只有 8 字节,而 TCP 协议为了实现可靠传输首部有 20 字节;

(3) UDP 协议没有拥塞控制。当网络拥塞时,源主机不会降低发送速率。这对 IP 电话、视频会议等实时应用十分重要:要求源主机以某个恒定速率发送数据包,并允许网络拥塞时丢失一些数据且不允许发送数据有太大延迟。

需要注意的是,在传送数据包过程中,UDP 报文有可能出现丢包、重复及乱序等情况。

1.4.6　高级 Internet 协议

高级的 Internet 协议位于 TCP/IP 模型的最上层——应用层中。下面简单介绍一下这些高级 Internet 协议。

1. HTTP 协议

超文本传输协议(Hypertext Transfer Protocol,HTTP)是 Web 应用程序使用的主要协议。HTTP 协议是一个可靠的协议,通过 TCP 协议实现。HTTP 协议用来在网络上传输文件。HTTP 协议的报头可以启用缓存,用户应用程序的识别,支持附件等功能。

HTTPS 协议是 HTTP 协议的一种扩充,是 SSL(Secure Socket Layer)上的 HTTP 协议。若要想支持 HTTPS 协议,Web 服务器必须安装一个数字证书。

2. FTP 协议

文件传输协议(File Transfer Protocol,FTP)用于将文件复制到服务器或者从服务器中下载文件。这也是一个基于 TCP 协议的应用层协议,FTP 命令封装在 TCP 消息里的 TCP 数据块中。Microsoft 的 IE 浏览器是一个"天然"的 FTP 客户端,可以读取服务器上的文件和文件列表并下载文件。

3. Telnet 协议

远程终端协议(Telnet)用来连接一个 Telnet 服务器。Telnet 协议使得人们能够通过用户身份验证连接到一个远程系统,然后在一个控制台环境下远程调用命令。Telnet 协议也依赖 TCP 协议为其提供服务。

4. DNS 域名系统

域名系统(Domain Name System,DNS)提供网络设备的文字名到 IP 地址的映射的网络服务。此协议既依赖 TCP 协议,又依赖 UDP 协议。

5. SNMP 协议

简单网络管理协议(Simple Network Management Protocol,SNMP)是用于监控和管理网络设备的协议。

6. DHCP 协议

主机动态配置协议(Dynamic Host Configuration Protocol,DHCP)为大量的客户主机

计算机网络基础

提供快速、方便和有效的配置 IP 地址。DHCP 协议会将一个地址池的 IP 地址自动分配给请求主机,从而可大大减轻网络管理员手工记录和分配 IP 地址的负担。

7. NNTP 协议

网络新闻传输协议(Network News Transfer Protocol,NNTP)是一个用于提交、中继、获取消息的应用层协议。基于此协议的操作属于新闻组讨论的一部分。该协议能够访问新闻组服务器,还能支持服务器到服务器的消息传输。

1.5 网 络 分 类

与其他事物一样,网络也可以按照不同依据进行分类,但在众多分类依据中被大家广泛认可的一种划分标准是按网络覆盖的地理范围大小进行分类的。

按照网络覆盖的地理范围大小,可以把计算机网络分为局域网、城域网、广域网和互联网 4 种。如果以电话网的地域属性来类比,局域网相当于某单位的内部电话网,城域网犹如某地只能拨通市话的电话网,广域网则好像国内直拨电话网,而互联网则类似于国际长途电话网。

特别说明,这里并没有严格意义上地理范围的区分。

1.5.1 局域网

局域网(Local Area Network,LAN)是覆盖在局部范围内的网络,覆盖的地理范围比较小,一般来说可以是几米至几千米以内。局域网无关乎网络内计算机数量配置的多少,少的可以只有两台,多的可达几百、几千台。

随着计算机网络技术的发展,局域网得到了广泛的应用和普及,是目前最常见的一种网络,几乎每个单位都有本单位的局域网,甚至很多家庭都有自家小型局域网。

局域网有 3 种典型的方案,处于同一房间、同一建筑、同一校园/公司或方圆几千米地域内的专用网络,常被用于连接公司办公室或校园里的个人计算机和工作站,以便通信交往或共享资源。

关于局域网知识,后面有详细介绍。

1.5.2 城域网

城域网(Metropolitan Area Network,MAN)是在一个城市范围内所建立的计算机网络。覆盖地理范围介于局域网与广域网之间,但通常使用与局域网相似的技术。

城域网具有传输速率高,用户投入少、接入简单(安装过程类似于电话,只不过网线代替了电话线,计算机代替了电话机)和技术先进、安全等特点。

城域网主要用作骨干网,通过它将位于同一区域内不同地点的主机、数据库,以及多个局域网等互相连接起来,这与广域网的作用有相似之处,但两者在实现方法与性能上有很大差别。

城域网被广泛应用于高速上网、视频点播、网络电视、远程监控、网络医疗、网络教育以及其他宽带业务。

1.5.3　广域网

广域网（Wide Area Network，WAN）也称远程网，用来实现不同地区的局域网或城域网的互连，可提供不同地区、城市和国家之间的计算机通信的远程计算机网。

广域网通常跨接很大的物理范围，所覆盖的范围从几十千米到几千千米，比局域网（LAN）和城域网（MAN）都广。广域网将分布在不同地区的局域网或计算机系统互连起来，达到通信交往或资源共享的目的。如互联网就是世界范围内最大的广域网。

由于广域网跨接的物理范围大，所以广域网的数据传输速率比局域网低，典型速率从几十 Kbps 到几百、几千 Kbps；而信号的传播延迟却比局域网要大得多，从几毫秒到几百毫秒。

1.5.4　互联网

互联网（Internet）也称为网际网，是指两个或多个网络互相连接所形成的网络。最常见的互联网是通过 WAN 连接的 LAN 的集合，最典型的例子是目前使用最广泛的因特网。

1.6　常见问答

1. OSI 模型中物理层的含义和作用是什么？

物理层指物理连接，实现数据链路实体间透明的比特流传输。物理层协议的作用是屏蔽物理设备、传输介质的差异。

2. 网卡有什么作用？上因特网必须要用网卡吗？

网卡的全名叫网络适配器，又称网络接口卡（NIC），它是使计算机联网的设备。网卡插在计算机主板插槽中，负责将用户要传递的数据转换为网络上其他设备能够识别的格式，再通过网络介质传输。网卡是计算机网络中最基本的元素。在计算机局域网络中，如果有一台计算机没有网卡，那么这台计算机将不能和其他计算机通信，也就是说，这台计算机和网络是孤立的。

3. 什么是 ISO 和 OSI？

ISO 是一个组织的英语简称，其全称是 International Organization for Standardization，翻译成中文就是"国际标准化组织"。ISO 是世界上最大的国际标准化组织。它成立于 1947 年 2 月 23 日，现总部设在日内瓦。ISO 现有 117 个成员，包括 117 个国家和地区。ISO9000 不是指一个标准，而是国际标准化组织颁布的 ISO9000—ISO9004 5 个标准的总称，即所谓的"ISO9000 系列标准"。该标准是由国际标准化组织质量管理和质量保证技术委员会（ISO/TC176）专门负责制订的。

而 OSI 是一个完全不同的概念，OSI 的全称是 Open System Interconnection（开放系统互连），一般都叫 OSI 参考模型（即 OSI/RM）。OSI 是 ISO 在网络通信方面所定义的开放系统互连模型，有了这个开放的模型，各网络设备厂商就可以遵照共同的标准来开发网络产品，最终实现彼此兼容。OSI 将网络划分为 7 个层次，这就是大家常说的 OSI 七层结构（由低到高：物理层、数据链路层、网络层、传输层、会话层、表示层、应用层）。OSI 模型用途相当广泛，比如交换机、集线器、路由器等很多网络设备的设计都是参照 OSI 模型设计的。

第2章 两类基本网络

学习目标

◆ 局域网

◆ 无线网

在这一章将介绍两类基本的计算机网络：局域网和无线网。

2.1 局　域　网

局域网是覆盖较小范围的计算机网络，是计算机网络的重要组成部分。局域网的主要特点是：网络为某一个"单位"所有，且地理范围和节点数目均有限。局域网具有相对较高的数据传输速率，较低的延迟和较小的误码率。此外，局域网的优点有：①可共享外部设备、主机、软件、数据，甚至从一个主机节点访问全局域网；②有利于系统的延展性；③提高了系统的可靠性和可用性。

局域网按照网络拓扑结构可分为星形网、环形网、总线网和树形网。因为集线器、交换机以及双绞线大量用于局域网，所以星形网结构获得了广泛的使用。而树形网，一般认为是总线网的变形，属于广播信道网络，主要用于频分复用的宽带局域网。

局域网经过几十年的发展，尤其是传统以太网（10Mb/s）、快速以太网（100Mb/s）、吉比特以太网（1Gb/s）和十吉比特以太网（10Gb/s）进入市场，以太网（Ethernet）几乎成为局域网的代名词。

1. 以太网

以太网（Ethernet）是指由 Xerox 公司创建并由 Xerox、Intel 和 DEC 公司联合开发的基带局域网规范，是当今现有局域网采用的最通用的通信协议标准。以太网络使用 CSMA/CD（载波监听多路访问及冲突检测）技术，并运行在多种类型的电缆上。以太网与 IEEE 802.3 系列标准相类似。

2. 虚拟局域网 VLAN

虚拟局域网（Virtual LAN，VLAN）是由一些局域网网段构成的与物理位置无关的逻辑组，这些网络具有共同需求。利用交换机可以很方便地实现虚拟局域网。人们设计 VLAN 来为工作站提供独立的广播域，这些工作站是依据其功能、项目组或应用而逻辑分段的，不必考虑用户的物理位置。

VLAN 的优点：一是安全性。一个 VLAN 里的广播帧不会扩散到其他 VLAN 中；二是网络分段。将物理网段按需要划分成几个逻辑网段；三是灵活性。可将交换端口和连接用户依据逻辑关系分成团体，如：按照同一部门的工作人员、项目小组等多种用户组来分段。

典型 VLAN 的特性：①每一个逻辑网段像一个独立物理网段；②VLAN 能跨越多个交换机；③由主干（Trunk）为多个 VLAN 运载通信量。

值得注意的是，虽然 VLAN 是在交换机上划分的，但交换机是第二层网络设备，单一的由交换机构成的网络无法进行 VLAN 间通信。这里遇到的问题同局域网中的情况一样，如何才能实现在局域网不同物理网段间的通信？解决这一问题的方法是使用第三层的网络设备：路由器。路由器可以转发不同 VLAN 间的数据包，就像它连接了几个真实的物理网段一样。这时称这里的路由为 VLAN 间路由。

2.2　无　线　网

无线局域网指的是采用无线传输媒介的计算机网络，结合了最新的计算机网络技术和无线通信技术。

首先，无线网是有线网的延伸。使用无线技术来发送和接收数据，减少了用户的连线需求。在有线世界里，以太网已经成为主流的 LAN 技术，其发展不仅与无线 LAN 标准的发展并行，而且也确实预示了后者的发展方向。通过电气和电子研究所（IEEE）802.3 标准的定义，以太网提供了一个不断发展、高速、应用广泛且具备互操作特性的网络标准。这一标准还在继续发展，以跟上现代 LAN 在数据传输速率和吞吐量方面的要求。以太网标准最初仅能提供 10Mb/s 的数据传输速率，现在已经发展成为可以提供网络主干和带宽密集型应用所要求的 1000Mb/s 的数据传输速率。IEEE 802.3 标准是开放性的，减少了市场进入的障碍，并导致了大量可供以太网用户选择的供应商、产品和价值点的产生。最重要的是，只要符合以太网标准就可以实现互操作性，从而使用户能够选择多个供应商提供的一种产品，同时确保这些产品能够共同使用。

第一代无线 LAN 技术是由低速的（1～2Mb/s）专有产品提供。尽管有这些缺点，无线所带来的自由性和灵活性还是在纵向市场上为这些早期产品占据了一席之地，如零售业和仓储业，这些行业的移动工人使用手持设备进行存货管理和数据采集。随后，医院使用无线技术将病人的信息直接传送到病床边。随着计算机进入课堂，学校和大学开始安装无线网络，以避免布线成本和共享 Internet 接入。无线供应商为使这一技术获得市场的广泛接受建立一种类似以太网的标准。供应商联合到一起，建立了一个基于各自技术的标准。随后，IEEE 发布了用于无线局域网的 802.11 标准。

正像 802.3 标准允许数据通过双绞线和同轴电缆进行传输一样，802.11 WLAN 标准允许通过不同的介质进行数据传输。可以使用的介质包括红外线和两种在无需获得许可的 2.4 千兆赫频段上的无线电传输：跳频扩频（FHSS）和直序扩频（DSSS）。FHSS 受限于 2Mb/s 的数据传输速率，仅推荐在非常特殊的应用如某些类型的水运工具中使用。对于其他所有的无线 LAN 应用，DSSS 是更好的选择。IEEE 演化版本 802.11b 可以通过 DSSS 提供与以太网相当的 11Mb/s 的数据传输速率。FHSS 不支持 2Mb/s 以上的数据传输速率。

Aironet/IEEE 的多级安全保密措施，极大地增强无线网络的安全可靠性，而且用户还可增加一些附属功能以达到更高的保密性,无线网络则已具有同有线局域网络甚至更高级别的保密特性。

与有线网相比较,无线网具有开发运营成本低、时间短,投资回报快,易扩展,受自然环境、地形及灾害影响小,组网灵活快捷等优点。可实现"任何人在任何时间,任何地点以任何方式与任何人通信",弥补了传统有线网的不足。

随着 IEEE 802.11 标准的制定和推行,无线局域网的产品将更加丰富,不同产品的兼容性将得到加强。现在无线网络的传输率已达到和超过了 10Mb/s,并且还在不断变快。目前无线局域网除能传输语音信息外,还能顺利地进行图形、图像及数字影像等多种媒体的传输。

目前人们广泛应用的 802.11 标准无线网络是通过 2.4GHz 无线信号进行通信的,由于采用无线信号通信,在网络接入方面就更加灵活了,只要有信号就可以通过无线网卡完成网络接入的目的;同时网络管理者也不用再担心交换机或路由器端口数量不足而无法完成扩容工作了。总的来说中小企业无线网络相比传统有线网络的特点主要体现在以下两个方面:

(1) 无线网络组网更加灵活:无线网络使用无线信号通信,网络接入更加灵活,只要有信号的地方都可以随时随地将网络设备接入到企业内网。因此当需要移动办公或即时演示时无线网络优势更加明显。

(2) 无线网络规模升级更加方便:无线网络终端设备接入数量限制更少,相比有线网络一个接口对应一个设备,无线路由器允许多个无线终端设备同时接入到无线网络,因此在企业网络规模升级时无线网络优势更加明显。

2.3 常 见 问 答

1. 无线网络的覆盖范围有多广?

一般无线网络所能覆盖的范围应视环境的开放与否而定,若不加外接天线,在视野所及之处约 250m,若属半开放性空间,有隔间之区域,则约 35~50m,若加上外接天线,则距离可达更远,这由天线本身的增益来定。

2. 无线终端设备如何接入无线网络?

在典型的无线局域网环境中,无线终端设备(如笔记本电脑)通过其无线网卡上的天线发送、接收电磁波与一种称为 AP(Access Point)的设备进行通信。通常一个 AP 能够在几十至上百米内的范围内连接多个无线用户,在同时具有有线与无线网络的情况下,AP 可以通过标准的以太网电缆与传统的有线网络连接,作为无线和有线网络之间连接的桥梁。而这也是目前的主要应用方式,比如计算机通过无线网卡与 AP 连接,再通过 AP 与 ADSL 等宽带网络连接接入因特网。除此之外,AP 本身具有网管的功能,能够针对无线网卡作一定的监控。为了保证每个无线用户都有足够的带宽,一般建议一台 AP 支持 20—30 个工作站。

3. 802.11a、802.11b、802.11g 有什么区别?

无线局域网标准 IEEE 802.11 的制定是无线网络技术发展的里程碑。开始的时候,802.11 速率最高只能达到 2Mbps,在传输速率上不能满足人们的需要,因此 IEEE 小组又相继推出了 802.11b 和 802.11a 标准,以及到目前已被大规模应用的 802.11g 标准。

802.11b 标准使用了通用免费的 2.4GHz 频段,传输速率达到 11Mbps;802.11a 使用独占的频段,最高传输速率为 54Mbps,但是应用的价格昂贵;802.11g 兼容 802.11b,也是使用 2.4Ghz 频段,但由于是公共的频段,可能会受到外界信号的干扰。

4. 什么是蓝牙(Bluetooth)?

说到蓝牙,就不得不提 802.11。无线局域网标准 IEEE 802.11 是无线局域网最常用的传输协议,各网络公司,如华为、中兴,都有基于该标准的无线网络产品。相对于 802.11 来说,蓝牙(IEEE 802.15)可以说是一种补充,它是一种短距离通信的标准,最高可以实现 1Mbps 的速率,传输距离为 10 厘米到 10 米,但是通过增加发射功率可达到 100 米。较之 802.11,蓝牙更具移动性。比如 802.11 限制在办公室或者校园,而蓝牙却可以把设备连到 LAN(局域网)和 WAN(广域网),甚至支持全球漫游。此外,蓝牙成本低、体积小,可用于更多的设备。"蓝牙"最大的优势还在于,在更新网络骨干时,如果搭配"蓝牙"架构进行,使得整体网络的成本比铺设线缆的低。

第3章 因特网基础知识

学习目标

◆ 因特网的发展

◆ 接入因特网的方式

◆ 网络地址

◆ 因特网技术在企业内部的应用

在这一章将介绍因特网基础知识,包括因特网的发展、各种接入因特网的方式、网络地址以及 Intranet 技术。

3.1 因特网发展

因特网(Internet)是利用通信设备和线路将全世界数以千万计的不同物理位置的功能独立的计算机系统互连起来,以功能完善的网络软件(网络通信协议 TCP/IP、网络操作系统等)实现资源共享和信息交换的数据通信网。

因特网最初起源于美国国防部的一个军事网络——美国国防部高级研究计划局(ARPA)主持研制的 ARPAnet。该网络经历几十年的发展,目前已发展成为世界上规模最大、使用最广泛的全球互联网(Internet)。

20 世纪 60 年代,ARPA 向计算机公司和大学的计算机系提供经费资助,支持基于分组交换技术的计算机网络的研究。1968 年,ARPA 为 ARPAnet 网络立项,要求计算机网络在受到袭击时,即使部分网络被摧毁,其余部分仍能保持通信联系。

1972 年,ARPAnet 首次与公众见面。ARPAnet 的成功研制一方面证实了分组交换技术的可行性;另一方面推动了 TCP/IP 协议簇的开发和使用。ARPAnet 成为现代计算机网络诞生的标志。

1980 年,ARPA 投资把 TCP/IP 加进 UNIX 内核,在 BSD 4.2 版本以后,TCP/IP 协议成为 UNIX 操作系统的标准通信模块。

1982 年,Internet 由 ARPAnet 和 MILNET 等几个计算机网络合并而成,作为 Internet 的早期骨干网。

1986 年,NSF 在 6 大科研教育服务超级计算机中心的基础上,建立了自己的基于 TCP/IP 协议簇的计算机网络 NSFnet,以便在全国范围内实现资源共享。另一方面,许多大学和研究机构由于受到 NSF 的鼓励和资助纷纷把自己的局域网接入 NSFnet 中。NSFnet 于 1990 年 6 月取代 ARPAnet 而成为 Internet 的主干网。

随着科技、文化和经济的发展,特别是计算机网络技术和通信技术的蓬勃发展,人类社会从工业社会向信息社会过渡,人们对开发和使用信息资源越来越重视,这些都强烈刺激ARPAnet 和 NSFnet 的发展,联入这两个网络的主机和用户数目急剧增加。1988 年,通过NSFnet 连接的计算机数就猛增到 56000 台,此后每年更以 2 到 3 倍的惊人速度向前发展,1994 年 Internet 上的主机数目达到了 320 万台,连接了世界上的 35000 个计算机网络,2001 年 Internet 上的主机数目达到了 1 亿台,大概每隔 18 个月翻一番。

3.2 接 入 方 式

接入网络的方式多种多样,如 PSTN、ISDN、ADSL、FTTH、WIFI 等。

3.2.1 PSTN 接入

公用交换电话网(Public Switched Telephone Network,PSTN)接入,俗称拨号接入,是计算机接入因特网的早期方式。计算机经过调制解调器(Modem)和普通模拟电话线,与公用电话网连接。用户端的 Modem 将计算机输出的数字信号转换成模拟信号,由电话线传输到因特网服务提供商(Internet Service Provider,ISP);ISP 端的 Modem 将接收的模拟信号转换为数字信号,经路由器传送到因特网上,如图 3.1 所示。

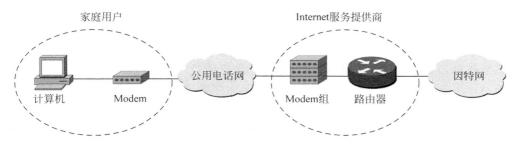

图 3.1 电话拨号方式接入因特网

PSTN 接入的特点是无须申请开户,只要将电话线接入 Modem 就可直接上网,但是打电话和上网不能同时进行;另外,由于通过普通模拟电话拨号接入,数据传输能力有限,传输速率较低,典型传输速率是 56Kbps,传输质量也不稳定。

3.2.2 ISDN 接入

综合业务数字网(Integrated Service Digital Network,ISDN)接入,俗称一线通,个人计算机经过专用终端设备和数字电话线,与 ISDN 连接。

采用数字传输和数字交换技术,将电话、传真、数据、图像等业务统一在数字网络中进行传输和处理,信息传输能力强,传输速率较高,典型传输速率是 128Kbps,传输质量可靠;另外,尽管 ISDN 方式也是采用电话线作为传输介质,但用户在上网的同时可以拨打电话、收发传真,就像两条电话线一样。

3.2.3 ADSL 接入

非对称数字用户线(Asymmetrical Digital Subscriber Line,ADSL)通过普通电话线提

供宽带数据业务。"非对称"是因为考虑到下行(因特网到用户端)传输的信息量比上行(从用户端到因特网)要多得多,于是将本地回路的可用带宽做了不均衡的划分,更多的带宽分配给了下行方向,使得下行速率可以达到几十 Mb/s,而上行速率一般为 1Mb/s。图 3.2 给出了以 ADSL 方式接入因特网结构图。

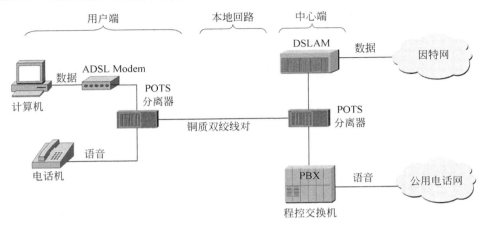

图 3.2 以 ADSL 方式接入因特网

与 PSTN 和 ISDN 相比,ADSL 的优势非常明显。在网络传输速率上,PSTN 只有 56Kbps,ISDN 为 128Kbps,而 ADSL 的速率是下行 20Mbps 和上行 1Mbps,其速度优势很明显。另外,用 PSTN 和 ISDN 上网都要支付电话费,而使用 ADSL 上网,数据信号并不通过电话交换机,这意味着使用 ADSL 上网并不产生电话费。

与 ADSL 提供的非对称形式的通信能够满足大多数家庭用户的需要不同,对称数字用户线(Symmetrical Digital Subscriber Line,SDSL)则是设计用于需要大量收发信息的商业应用,对称是指它将本地回路的可用带宽平均划分给下行和上行两个方向。

3.2.4 FTTH 接入

光纤通信(FTTx)一直以来都被认为是继 xDSL 接入之后最具市场前景的宽带接入方式,相比双绞线通信其优势不言而喻。它包含多种接入形式,常见的有光纤到驻地(Fiber To The Premise,FTTP)、光纤到楼(Fiber To The Building,FTTB)、光纤到路边(Fiber To The Curb,FTTC)、光纤到邻里(Fiber To The Neighborhood,FTTN)、光纤到小区(Fiber To The Zone,FTTZ)、光纤到办公室(Fiber To The Office,FTTO)、光纤到户(Fiber To The Home,FTTH)、光纤到桌面(Fiber To The Desk,FTTD)等,对于家庭用户来说,FTTH 是最佳的选择。

FTTH,顾名思义,就是一根光纤直接到家/户,即将光纤和光网络单元(Optical Network Unit,ONU)直接连接到用户家里,是各种光纤接入中除 FTTD 之外最贴近用户的光纤接入形式。

FTTH 方式不但提供了更宽的带宽,而且增强了网络对数据格式、速率、波长和协议的透明性,放宽了对环境条件和供电等要求,简化了维护和安装。我们要特别注意 FFTH 与目前常见的"FTTx＋LAN(光纤＋局域网)"宽带接入方案的两点区别。一是"FTTx＋LAN"是利用光纤＋5类双绞线实现"100Mb到小区、1Mb～10Mb到家庭"的宽带接入方案，小区的交换机与ONU相连，小区内采用5类双绞线布线，用户上网速率一般为1Mbps～10Mbps。二是FTTH各家独享带宽，而FTTx＋LAN的带宽由多家多户共享，当共享用户较多时，网速就很难得到保障。

FTTH具有频带宽、容量大、单位带宽成本低、可承载高质量视频、绿色环保等特点，它的使用可以在接入环节更好地适应融合性业务发展需要。FTTH接入方式比现有的DSL宽带接入方式更适合一些已经出现或即将出现的宽带业务和应用，这些新业务和新应用包括电视电话会议、可视电话、视频点播、IPTV、网上游戏、远程教育和远程医疗等。

3.2.5 Wi-Fi 接入

无线保真（Wireless Fidelity，Wi-Fi）是当今使用最广的一种无线网络技术。

Wi-Fi接入实际上就是把有线网络信号转换成无线信号，供支持该技术的计算机、智能手机、平板电脑等终端以无线方式互相联接。

Wi-Fi接入方式有很多种，一种是移动、联通、电信等运营商提供的以通信基站为基础的Wi-Fi商用网络；另外一种是一些机场、酒店等公共场所提供的免费Wi-Fi无线上网服务；第三种就是家庭用户在有线宽带的基础上加装了无线路由器建立的小型无线网络。

Wi-Fi技术的优点首先是传输速率较高，可达到11Mbps，而在信号较弱或有干扰的情况下，带宽自动调整，从而有效地保障了网络的稳定性和可靠性。其次是有效距离很长。Wi-Fi技术与蓝牙技术一样，都属于在办公室和家庭中使用的短距离无线技术，但覆盖范围广，其半径可达100米，而蓝牙覆盖范围非常小，半径大约15m。第三是部署容易，成本不高。在机场、车站、咖啡店、图书馆等公共场所容易设置Wi-Fi接入点，并通过高速线路将因特网接入上述场所，用户只要将支持Wi-Fi技术的笔记本电脑或其他终端拿到该区域内，即可高速接入因特网。这就意味着，无须网络布线，从而节省了成本。

3.3 网 络 地 址

在TCP/IP体系中，IP地址是最基本的概念。

3.3.1 物理地址（MAC 地址）

在网络中，硬件地址又叫物理地址，又因为这种地址用于介质访问控制（Media Access Control，MAC）帧中，故又称MAC地址。MAC地址是一个48位的全球地址并固化在网卡的ROM中。同每一个公民的身份证一样，每一个网络设备拥有一个世界上独一无二的MAC地址，且不随地域、网络的变化而变化。

在Windows系统中的命令行使用"ipconfig -all"命令可以查看主机的网卡描述以及MAC地址，如图3.3所示。

不难看出图3.3中的物理地址（Physical Address）就是MAC地址，是长度为6字节48位的二进制数。其中，前24位是由IEEE分配的独一无二的机构标识符；后24位由各网络设备厂家自行分配。图3.3中的MAC地址为：70:5A:B6:AC:D9:17，由12个十六进制数构成。前6个十六进制数代表了硬件厂商；后6个十六进制数为这个设备的序列号。

图 3.3　Windows 系统中的 MAC 地址查看

每一个网络设备厂商保证前 3 个字节都是一样的,后 3 个字节不同,这样就保证了 MAC 地址的唯一性。唯一性能更好地标识具体的网络系统。

3.3.2　IP 地址

IP 地址的前身是由美国 DARPA(Defense Department's Advanced Research Project Agency)于 20 世纪 60 年代开发的,而 TCP/IP 协议簇直到 1980 年代才逐步实现并得以建立起来。我们首先介绍的是 IPv4 协议,IP 协议的第 4 版,后面再介绍 IPv4 的升级版 IPv6 协议。

通常情况下,IP 地址的表示法是点分十进制表示法(Dotted Decimal Notation),即:每个字节由十进制表示,并用句点相互分隔。例如:128.1.196.12。这个点分十进制表示法对应的 32 位的无符号整数即为:0x8001C40C。显然,点分十进制表示法的可读性较好。反过来,如果给定一个 32 位的无符号整数,我们只要用"."分开上例中的 4 个字节:80、01、C4、0C,再将其从十六进制转化为十进制数即可得到其点分十进制表示法的 IP 地址。点分十进制表示法的 IP 地址由于受到 1 个字节表示大小限制,所以每个字节的数值位于 0～255 范围之内。

IP 地址的组成:一个 IP 地址由两部分组成:网络部分和主机部分,其中网络部分称为网络号(Net-id),主机部分称为主机号(Host-id)。具体 IP 分类见表 3.1。

表 3.1　IP 分类

类　　别	首字节范围	网络地址长度	用　　途
A	1～126	1B	大型网络
B	128～191	2B	中型网络
C	192～223	3B	小型网络
D	224～239	1B	多播
E	240～255	1B	保留(用于测试等)

A 类地址的第一个字节的第一位必须为 0。因此,A 类网络的第一个字节在 1(00000001_2)到 126(01111110_2)之间,剩下的 3 个字节用来标示网络上的主机。这里,第一个字节如果为 0 的话,这个地址是一个保留地址,意思是"本网络"。由上表发现在 A 类网络和 B 类网络中间"漏"掉了 127。127.0.0.1 也是一个保留地址,永远是本地主机地址。这个网络除了全 0 和全 1 的 127.0.0.0 和 127.255.255.255 地址,其他地址都可以使用。一般用这个保留地址做本地软件的环回测试(Loopback Test),测试一台主机上的网络协议

栈。由于是环回的,所以数据包并不经过网络接口适配器。此外,整个 A 类网络有 2^{31} 个地址,而 IP 所有的地址数为 2^{32} 个。所以,A 类网络占了所有 IP 地址空间的一半。尽管如此,也只有比较大的公司或者机构才拥有 A 类网络地址:如 IBM、ATQX、HP 等。

B 类地址的 IP 开头两位总被设置为 10。因此,B 类网络的第一个字节在 128 (10000000_2)到 191(101111111_2)之间。C 类地址的 IP 开头 3 位总被设置为 110。C 类网络的第一个字节在 192(11000000_2)到 223(11011111_2)之间。

D 类地址(224～239)用于多播。E 类地址(240～255)保留用于测试目的。

3.3.3　IPv6 地址

在最初发明 IPv4 的时候,人们没有想到 32 位那样"大数值"个数的 IP 地址会被耗尽。为了解决地址耗尽问题,只能"开源节流"。"开源"就是开发新的 IP 协议版本即 IPv6,大大扩展地址空间,从根本上解决耗尽问题。另外,目前主要通过两种典型方式去达到"节流"的目的:一是采用无分类编址方式(CIDR),使得 IP 分配更加合理;二是采用网络地址转换(NAT)方式。

无分类编址方式(CIDR)消除了传统的上述 A 类、B 类、C 类等以及划分子网的概念。从而有效合理地分配 IP 地址空间,Internet 服务供应者 ISP 都优先考虑采用 CIDR。此外,CIDR 还将网络前缀相同且连续的 IP 地址构成"地址块",这样就引入了"地址聚合"的概念。从而降低了路由表中项目数目,路由表中项目数的降低减少了路由间选择信息交换的开销,整体提高了整个 Internet 性能。但是,由于早期很多 IP 地址已经分配,导致不能很好地使用无分类编址方式。

网络地址转换(Network Address Translation,NAT)方式主要适用于内部网,只要在内部网连接 Internet 的路由器上安装 NAT 软件,可将本地地址转换为全球 IP 地址,从而使得内部网中主机能够与 Internet 相连。当前这种做法比较普遍,大大节约了全球 IP 地址且费用低廉。

上面提到的 CIDR 和 NAT 的方式能够缓解全球 IP 耗尽问题,但是从长远来看,应该尽快实施 IPv6 来治本。IPv6 使用 128 位地址编码,而不是 IPv4 的 32 位编码,这样更多设备如:手机、平板电脑、汽车、家庭影院等都可以成为 Internet 主机。除了大大增加了 IP 地址之外,IPv6 还在其他方面做了很大的改进。

(1) 扩充的编址:IPv6 的地址空间大,这是协议可扩展性的前提,使得人们可以划分更多的地址层次结构。比如,向 IPv6 地址添加多播的路由信息以及定义多播的地址范围。

(2) 报头格式灵活性:IPv6 的数据报和 IPv4 是不兼容的。IPv6 定义了许多可选的扩展报头,这样不仅可以提供比 IPv4 更多的功能,而且由于一般情况下路由器对于扩展报头不做处理,从而提高了路由器的处理效率。

(3) 改进的可扩展性支持:IPv6 引入后,对 IPv6 添加扩展变得更加简单。因为 IPv6 允许数据包含有选项的控制信息,从而可以包含一些新的选项。

(4) 支持资源的预分配:应用程序利用 IPv6 的新协议可以实现实时的视音频功能。

(5) 支持即插即用:实现网络配置的自动化。

(6) 身份验证与保密性:添加了身份验证、保密性以及所发数据的保密性扩充。使得网络实名制的实施变得更加容易。

下面以 Windows 7 操作系统为例，查看本机的 IP 地址。Windows 7 无线网络联接属性如图 3.4 所示。

我们可以看到 Windows 7 操作系统支持 IPv4 以及 IPv6 两个版本的 IP 协议。选择"Internet 协议版本 4"单击"属性"按钮可以查看本机的 IP 地址以及 DNS 设置，如图 3.5 所示。

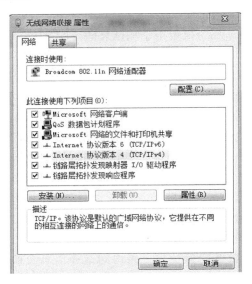

图 3.4　Window 7 无线网络联接属性

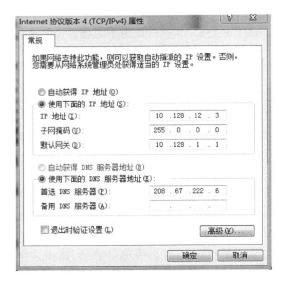

图 3.5　Internet 协议版本属性页

此外，还可以通过在命令行下输入"ipconfig"命令查看 IP 地址，如图 3.6 所示。

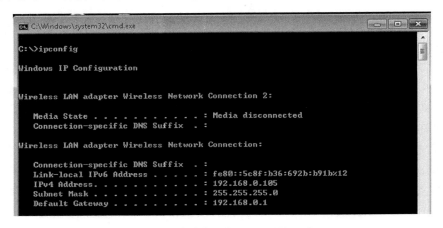

图 3.6　命令行下"ipconfig"的显示

3.4　Intranet

企业内部网(Intranet)是 Internet 技术在企业内部的应用，使用与因特网相同的技术，建立在企业或组织内部并为其成员提供信息共享和交流等服务，例如万维网(Web)、文件传输(FTP)、电子邮件(E-mail)等。

  Intranet 的基本思想是在内部网络上采用 TCP/IP 作为通信协议,利用 Internet 的 Web 模型作为标准信息平台,同时建立防火墙把内部网和 Internet 分开,既可提供对公共因特网的访问,又可防止机构内部机密的泄露。当然 Intranet 并非一定要和 Internet 连接在一起,它完全可以自成一体作为一个独立的网络。我们所熟知的校园网就是比较典型的 Intranet,Intranet 的典型结构如图 3.7 所示。

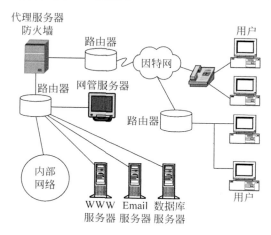

图 3.7　典型的 Intranet 结构

  Intranet 是 Internet 的延伸和发展,核心技术是基于 Web 的计算。正是由于利用了 Internet 先进技术,特别是 TCP/IP 协议,保留了 Internet 允许不同计算平台互通及易于上网的特性,使 Intranet 得以迅速发展。但 Intranet 在网络组织和管理上更胜一筹,它有效地避免了 Internet 固有的可靠性差、无整体设计、网络结构不清晰以及缺乏统一管理和维护等缺点,使企业内部的秘密或敏感信息受到网络防火墙的安全保护。因此,同 Internet 相比, Intranet 更安全、更可靠,更适合企业或组织机构加强信息管理与提高工作效率,被形象地称为建在企业防火墙里面的 Internet。

3.5　常 见 问 答

1. ADSL 可以用于局域网接入因特网吗?

可以,方法有 3 种:

  (1) 将直接通过 ADSL 连上网的那台主机设置成代理服务器,然后本地局域网上的客户机通过该代理服务器访问外部信息资源,这种方法的好处是需要申请一个帐号或一个 IP 地址,本地客户机可采用保留 IP 地址;

  (2) 采用专线方式,为局域网上的每台计算机向电话局申请 1 个 IP 地址,这种方法的好处是无须设置一台专用的代理服务网关,缺陷是鉴于目前技术的局限,电话局只能提供最多 16 个 IP 地址给局域网;

  (3) 在 ADSL 后面接一个路由器,向电话局多申请一段 IP 地址给局域网的机子,在电话局给该段地址设置路由之后即可上网,这种方法的好处是局域网计算机的数目不受限制,但是要多加一台路由器。

2. 家里想安装 ADSL,但是担心电话质量会下降。另外,打电话是否会导致上网速率下降?

ADSL 使用频分复用技术将话音与数据分开,话音和数据分别在不同的通路上运行,所以互不干扰。即使边打电话边上网,也不会发生上网速率下降,通话质量下降的情况。

3. Wi-Fi 与 IEEE 802.11 有什么关系?

Wi-Fi 是一种可以将个人电脑、手持设备(如 PDA、手机)等终端以无线方式互相连接的技术。Wi-Fi 是一个无线网路通信技术的品牌,由 Wi-Fi 联盟(Wi-Fi Alliance)所持有。目的是改善基于 IEEE 802.11 标准的无线网路产品之间的互通性。使用 IEEE 802.11 系列协议的局域网就称为 Wi-Fi,有时甚至把 Wi-Fi 等同于无线网际网路(Wi-Fi 是无线局域网中的一大部分)。

第4章 传统的 Internet 服务

学习目标

◆ WWW 服务

◆ 电子邮件服务

◆ 文件传输服务

◆ 电子公告牌系统

在这一章将介绍传统的因特网服务,包括 WWW 服务、电子邮件服务、文件传输服务、电子公告牌系统。

4.1 WWW 服务

4.1.1 WWW 基础

环球信息网(World Wide Web,WWW),中文称为"万维网",并不是指独立于 Internet 上的另一个网络,而是由欧洲粒子物理实验室(CERN)研制的基于超文本(Hyper Text)或超媒体(Hyper Media)技术将位于 Internet 网上不同地方的相关信息编织在一起的超媒体信息查询系统。可见,超文本和超媒体技术是 WWW 实现的关键技术。

所谓超文本,就是按信息之间关系非线性地存储、组织、管理和浏览信息的计算机技术。它以节点为单位组织信息,在节点和节点之间用表示它们关系的链接(Link)加以联接,从而将各种不同空间的文字信息组织在一起,表现为网状结构排列文本信息。

从形式上看超文本也是一般的文本,但它包含了转到其他文档或同一文档不同部分的链接或超链接(Hyperlink),通常用下划线和不同的颜色表示。

超媒体:超文本与多媒体的融合,即在超文本基础上扩展所链接的信息类型,链接的不仅可以是文本,还可以是其他多媒体信息(图形、图像、音频、视频、动画和程序等)。

WWW 将 Internet 网上不同地方的相关信息以 Web 页(也称网页)形式进行组织,Web 页是用超文本标记语言编写的文档,Web 页中包括文本、图片、语音或图像片段等各种多媒体信息,也包括用超文本或超媒体表示的链接。

WWW 提供友好的信息查询接口,用户只要提出查询要求,至于从什么地方查询及如何查询则由 WWW 自动完成。因此,WWW 为用户带来的是世界范围的超文本服务:只要操纵鼠标、键盘,用户就可以从全世界任何地方调来所希望的文本、图像(包括活动影像)和声音等信息。

WWW 的成功在于它制定了一套标准的超文本标记语言（Hyper Text Mark-up Language，HTML）、统一资源定位器（Uniform Resource Locator，URL）和超文本传送协议（Hyper Text Transfer Protocol，HTTP）。

4.1.2 超文本标记语言

HTML 是由 Tim Berners -Lee 提出的 WWW 的描述语言，用于创建 Web 文档，文档中包含到相关信息的链接，用户单击链接可访问其他文档、图像或多媒体对象。

设计目的是为了能把存放在一台计算机中的文本或图形信息与另一台计算机中的文本或图形信息方便地联系在一起，形成有机的整体，而不用考虑信息的具体位置。用户使用鼠标单击某个图标，Internet 就会跳转到相关的内容上去，而这些信息可能存在世界上的某台主机中。

HTML 文档是由 HTML 命令组成的描述性文本，HTML 命令可以说明文字、图形、动画、声音、表格、链接等。只是提供一些语法标记给浏览器，由浏览器解释生成相应的页面。

HTML 的结构（如图 4.1 所示）包括头部（Head）、主体（Body）两大部分：头部描述浏览器所需的信息，主体包含所要说明的具体内容。至于具体如何用 HTML 语言描述网页请参考其他相关书籍。

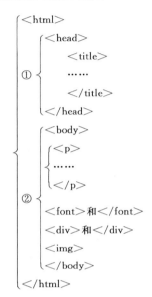

图 4.1　HTML 文件结构示意图

4.1.3 WWW 工作原理

HTTP 是超媒体系统之间的通信协议。通过因特网传送 HTML 文档的数据传送协议详细规定了 Web 服务器和浏览器之间相互通信的规则。HTTP 是万维网交换信息的基础，它允许将 HTML 文档从 Web 服务器传送到 Web 浏览器。

WWW 采用客户机/服务器（Client/Server，C/S）工作模式：服务器上运行 WWW 服务器程序，客户机运行 WWW 客户端程序，如 WWW 浏览器。

客户机和服务器必须都支持 HTTP，才能在万维网上发送和接收 HTML 文档并进行交互。万维网服务器与客户机之间的交互过程如图 4.2 所示。

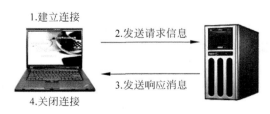

图 4.2　WWW 服务示意图

4.2　电子邮件

4.2.1　什么是电子邮件

电子邮件 E-mail(Electronic Mail)是指用户通过电子信件的形式进行通信的一种现代通信方式。

电子邮件是 Internet 最基本的功能之一,在浏览器技术产生之前,Internet 上用户之间的交流大多是通过 E-mail 方式进行的。

4.2.2　E-mail 的特点

与传统的通信方式相比,E-mail 有着巨大的优势:

(1) 发送速度快:电子邮件通常在几秒钟内就可送达全球任意位置的收件人信箱中。

(2) 信息多样化:电子邮件不仅可以发送文本,还可以发送数据,如声音、图像、动画、视频等各种媒体信息。

(3) 收发方便:与传统的电话通信或邮政信件服务不同,E-mail 采取异步工作方式,即允许收信人在任意时间,任意地点接收、回复邮件,从而跨越了时间和空间的限制。

(4) 成本低廉:在网络异常发达的今天,收发 E-mail 费用成本几乎可以忽略。

4.2.3　E-mail 地址

用户使用 E-mail 服务,首先必须申请 E-mail 信箱。

E-mail 信箱是邮件服务提供商在其邮件服务器上为用户建立的一个电子信箱,即邮件服务器上开辟的一块存储区域,专门用来存放电子邮件,由电子邮件系统对它进行操作和管理。

类似于邮政系统的每个邮政信箱都有一个全球唯一的地址,每个 E-mail 信箱也有一个 Internet 上唯一的地址,称为电子邮件地址,格式为:用户名@主机名。其中,主机名为用户信箱所在服务器的域名,而用户名则是邮件系统在该服务器上为用户建立的用户名。例如:cs@fudan.edu.cn 就是一个电子邮件地址,表示邮件服务器 fudan.edu.cn 上的一个用户 cs。

4.2.4　E-mail 系统

电子邮件服务采用 C/S 工作模式,系统由传输代理和用户代理两部分组成。

(1) 传输代理(Message Transfer Agent,MT),又称为邮件服务器,用于收发邮件,根据地址把邮件传送到收件人的邮件服务器,并将邮件存放在收件人的 E-mail 信箱内,类似于"邮局"功能。

(2) 用户代理(User Agent,UA),又称邮件阅读器,即客户端接收邮件服务的软件,用于编辑、阅读和管理电子邮件。电子邮件客户端软件很多,为大家所熟知的有 Microsoft Outlook、Outlook Express、Windows Live Mail、Foxmail 等。

4.2.5　E-mail 协议

电子邮件服务主要使用 3 种协议:简单邮件传输协议(Simple Mail Transfer Protocol,

SMTP)、邮局协议(Post Office Protocol,POP)和 Internet 邮件访问协议(Internet Message Access Protocol,IMAP)。

SMTP 协议定义了邮件如何在各个邮件传输系统中通过发送方和接收方之间的 TCP 连接并进行传输。

POP 协议定义了如何将电子邮件从邮件服务器下载到本地客户机。

POP 协议简单、有效,应用相当普及,但是当用户希望在服务器上整理邮件,或者在下载邮件之前部分地检查邮件内容,或者只想选择几封邮件下载,POP 是不支持的。而使用 IMAP 协议的接收邮件服务器与使用 HTTP 协议的 HTTP 接收邮件服务器(又称 Webmail)却能做到这一点。它们的基本思想是在邮件服务器维护一个中心数据库,使用 IMAP 或 HTTP 协议,可以从任何一台接入 Internet 的计算机上访问自己的电子邮件。

可见,与 POP 相比,IMAP 接收邮件更加快速和节省硬盘空间,因为它是先从邮件服务器收取新邮件的主题列表,用户需要阅读某个主题的新邮件的时候,才将整个邮件下载到自己的计算机上,这样能够拒收垃圾邮件,在垃圾邮件满天飞的今天,可以避免时间与空间的浪费。

4.3 文 件 传 输

文件传输是指通过单条网络连接在远程主机与本地主机之间传送文件。

这里涉及两个概念:上传与下载。上传(Upload)是指将自己计算机上的文件传送到远程主机;下载(Download)则是指将远程主机上的文件复制到自己的计算机上。

我们知道,对于不同服务器上文件的传输,做法是不一样的:

(1) 对于 Web 服务器上的文件下载,用户可以使用浏览器或专用 HTTP 下载软件如 Flashget 直接下载;

(2) 对于 FTP 服务器,用户必须使用 FTP 客户端软件如 CuteFTP 来实现文件的上传和下载。

大多数情况,文件传输都是指 FTP 文件传输。

FTP 文件传输依靠文件传输协议(File Transfer Protocol,FTP)来完成。

FTP,顾名思义,就是专门用来传输文件的协议。同时,它又是一个应用程序,用户可以通过它联接远程 FTP 服务器,查看远程 FTP 服务器有哪些文件,然后将文件从远程 FTP 服务器下载到本地计算机,或把本地计算机的文件上传到远程 FTP 服务器上。

与大多数 Internet 服务一样,FTP 也是采用 C/S 工作模式,工作原理如图 4.3 所示。

用户通过一个支持 FTP 协议的客户机程序,联接到远程主机上的 FTP 服务器程序。用户通过客户机程序向服务器程序发出命令,服务器程序执行用户所发出的命令,并将执行的结果返回到客户机。比如说,用户发出一条命令,要求服务器向用户传送某一个文件,服务器会响应这条命令,将指定文件送至用户的机器上。客户机程序接收到这个文件,将其存放在用户指定目录中。

有些 FTP 服务要求身份验证,但 Internet 上更多的是匿名 FTP 服务,对此用户只要以 "anonymous"作为用户名,自己的电子邮件地址作为口令即可登录进行文件传送操作。当然,匿名 FTP 对用户使用权限可能会有一定的限制,通常仅允许用户获取文件,而不允许用

图 4.3　FTP 工作原理示意图

户修改或上传文件；甚至对于用户可以获取的文件范围也有一定的限制。

另外，还可以通过电子邮件以附件的形式来传送文件，不过，邮件系统对邮件附件的大小有所限制，也就是说，通过这种方式只能传送较小的文件，而对于较大的文件或程序软件，则需要用 FTP 服务来传送。

4.4　电子公告牌系统 BBS

电子公告牌系统(Bulletin Board System,BBS)是 Internet 上常用的信息服务之一，它提供一块公共电子白板，每个用户都可以在上面发布信息、表达观点，进行信息交流。

在因特网发展初期，由于带宽限制，BBS 上的内容全都是文字或由文字所组成的图形。

随着带宽增加、因特网的普及、基于 HTTP 协议而发展出来的多媒体网页盛行，传统纯文字式的 BBS 日渐凋零，取而代之的是多彩多姿的 Web 式讨论环境，BBS 已近似于 Forum(论坛)。

BBS 通常由某个单位或组织主办，一般高校都有自己的 BBS。比如复旦大学的日月光华 BBS。

用户访问 BBS 的方式，现在都用浏览器，如图 4.4 所示；早期必须用 Telnet 方式登录，如图 4.5 所示。

图 4.4　以浏览器方式访问复旦大学的 BBS

传统的 Internet 服务

图 4.5　以 Telnet 方式访问复旦大学的 BBS

4.5　常 见 问 答

1. WWW 服务的特点是什么？

（1）以超文本方式组织网络多媒体信息。

（2）用户可以在世界范围内任意查找、检索、浏览及添加信息。

（3）提供生动直观、易于使用且统一的图形用户界面。

（4）服务器之间可以互相链接。

（5）可以访问图像、声音、影像和文本型信息。

2. 主要的电子邮件服务器有哪些？

电子邮件服务由专门的服务器提供，Gmail、Hotmail、网易邮箱、新浪邮箱等邮件服务也是建立在电子邮件服务器基础上，但是大型邮件服务商的系统一般是自主开发或是对其他技术二次开发实现的。主要的电子邮件服务器有以下两类：

（1）基于 Unix/Linux 平台的邮件系统。

① Sendmail 邮件系统（支持 SMTP）和 dovecot 邮件系统（支持 POP3）。

② Postfix/Qmail 的邮件系统。

（2）基于 Windows 平台的邮件系统。

① 微软的 Exchange 邮件系统。

② IBM Lotus Domino 邮件系统。

③ Scalix 邮件系统。

④ Zimbra 邮件系统。

⑤ MDeamon 邮件系统。

其中 Exchange 邮件系统由于和 Windows 整合，便于管理，是在企业中使用数量最多的邮件系统。IBM Lotus Domino 则综合功能较强，大型企业使用较多。

3. 可以使用 IE 浏览器来访问 FTP 站点吗？

可以，在 IE 浏览器的地址框内输入以下格式的 FTP 地址：

ftp://用户名:密码@FTP 服务器 IP 或域名:FTP 端口/路径/文件名

上面的参数除 FTP 服务器 IP 或域名为必须项外，其他都不是必须的。

第5章　新型的 Internet 应用

学习目标

◆ 博客

◆ 社交网络

◆ 搜索引擎

◆ 电子商务的推荐系统

◆ 物联网

◆ 云服务

这一章将介绍新型的因特网服务,包括博客、社交网络、搜索引擎、推荐系统、物联网、云服务。

5.1　博　　客

博客(Blog),一般是由个人或个人代表某个机构团体不定期张贴文章的网站。通常情况下,博客的文章顺序按最新置顶原则,即根据张贴时间,以压栈顺序(倒序)从新到旧排列。一个典型的博客围绕某个主题将集中展示如下的基本元素:文字、图像、视频,以及相关博客或者网站链接,并且提供一系列供读者互动的方式:留言簿,文章评论与回应等。但是,大部分的博客还是以文字为主、其他要素为辅。

1993 年 NCSA 生成的"What's New Page"网页是最原始的博客原型。接下来的一年 Justin Hall 开办的个人网页"Justin's Home Page"是最早的个人博客网站之一。经过数年的发展,直到 2001 年的"911 事件",博客成为信息和灾难体验的重要来源。自此,博客走入社会大众的视线中来。

如今,在中国提供博客服务的互联网公司非常多,如新浪、博客大巴、搜狐、网易、腾讯和百度等。任何人可以向博客服务的供应商们申请属于自己的博客。有编程基础的人还可以通过自己编写博客程序为自己甚至自己的站点提供博客服务。开源的主流博客程序有:PivotX、PJBLOG、ASBLOG、Z-Blog、ZJ-Blog、WordPress、Bo-Blog、Jblog、oBlog、emlog、L-BLOG、Sablog-XLxBlog。通过这样的"自定义方式",你可以脱离博客服务供应商的种种限制与束缚,打造只属于自己的个性博客。

博客以共享、自由和开放作为 3 大基本特征。博客模式还是一种由互联网提供的"相对廉价"的社会化服务模式。每一个人都可以极度轻松拥有自己的博客,书写自己的所思所想。这样的模式促使了博客的全民性,大大消除了人与人之间的距离。但是,由于博客参与者的随意性、盲目性,部分博客变成了信息垃圾场;由于缺少盈利模式,不少提供博客服务的站点引入大量垃圾广告、钓鱼信息以及隐藏链接。

随着社会节奏变得越来越快,博客正逐步丧失原有地位,取而代之的是更体现人与人之间关系的社交网络 SNS。

5.2　SNS 社交网络

SNS(Social Network Service)社交网络,顾名思义它是提供网络社交服务。这类服务的着眼点在于人与人的交流与沟通。早期的社交网络主要是靠传统的 Internet 应用电子邮件(Email)这样的点对点或者点对多点的网络远程邮件传输。另一种传统的 Internet 应用电子公告牌 BBS 以及类 BBS 的论坛,通过"发布"、"转发"等理论上虽然实现了向所有人发布信息,但是功能非常有限,应用的局限性也高。

当人们不再满足电子邮件这样的非实时通信方式时,大量即时网络通信(IM)应用大行其道:ICQ、QQ、MSN、Gtalk、Skype 等不胜枚举,即时通信加强了网上人与人之间的交流和沟通。当人们交流的媒介不仅仅是文本的时候,一些多媒体共享网站开始走进人们的视线,例如 Facebook、Youtobe、Twitter、人人网、优酷网以及新浪微博等。下面简单介绍 SNS 社交网络类 Facebook 型和类 Twitter 型社交服务。

类 Facebook 型:类 Facebook 型的 SNS 社交网络有开心网、人人网、腾讯的 QZone 等。人人网与 Facebook 类似,用户可以通过人人网发布自己的照片,写自己的文章,玩人人网提供的基于 SNS 的游戏。总之,基于 SNS 的应用都能在人人网上找到。从系统角度来说,这是一种"重型"应用。

类 Twitter 型:与 Twitter 类似的国内的案例也比较多,这里主要提两个:新浪的微博和腾讯的 Qing。新浪首先是一家博客服务供应商,而腾讯也有对应的 Qzone 作为个人博客的基础构架。随着信息时代的发展,尤其是移动互联的发展以及人们对于信息短平快的需求,信息也呈现出快速消费化。于是,博客这样的 PC 时代的流行信息工具在后 PC 时代即移动时代逐步被类 Twitter 新型应用所取代。这里类 Twitter 型充分体现了轻量级理念,比如新浪的微博每条只能输入 140 个字符。

总之,SNS 社交网络这样的新型应用加快了信息传播速度,在拉近人们之间距离的同时带来了多种多样的分享形式。

5.3　搜　索　引　擎

搜索引擎(Search Engine)是万维网环境中的信息检索系统(包括目录服务和关键字检索两种服务方式)。在互联网发展的早期,以雅虎为代表的网站开始了目录服务。网站的分类由人工整理维护,并由网站的编辑精心挑选加以相应的描述,将分类放到不同的目录中。人们在查找过程中一层层地点击找到自己想要的网站。这类的网站现在还存在着,如www.hao123.com,且目录服务这样的业务也被部分使用。

随着数据爆炸式增长,层次目录不能很好列出用户想看到的所有的网页。于是,新的服务搜索引擎应运而生。用户想要什么样的信息,可以通过一个输入框输入关键字,搜索引擎即可给出满足用户需求的排好顺序的网页。著名搜索引擎 Google 即是以网页（Pagerank）为基础，判断网页的重要性，使搜索结果的相关性大大增强。现在 Google 已成为全球最大搜索引擎服务供应商。国内最大的中文搜索引擎是百度，专注于中文搜索。

不管是 Google 还是百度都属于全文搜索引擎，下面简单介绍搜索引擎的基本原理：

（1）蜘蛛爬虫：搜索引擎从一个链接爬到另一个链接，就像蜘蛛在蜘蛛网上爬行，所以被称为"蜘蛛"也被称为"机器人"，搜索引擎通过爬行即可下载每一个链接所对应的网页内容，并存入到原始页面数据库中。

（2）预处理：搜索引擎将蜘蛛抓取回来的页面进行预处理，提取文字，分词，去停用词，消除噪音，建立正向索引、倒排索引，链接关系计算以及特殊文件处理。这里分词因语言不同而异，比如：日语和汉语需要分词，但是英语并不需要分词。此外，搜索引擎需要识别并消除噪声数据，比如版权声明文字、导航条、广告等。

除了 HTML 文件外，搜索引擎通常还能抓取和索引以文字为基础的多种文件类型，如PDF、Word、WPS、XLS、PPT、TXT 文件等。在搜索结果中也经常会看到这些文件类型。但是搜索引擎还不能直接处理图片、视频、Flash 这类非文本内容。

（3）排序：用户在搜索框输入关键词后，计算页面相关程度，从而实现排序。由于数据量庞大，虽然能达到每日都有小的更新，但是一般情况搜索引擎的排名规则都是根据日、周、月阶段性不同幅度地更新。

5.4　推荐系统与电子商务

伴随着互联网规模的不断变大，以 Google 为代表的搜索引擎可以通过用关键字（Keyword）来为用户搜寻期望信息。但是，当用户无法用一个合适关键字来描述自己的查询意愿时，搜索引擎也变得"空有一身本领，而无用武之地"了。此时可以利用推荐系统来帮助。

推荐系统也是一种帮助用户迅速找到自己感兴趣信息的一种工具；所不同的是，推荐系统不需要用户提供明确的需求（如关键字等），而是对用户历史行为进行建模，由推荐系统主动地为用户推荐符合用户意愿的信息。

我们举一个例子来表明他们之间的关系和不同点：假如用户需要买一个和数据结构与算法相关的书，这时，用户使用搜索引擎，在对话框里输入关键字：数据结构或算法。这时就会出现非常多和数据结构以及算法相关的书或其他资料信息等。那么究竟是哪一本更符合用户需求呢？如果推荐系统知道用户喜欢用 C 语言编程序，那么就会向用户推荐《数据结构与算法——C 语言描述》。可见，推荐系统是搜索引擎很好的补充。

推荐系统在电子商务中运用非常广泛，几乎现在绝大多数的电子商务类网站都有类似的推荐功能。推荐系统可以明显增加电子商务类网站的销量和用户粘合度，避免在海量商品中查找合适商品。著名电子商务网站亚马逊便是推荐系统的使用者和推广者，个性化推荐系统让用户定制一个属于自己的网上商店，满足用户需求的同时大大提高了网店的销售额。随着用户数据的不断增加，推荐算法的不断演化，推荐结果衡量标准的逐步确立，推荐系统可以建立更好更准确的模型服务大众。

5.5　物　联　网

物联网,顾名思义就是物物相连的网络,是新一代信息技术的组成部分。物联网的基本定义是通过射频识别(RFID)、红外感应器、全球定位系统(GPS)、激光扫描器等信息传感设备,按约定的协议,把任何物品与互联网相连接,进行信息交换和通信,实现对物品的智能化识别、定位、跟踪、监控和管理。

物联网的体系构架和一般的网络体系构架类似,一般被认为是 3 层构架:感知层、网络层和应用层:

(1) 感知层由各种传感器构成,例如温湿度传感器、二维码标签、射频识别 RFID 标签以及其读写器、摄像头、GPS 等感知终端。感知层是物联网识别物体、采集信息的来源。

(2) 网络层可由各种网络组成,如互联网、广电网甚至某些私有网络、计算平台等。这一层是物联网的关键层,负责处理和传送底层感知层获取的数据。

(3) 应用层是整个物联网对于用户的接口,这一层与具体的行业相结合,实现其具体的智能应用。

物联网的应用领域包括但不局限于:绿色农业、工业监控、公共安全、城市管理、远程医疗、智能家居、智能交通和环境监测等行业。

5.6　云　服　务

云服务是通过云计算(Cloud Computing)实现的。云计算是继 20 世纪八十年代大型计算机到客户端-服务器端构架的大转变之后的又一巨变。云计算的出现并非偶然,早在 20 世纪六十年代,麦卡锡就提出了把计算能力作为一种像水和电一样的公用事业提供给用户的理念(即付即用:Pay As You Go),这是云计算思想的起源。我们把计算能力比作水电,把网络比作水管、电网一样的传输工具。Amazon EC2(亚马逊计算云)的商业化应用就是一个典型的即付即用的商业云计算案例。

一般情况下,我们认为:云计算(Cloud Computing)是分布式计算(Distributed Computing)、并行计算(Parallel Computing)、效用计算(Utility Computing)、网络存储(Network Storage Technologies)、虚拟化(Virtualization)、负载均衡(Load Balance)等传统计算机和网络技术发展融合的产物。云计算构成的新的构架也逐步成为各种 Internet 新型应用的基础构架。

一般的,云服务具有以下几个主要特征。

(1) 虚拟化:借助于虚拟化技术.将分布在不同地区的计算资源通过网络进行整合,实现资源共享。

(2) 动态化:根据消费者的需求动态划分或释放不同的物理和虚拟资源,当增加需求时,可通过增加可用的资源进行匹配,实现资源的快速弹性提供;如果用户不再使用这部分资源,可释放这些资源。云计算为客户提供的这种能力要让用户觉得是"无限"的,充分实现了系统资源利用的可扩展性。

(3) 自助化:云计算为客户提供自助化的资源服务,用户无需同提供商交互就可自动得到自助的计算资源能力。同时,云系统为客户提供一定的应用服务目录,客户可采用自助方式选择满足自身需求的服务项目和内容。

（4）便捷化：客户可借助不同的终端设备，通过标准的应用实现对网络访问的可用能力，使对网络的访问无处不在。

（5）可量化：云服务是一种即付即用的服务模式。在提供云服务过程中，针对客户不同的服务类型，通过计量的方法来自动控制和优化资源配置，即资源的使用可被监测和被控制。

从云服务的这些主要特征，我们不难看出云服务的主要核心技术是并行处理。并行处理的系统可以是专门设计的，含大量处理器的超级计算机，也可以是通过某种方式互联的独立计算机构成的集群。在并行处理技术背后的核心支撑技术有并行化编程模式、海量数据分析、存储、管理技术、虚拟化技术、平台管理技术和基于云平台的信息安全管理技术等。

5.7 常见问答

1. 物联网与互联网有什么区别？

物联网就是物物相连的互联网，这有两层意思：第一，物联网的核心和基础仍然是互联网，是在互联网基础上的延伸和扩展的网络；第二，其用户端延伸和扩展到了任何物品与物品之间，进行信息交换和通信。

2. 物联网的关键技术有哪些？

在物联网应用中有 3 项关键技术：

（1）传感器技术，传感器把模拟信号转换成数字信号计算机才能处理。

（2）射频识别（RFID）技术，是一种通信技术，可通过无线电讯号识别特定目标并读写相关数据，而无需识别系统与特定目标之间建立机械或光学接触。

（3）嵌入式系统技术，是综合了计算机软硬件、传感器技术、集成电路技术、电子应用技术为一体的复杂技术。

3. 云计算经历了哪些发展阶段？

云计算主要经历了 4 个阶段才发展到现在这样比较成熟的水平，这 4 个阶段依次是电厂模式、效用计算、网格计算和云计算。

（1）电厂模式阶段：电厂模式就好比是利用电厂的规模效应，来降低电力的价格，并让用户使用起来更方便，且无须维护和购买任何发电设备。

（2）效用计算阶段：1961 年，人工智能之父麦肯锡在一次会议上提出了"效用计算"这个概念，其核心借鉴了电厂模式，具体目标是整合分散在各地的服务器、存储系统以及应用程序来共享给多个用户，让用户能够像把灯泡插入灯座一样来使用计算机资源，并且根据其所使用的量来付费。但由于当时整个 IT 产业还处于发展初期，很多强大的技术还未诞生，因此这个想法并未得到推广。

（3）网格计算阶段：网格计算研究如何把一个需要非常巨大的计算能力才能解决的问题分成许多小的部分，然后把这些部分分配给许多低性能的计算机来处理，最后把这些计算结果综合起来攻克大问题。

（4）云计算阶段：云计算的核心与效用计算和网格计算非常类似，也是希望 IT 技术能像使用电力那样方便，并且成本低廉。

第6章 | Internet 安全

学习目标

◆ 病毒与木马

◆ 广告链接

◆ 因特网安全法规

◆ 案例

这一章将介绍因特网相关的安全问题,包括病毒和木马、广告链接、安全法规以及熊猫烧香案例。

6.1　病毒与木马

这里的病毒指的是计算机病毒,与自然界病毒不同的是自然界中的病毒是天然存在的生物体,而计算机病毒是人为制造出来的破坏计算机系统的代码段或者程序。在《中华人民共和国计算机信息系统安全保护条例》中计算机病毒被明确定义为"编制者在计算机程序中插入的破坏计算机功能或者破坏数据,影响计算机使用并且能够自我复制的一组计算机指令或者程序代码"。现在流行的病毒一般是人为故意编写,以便达到某种目的,如炫耀和表现自己的能力或者报复、搞破坏。

计算机病毒会造成计算机资源的损失和破坏,这不但会造成计算资源和社会财富的巨大浪费,并且有可能造成社会性的灾难。随着信息化社会和网络应用的发展,计算机病毒的威胁日益严重,反病毒的任务难度加大。

木马(Trojan)这个名字来源于古希腊传说,Trojan 一词的本意是特洛伊,即木马计。"木马"程序是目前比较流行的病毒文件,与一般的病毒不同,它具备一般病毒的繁殖性,也并不"刻意"地去感染其他文件。它通过将自身伪装吸引用户把木马文件下载到用户自己主机内并诱使用户执行木马程序,为施种木马者提供被种者计算机的所有或者部分系统资源。使施种者可以任意毁坏、窃取被种者的文件,甚至远程操控被种者的计算机。所以,木马是病毒中的一种特例。一般性的病毒体现的是破坏性,那么木马体现出的显著特征则是隐藏性。

一个完整的木马程序包含两部分:服务端(服务器部分)和客户端(控制器部分)。植入对方计算机的是服务端,而施种者正是利用木马程序的客户端进入并运行了服务端的计算机。运行了木马程序的服务端以后,会产生一个有着容易迷惑用户的名称的进程,暗中打开端口,向指定地点发送数据(如各类型的用户名和密码,个人隐私等),有时候,施种者甚至可以利用这些打开的端口进入计算机系统。

最后,我们提一下系统或者程序"后门":后门指隐藏在系统或者程序中的秘密功能,通常是程序设计者为了能在日后随意进入系统而设置的。和木马还是有很大区别的,因为后门早已构成系统或者程序的一部分,而木马只是经过伪装同其他程序一起被运行罢了。

6.2 广告链接

很多网站包括搜索引擎的盈利模式都是通过广告链接的。一般正规的广告如:百度的竞价排名链接和 Google 的 AdWords 都放在网页中的,通过用户点击向广告商收取费用。这样商业模式主要是靠点击付费和竞价排名。另一种新型的商业模式:AdSense 是 Google于 2003 年推出。AdSense 使各种规模的第三方网页发布者进入 Google 庞大的广告商网络。Google 在这些第三方网页放置跟网页内容相关的广告,当浏览者点击这些广告时,网页发布者能获得收入。在很多个人主页中都可以看到 AdSense 的身影。

由于互联网规模的不断扩大,网络用户的不断涌入,广告链接比起传统的广告媒介能起到很好的网络推广效果。但是,有些不法分子利用网络广告植入病毒、木马达到种种不可告人的目的,如窃取商业机密获取用户隐私等。

所以很多浏览器厂商和杀毒软件厂商推出各种插件和软件来屏蔽广告。与此同时,网络用户应该谨慎对待广告链接,注意自己的计算机系统以及信息安全。

6.3 Internet 安全法规

本节就中华人民共和国的 Internet 安全方面的法律法规知识进行普及。作为公民应该知晓与 Internet 安全相关的法律法规,积极防范互联网犯罪,避免人民财产损失。我国对于网络安全的立法有着完整的体系框架,主要分为 4 个方面:法律、行政法规、地方性法规和规范性文件。

6.3.1 法律

中华人民共和国的法律是指全国人民代表大会以及其常委会通过的法律法规。其中与网络安全相关的法律法规有:《宪法》、《人民警察法》、《刑法》、《治安管理处罚条例》、《刑事诉讼法》、《国家安全法》、《保守国家秘密法》、《行政处罚法》、《行政诉讼法》、《行政复议法》、《中华人民共和国电子签名法》、《全国人大常委会关于维护互联网安全的决定》等。这些法律法规为保证我国计算机互联网安全提供了法律准绳和执法依据。

这里特别指出的是:《刑法》(九七修订后)中除了分则规定的大多数犯罪罪种(包括危害国家安全罪,危害公共安全罪、破坏社会主义市场经济秩序罪,侵犯公民人身权利、民主权利罪、侵犯财产罪,妨害社会管理秩序罪)都适用于利用计算机网络实施的犯罪以外,还专门在第 285 条和第 286 条分别规定了非法入侵计算机信息系统罪和破坏计算机信息系统罪,共两条四款。此外,千禧年年底颁布的《全国人大常委会关于维护互联网安全的决定》是我国第一部关于互联网安全的法律。该法分别从保障互联网的运行安全;维护国家安全和社会稳定;维护社会主义市场经济秩序和社会管理秩序;保护个人、法人和其他组织的人身、财产等合法权利等4个方面,共15款,明确规定了对构成犯罪的行为,依照刑法有关规定追究刑事责任。最后,《中华人民共和国人民警察法》第六条第十二款明确规定,公安机关的人民警察依法"履行监督管理计算机信息系统的安全保护工作"职责。此法条也明确了人民警察的执法权。

6.3.2 行政法规

中华人民共和国的行政法规指的是国务院为执行宪法和法律而制定的法律规范。其中与网络安全有关的行政法规主要有:《中华人民共和国计算机信息系统安全保护条例》、《中华人民共和国计算机信息网络国际联网管理暂行规定》、《计算机信息网络国际联网安全保护管理办法》、《商用密码管理条例》、《中华人民共和国电信条例》、《互联网信息服务管理办法》以及《计算机软件保护条例》等。

其中,《计算机信息网络国际联网安全保护管理办法》在1997年12月11日由国务院批准、在1997年12月30日由公安部第33号令发布,是我国第一部全面调整互联网络安全的行政法规,不仅对我国互联网的初期发展起到了重要的保障作用,而且为后续有关网络安全的法规、规章的出台起到了重要的指导作用。《办法》的四条禁令:(1)任何单位和个人不得利用国际联网危害国家安全、泄露国家秘密,不得侵犯国家的、社会的、集体的利益和公民的合法权益,不得从事违法犯罪活动。(2)任何单位和个人不得利用国际联网制作、复制、查阅和传播有害信息。(3)任何单位和个人不得从事危害计算机信息网络安全的活动。(4)任何单位和个人不得违反法律规定,利用国际联网侵犯用户的通信自由和通信秘密。

而《中华人民共和国计算机信息网络国际联网管理暂行规定》对互联网接入单位实行国际联网经营许可证制度(经营性)和审批制度(非经营性),限定了接入单位的资质条件、服务能力及其法律责任。《规定》阐述了计算机信息网络进行国际联网的原则:必须使用邮电部国家公用电信网提供的国际出入口信道;接入网络必须通过互联网络进行国际联网;用户的计算机或计算机信息网络必须通过接入网络进行国际联网。处罚条例摘录如下:对违反《规定》第六条、第八条和第十条的行为,即:自行建立或者使用其他信道进行国际联网的;未按规定通过互联网络进行国际联网的;未按规定通过接入网络进行国际联网;未经许可和审批从事国际联网经营业务的等,由公安机关责令停止联网,给予警告,可以并处15000元以下的罚款;有违法所得的,没收违法所得。

6.3.3 地方性法规和规范性文件

地方性法规是指国务院各部、委根据法律和国务院行政法规,在本部门的权限范围内制定的法律规范,以及省、自治区、直辖市和较大的市的人民政府根据法律、行政法规和本省、自治区、直辖市的地方性法规制定的法律规范。而规范性文件一般指的就是"红头文件":有行政管理权的行政机关在行政管理工作需要时制定的文件。

举例如下:2003年3月31日广东省人民政府第十届四次常务会议通过《广东省计算机信息系统安全保护管理规定》,并决议于2003年6月1日起实施此项管理规定。规定要求县以上公安机关主管本行政区域内的计算机信息系统安全保护工作;公安机关、国家安全机关,在紧急情况下,可采取24小时内暂时停机、暂停联网、备份数据等措施;地级以上市公安机关应有专门机构负责计算机信息系统发生的案件和重大安全事故报警的接受和处理;地级以上公安机关应为计算机信息系统使用单位和个人提供安全指导,并向社会公布举报电话和电子邮箱。

6.4　安　全　案　例

最后介绍中国互联网史上影响较大的安全案例:熊猫烧香事件。该事件折射出互联网安全存在的技术及社会问题。

首先,熊猫烧香是一种蠕虫病毒,并且经过多次变种。此病毒因中毒计算机的可执行文件会出现"熊猫烧香"图案(如图6.1所示)而得名。这张图片将唤起很多人对于这个蠕虫病毒的记忆,与此同时也带来了人们对此类病毒危害的深恶痛绝。

图6.1　熊猫烧香图案
(图片来源于网络)

该病毒通过互联网网站传播,也能在局域网中传播。传播速度相当迅猛,在极短的时间内感染成千上万的Windows计算机系统,并导致网络逐步瘫痪。病毒会删除计算机系统中扩展名为"gho"的文件,使得用户无法使用ghost备份恢复软件恢复Windows操作系统。熊猫烧香病毒感染网页文件,将病毒代码添加到网页文件中去。这样的网页被上载到服务器端,广大互联网用户只要访问页面即可中毒。此病毒在硬盘各个分区下甚至是每一个文件夹下生成文件autorun.inf和setup.exe。然后,它可以通过U盘和移动硬盘等方式进行传播,并且利用Windows系统自身的自动播放功能来运行,搜索硬盘中的.exe可执行文件并使它感染,感染后的文件图标变成"熊猫烧香"图案。此外,"熊猫烧香"还可以通过共享文件夹、系统弱口令等多种方式进行传播,并能终止大量反病毒软件进程。

此案例是我国首例破获的造成重大损失的计算机病毒大案。据新闻报道:2007年2月12日湖北省公安厅宣布:"根据统一部署,湖北网监在浙江、山东、广西、天津、广东、四川、江西、云南、新疆、河南等地公安机关的配合下,一举侦破了制作传播"熊猫烧香"病毒案,抓获病毒作者李俊(男,25岁,武汉新洲区人)。据其交代:他是于2006年10月16日编写了"熊猫烧香"病毒并在网上广泛传播,并且还以自己出售和由他人代卖的方式,将该病毒销售给120余人,非法获利10万余元。"

事件过后,经过病毒专业技术人员分析:熊猫烧香病毒的原理比较简单,采用了互联网上广为流传的技术手段。尽管技术手段并不先进,但还是造成了巨大损失。这个事件表明人们使用网络时安全防护意识不强。

6.5　常　见　问　答

1. 什么是网络安全漏洞?

网络安全漏洞是指组成网络系统的硬件或软件在安全方面存在的缺陷、隐患或脆弱性。网络安全漏洞的直接危害是非法用户可以利用这些漏洞,中断、降低或妨碍系统的正常工作,或未经授权而获得网络系统的访问权,或提高其访问权。

2．为什么会存在网络安全漏洞？

以下原因导致网络安全漏洞的不可避免性：

（1）网络系统的复杂性。

（2）网络协议的开放性。

（3）操作系统的漏洞。

（4）软件"后门"。

（5）人为因素。

3．什么是计算机犯罪？

所谓计算机犯罪，是指以计算机为犯罪工具或以计算机为犯罪对象的行为。这种犯罪行为往往具有隐蔽性、智能性和严重的社会危害性。广义的计算机犯罪是指行为人故意直接对计算机实施侵入或破坏，或者利用计算机实施有关金融诈骗、盗窃、贪污、挪用公款、窃取国家秘密或其他犯罪行为的总称；狭义的计算机犯罪仅指行为人违反国家规定，故意侵入国家事务、国防建设、尖端科学技术等计算机信息系统，或者利用各种技术手段对计算机信息系统的功能及有关数据、应用程序等进行破坏、制作并传播计算机病毒，影响计算机系统的正常运行且造成严重后果的行为。

4．什么是计算机黑客？

计算机黑客是指那些具有计算机网络技术专长，能够完成入侵、访问、控制与破坏目标网络信息系统的人，故又称为网络攻击者或入侵者。早期"黑客"一般没有破坏用户系统或数据的企图；然而，现在"黑客"已演变为"网络入侵者"的代名词，是指一些恶意的网络系统入侵者。他们通过种种手段侵入他人系统，窃取机密信息，扰乱或破坏系统。

第7章　Dreamweaver CS5 入门

学习目标

◆ 了解 Dreamweaver CS5 的主要功能

◆ 理解网站与网页如何工作

◆ HTML 基础知识

◆ 网页的基本操作

Dreamweaver CS5 是一个站点设计、布局和管理的综合软件工具。本章将介绍
Dreamweaver CS5 的主要功能。

7.1　Dreamweaver CS5 的主要功能

7.1.1　网页设计和布局工具

通过 Dreamweaver CS5 的多个菜单和面板，可以方便地在页面中添加文本、图像和视
频等，如图 7.1 所示"插入"面板。可以通过这些菜
单和面板创建具有漂亮外观和丰富功能的网页而
无须了解源代码——Dreamweaver CS5 帮助用户
构建了幕后的代码。此外，Dreamweaver CS5 集成
了 Adobe Photoshop CS5，使得你可以在
Dreamweaver CS5 内就能导入和调整图像。

7.1.2　站点管理和文件传输协议

Dreamweaver CS5 提供管理站点所需的全部
工具，包括内置的 FTP 传输（用于连接远程服务器
和本地机器）、可重用的页面模板和库项等对象，以
及多种安全机制（如链接检查器和站点报告）。通

图 7.1　通过"插入"面板你可以在页面内
　　　　添加各种对象

过这些工具，可以确保站点正常运行。如果使用层叠式样式表（CSS）设计网页，
Dreamweaver CS5 的浏览器兼容性检查功能将帮助用户发现页面在不同的浏览器中潜在
的展示问题。

7.1.3 编码环境和文本编辑器

如果你擅长手工编码,Dreamweaver CS5 为你提供页面的"代码视图",如图 7.2 所示。手工编辑 HTML 代码时用户可以随时切换到"设计视图"查看代码的效果。代码着色、自动缩进、可视化助理等编码特点使得 Dreamweaver CS5 成为一个完美的代码编辑器,并且适用于不同水平的网站设计者。

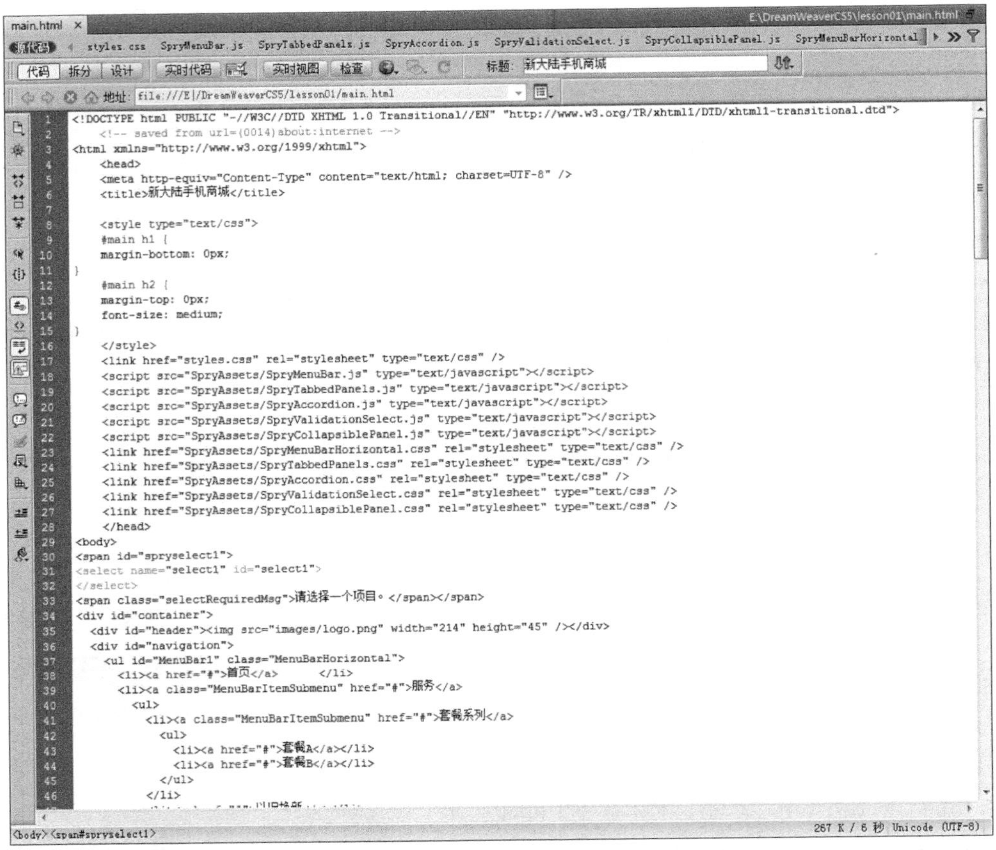

图 7.2 "代码视图"是一个完美的代码编辑器

对于有经验的开发者,Dreamweaver CS5 也支持脚本语言编码,如 JavaScript、PHP、JSP、ASP. NET 等。

那些拥有构建交互式网页或电子商务站点的脚本语言分成两类:客户端脚本和服务器端脚本。客户端脚本(如 JavaScript)在你的浏览器中运行,而服务器端脚本(如 PHP)运行于服务器上,要求服务器上安装专门的软件。

7.1.4 CSS 样式面板

网页开发时你可以充分利用 CSS 提供的大量设计和样式选项,而且,你只需要通过 Dreamweaver CS5 的一个"CSS 样式"面板就能完成对 CSS 的所有操作。

7.1.5 展示网页的相关文件

网页开发变得比以前更复杂了。一个简单的页面可能由多个资源组成,这些资源包括外部样式表、JavaScript 文件,甚至服务器端文件。当你编辑一个网页时,通常需要修改或查看这个网页相关的其他文件,Dreamweaver CS5 的"相关文件栏"(位于文档窗口的上方)显示了当前网页相关的全部文件,你可以方便地在不同文件之间进行切换,如图 7.3 所示。

图 7.3 "相关文件栏"显示当前网页相关的全部文件

7.2 网站如何工作

在开始设计网页之前,了解网站如何工作的一些基础知识很重要。当你在浏览器的地址栏里输入一个 URL 网址或 IP 地址后,浏览器就尝试着连接远程服务器并下载页面文档以及该文档的相关文件(如外部样式表、图像文件、JavaScript 文件等)。当把这些文件下载至本机后,浏览器用这些文件重新构建一个网页并展示该网页,如图 7.4 所示。注意,虽然你在地址栏输入的是以 .html 为后缀的文件名,但是你在浏览器中看到的网页并不是作为一个整体从服务器传送过来的。浏览器首先从服务器下载 HTML 文件,再下载该 HTML 文件中所引用的样式表文件、JavaScript 文件、图像文件等相关文件,之后浏览器基于这些文件负责重构网页。HTML 文件使用简单的、基于标签的超文本标记语言,指示浏览器如何以及在哪里显示文字、图像、视频等内容。这个构建网页的过程是由浏览器在幕后进行的。

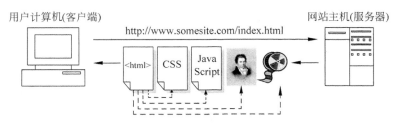

图 7.4 访问页面的流程图

服务器是一台计算机,它具有强大的计算能力和网络吞吐量,因为服务器需要同时处理成千上万个客户端的请求。因为用户可能在任意时刻通过因特网访问服务器,所以服务器必须保证时刻都与因特网相通。

浏览器是一个运行于用户计算机上的软件,它下载并显示 HTML 页面。每一次用户单击页面内超链接或者在地址栏输入网址,浏览器就向服务器请求一个 HTML 文件以及该 HTML 文件所引用的若干文件。浏览器得到这些文件后就根据 HTML 文件的 HTML 代码重构并展示这个 HTML 页面。目前常用的浏览器有 IE、火狐、Safari 等,每种浏览器又包含多个版本。每种浏览器都能够按 HTML 语言标准来重构并展示网页内容。

7.3 HTML 基础知识

HTML 不是一种编程语言,而是一种简单的、基于文本的标记语言,因此 HTML 文件本质上是一个文本文件。你可以用任何文本编辑器,甚至是 Windows 的记事本,来创建和编辑 HTML 文件。Dreamweaver CS5 所做的是为你提供一个可视化界面,使用户不必手工编写 HTML 代码就能构建网页。如果用户愿意或擅长手工编码,Dreamweaver CS5 也提供了"代码视图",一个非常方便的文本编辑器,可以阅读和编写 HTML 文件的代码。

HTML 使用标签(即带尖括号的关键字)来放置页面内容或者设置其格式。很多标签需要一个结束标签,在关键字前添加前缀"/"表示。

HTML 标签是最基础的标签,用来指定文档中 HTML 的开头和结尾。

```
<html>…</html>
```

在<HTML>标签内用两个标签来定义网页的两个重要区域:头部和主体。在浏览器中不会显示网页头部的信息,但是头部信息是很重要的,如页面描述、页面所引用的外部脚本文件名、页面所引用的外部样式文件名。在<html>标签内用<head>标签创建网页头部的文本如下:

```
<html>
    <head></head>
</html>
```

网页主体包含页面中所有可见的元素,如带格式的文本、图像以及其他媒体。用<body>标签定义网页主体的文本如下:

```
<html>
    <head></head>
    <body>
        网页的文本和图像放在这里…
    </body>
</html>
```

当用 Dreamweaver CS5 新建一个 HTML 文档时,Dreamweaver CS5 自动地在 HTML 文档内创建上述这样一个框架,之后可以往页面里添加任何东西。所添加的任何可见的元素均以恰当的标签形式出现在<body>标签内。

HTML 标签遵守层次规则。最高级别的标签是<html>,任何其他的标签都在这个标签内。一个标签总是包含更低级别或更小的标签,如<body>包含<p>(段落标签)、<img>(图像标签)和<strong>(加粗标签)等。此外,结构型标签的级别比格式型标签的级别更高,如<ul>(列表标签)、<table>(表格标签)比<strong>(加粗标签)、<em>(斜体标签)的级别要高。例如,下面这行代码:

```
<strong><p>文本为粗体的段落</p></strong>
```

虽然在某些浏览器中这行代码可以正常运行,但是并不推荐这种写法,因为<strong>

标签的级别比＜p＞标签的要低。把这行代码做如下改动则更恰当：

＜p＞＜strong＞文本为粗体的段落＜/strong＞＜/p＞

如果通过 Dreamweaver CS5 构建网页，可以确保标签的嵌套（或相互包含）是合乎规范的。当选择手工编辑代码时，要记住这条编码规则。

HTML 是一种灵活的语言，关于其自身的编码外观几乎没有规则。可以把标签都写为大写，或者都写为小写，或者大小写混用。下面 3 行 HTML 代码都是合法的，而且显示结果也相同。

＜font color = "＃ccddee"＞文本＜/font＞
＜FONT COLOR = "＃ccddee"＞文本＜/FONT＞
＜fOnT CoLor = "＃ccddee"＞文本＜/FONt＞

还有一条值得注意的 HTML 规则称为空格规则，该规则指的是代码中在两个文字、两个标签或者文字与标签之间连续的空格或空行在浏览器中只显示为一个空格。

根据空格规则，以下几种代码的写法效果是相同的，如图 7.5 所示。

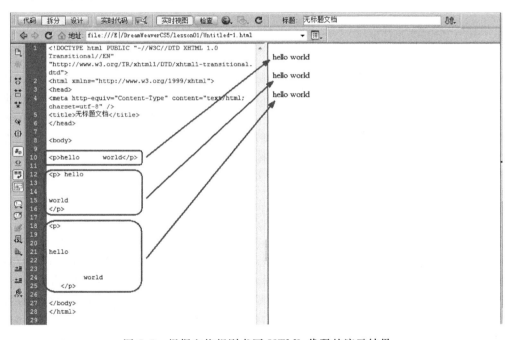

图 7.5　根据空格规则书写 HTML 代码的演示结果

7.4　新建 HTML 文档

选择桌面菜单命令"开始"→"所有程序"→"Adobe Dreamweaver CS5"，运行 Dreamweaver CS5 软件。通常情况下，会出现 Dreamweaver CS5 欢迎窗口。当 Dreamweaver CS5 开始运行或者没有文档被打开，欢迎窗口就会出现，如图 7.6 所示。

欢迎窗口显示 3 列内容，第一列是"打开最近的项目"，列出了最近你打开的一些项目或

图 7.6　Dreamweaver CS5 欢迎窗口

文件,只要单击列表的某项就打开这个项目或文件。单击列表底部的"打开…"按钮可以通过一个"打开"对话框选择任意文件夹下的项目或文件;第二列是"新建",列出了 Dreamweaver CS5 可以创建的不同文档类型,可以根据要创建的文档类型选择不同的列表项;第三列是"主要功能",列出了一些帮助视频,这些视频位于 Adobe 的网站上,单击某个视频时,Dreamweaver CS5 会自动运行浏览器,并演播网站上的视频。

　　可以选中欢迎窗口左下角的"不再显示"复选框,则下次打开 Dreamweaver CS5 软件时就不再出现欢迎窗口。

　　接下来将创建一个 HTML 文档,编辑后再保存。

　　第 1 步:选择菜单"文件"→"新建"命令,则弹出"新建文档"对话框,如图 7.7 所示。在对话框中选择"空白页",在"页面类型"列表中选择"HTML",在"布局"列表中选择"<无>",然后单击"创建"按钮,则 Dreamweaver CS5 的窗口出现一个空白文档。

　　第 2 步:单击工具栏上的"设计"按钮则显示当前文档的设计视图。在设计视图中手工输入文字"这是第一段的第一行。";之后敲击组合键 Shift+Enter,则光标另起一行,继续手工输入文字"这是第一段的第二行。";之后敲击 Enter 键,则光标另起一段,在新的段落中手工输入文字"这是第二段的第一行。";之后敲击组合键 Shift+Enter,光标另起一行,继续输入文字"这是第二段的第二行。";最后敲击 Enter 键,则光标又另起一段。这一步的操作演示了在文档的"设计"视图内如何另起一行与另起一段。

　　第 3 步:单击工具栏上的"拆分"按钮则同时显示当前文档的代码视图和设计视图,如图 7.8 所示。观察 HTML 代码,注意到段落的标签为<p>,而换行的标签为
。

　　第 4 步:选择菜单"文件"→"保存"命令,在弹出的"另存为"对话框内选择文件夹并输入文件名(必须用 .html 作为后缀名保存 HTML 文件,否则浏览器不能正常地打开这个文件),最后单击对话框的"保存"按钮。

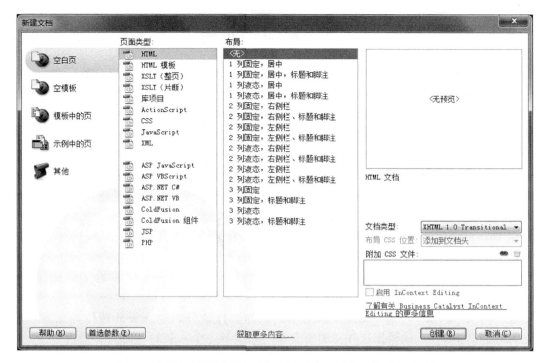

图 7.7 在"新建文档"对话框中选择创建不同类型的页面或模板

图 7.8 通过"拆分"视图同时查看 HTML 代码和设计效果

第 5 步：选择菜单"文件"→"关闭"命令，则关闭当前文档。由于没有其他的文件被打开，欢迎窗口又出现了。

第 6 步：选择菜单"文件"→"打开"命令，在弹出的"打开"对话框内选中第 4 步所保存的 HTML 文件，再单击"打开"按钮，则第 5 步关闭的文档又被打开，可以进行编辑。

7.5 常见问答

1. 在网页上用户单击后可以导航至其他网页的页面元素是什么？

超链接。

2. 从 Dreamweaver CS5 的哪两个位置你可以新建文档？

一个是欢迎窗口，另一个是菜单"文件"→"新建"命令。

3. CSS 是什么？

CSS 是层叠式样式表的英文缩写。网页中使用层叠式样式表来设定页面元素的样式，还可以使用层叠式样式表进行页面布局。层叠式样式表有独特的语法规则，不能认为层叠式样式表是 HTML 的一部分。

4. Dreamweaver CS5 允许你在哪 3 个视图中查看和编辑文档？

这 3 个视图分别是文档的设计视图、拆分视图、代码视图。

5. 判断对错：当浏览器请求一个网页时，这个网页作为一个完整的文件发送给浏览器。

错。构成网页的 HTML 文件及其引用的其他文件被分别地从服务器传送至客户机，浏览器再根据 HTML 代码把这些资源组合在一起展示一个完整的页面。

6. 网页中常见的页面元素如文字、图像、表格、超链接对应的 HTML 标签是什么？

图像对应的 HTML 标签是<img>，表格对应的 HTML 标签是<table>，超链接对应的 HTML 标签是<a>，网页内的文字本身不需要 HTML 标签，但是通常用标签<p>来标示文字的段落，用<h1>等来标示标题文字。

7.6 动手实践

1. 选择菜单"文件"→"新建"命令，使用 Dreamweaver CS5 预设的某个"布局"创建一个 HTML 文档，之后保存它。

2. 选择菜单"编辑"→"首选参数"命令，打开"首选参数"对话框，在"分类"列表中选中"常规"项，之后检查每个设置值。单击对话框内的"帮助"按钮了解每个设置的含义，在理解设置的含义后尝试着改变设置值。分别选中"分类"列表中"文件类型/编辑器"项和"新建文档"项，重复上述操作。

3. 通过选择菜单"窗口"下的各项以显示或隐藏 Dreamweaver CS5 界面上的某个面板。通过双击某个面板标签练习展开和折叠该面板。调整面板的大小。单击面板的右上角弹出下拉菜单，检查该菜单的各个功能项。可以通过选择菜单"窗口"→"工作区布局"→"设计器"命令，使得 Dreamweaver CS5 恢复默认的界面布局。

4. 单击欢迎窗口的"快速入门"教程，这项功能需要连接因特网。

5. 单击欢迎窗口内"新建"栏中的"HTML"项，这将在文档窗口新建一个空白的网页。

6. 使得 Dreamweaver CS5 启动时不显示欢迎窗口，之后恢复欢迎窗口在 Dreamweaver CS5 启动时的显示。

第8章　创建一个新站点

学习目标

◆ 设置站点

◆ 建立本地根目录及远程文档

◆ 添加页面并设置其属性

◆ 使用"文件"面板选择、查看和组织文件

Dreamweaver CS5 具备强大的站点创建和管理能力。通过 Dreamweaver CS5，可以创建单个网页，也可以创建完整的网站。在一个站点内的全部网页通常具有相似的主题，相近的风格以及相同的意图。当使用 Dreamweaver CS5 完成网站创建之后，还可以通过该软件对站点进行有效的发布和管理。

准备工作

在开始之前，可以单击菜单"窗口"→"工作区布局"→"经典"命令，以重置工作区。在这一章将使用教材素材文件夹 chapter08\material 里的若干文件。请确认已经把该文件夹内容复制到硬盘上，假设在硬盘上新文件夹的位置为 E:\DreamweaverCS5\lesson02，表示 Dreamweaver CS5 的第 2 课。

8.1　创建一个新站点

在 Dreamweaver CS5 中，术语"站点"指的是组成一个网站的文件在本机或远程服务器上的存储位置。对于动态页面开发而言，一个站点还可能包括在测试服务器上的存储位置。为了充分利用 Dreamweaver CS5 的站点管理特性，应该从新建一个站点开始。

在 Dreamweaver CS5 中创建一个新站点最快捷的方法是使用"站点设置"对话框。单击菜单"站点"→"新建站点"，将弹出此对话框。你也可以使用"管理站点"对话框来创建一个新站点。我们将在以后讨论"管理站点"对话框的此项及其他功能。

在这一章将通过"站点设置"对话框完成以下工作：

* 定义站点。
* 给站点命名。
* 定义本地根文件夹。
* 设置远程根文件夹。
* 保存站点。

当"站点设置"对话框打开时，默认情况下展示的是选项"站点"被选中的界面。对话框

上提供的选项可以引导你完成创建一个站点选项"服务器"、"版本控制"、"高级设置"将支持你创建各类站点,如本地站点、远程站点。

"站点设置"对话框的第一个界面允许你为站点命名。命名时请不要使用空格(可用下划线代替空格)、点(即.)、斜线(即/),以及其他的标点符号,因为这些符号可能导致服务器不能正确地指明文件位置。

第 1 步:运行 Dreamweaver CS5,然后单击菜单"站点"→"新建站点"命令。首先,必须给站点命名。在"站点名称"文本框内,输入"mobilephone",如图 8.1 所示。

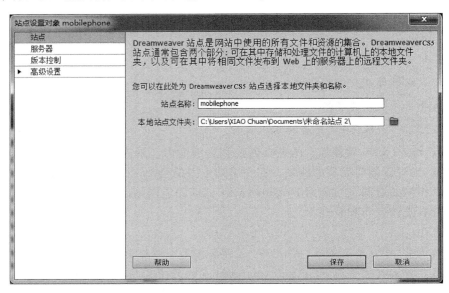

图 8.1　在文本框内输入站点名称

接下来,需要设置在本机的站点根文件夹,Dreamweaver CS5 将把与新站点有关的文件都保存在这个文件夹里。在"本地站点文件夹"文本框内,可以输入根文件夹的路径信息。

为了确保在本机设置的页面链接在服务器上也能正确地指向目标文件,务必要把一个站点用到的所有资源保存在同一个主文件夹里,并且在 Dreamweaver CS5 中把该主文件夹设置为"本地站点文件夹",这一点非常重要。这是因为只有当服务器上站点内各个资源的相对位置与它们在你的硬盘上的相对位置保持一致,页面链接才会正确有效。

第 2 步:单击位于"本地站点文件夹"文本框右侧的文件夹图标,导航至已经存在的一个文件夹,该文件将作为站点的根文件夹。如果没有导航至一个文件夹,而是使用文本框中出现的默认文件夹位置,Dreamweaver CS5 将会创建一个新的文件夹,之后可以在此新文件夹内为站点创建新页面。在本次练习中,将把"本地站点文件夹"设置为一个已经存在并且已经有文件在里面的文件夹,这个文件夹就是 E:\DreamweaverCS5\lesson02。可以直接在文本框里输入这个文件夹的路径,可以通过弹出的"选择根文件夹"对话框定位至此文件夹,如图 8.2 所示,然后单击"选择"按钮,文本框中将自动显示根文件夹的路径。

注意,本例做的是添加一个新站点,此时站点内已经有页面等文件,这与从零开始创建一个新站点不同。无论哪种情况,重点是让 Dreamweaver CS5 知道站点根文件夹在本机上的位置,该文件夹将包含最终发布到网站上的内容。

图 8.2　通过对话框定位站点的根文件夹

第 3 步：单击"服务器"选项。在这个界面上可以指定远程服务器用于发布新创建的站点。开始创建一个站点时无须填写此信息，只有在需要连接到网站服务器时才要填写此信息。

第 4 步：单击按钮"＋"将出现"基本"站点设置窗口，如图 8.3 所示。窗口包括"服务器名称"、"连接方法"、"FTP 地址"、"用户名"、"密码"等输入框。可以为 Dreamweaver CS5 选择目标服务器和方法（通常使用 FTP）以传输文件。

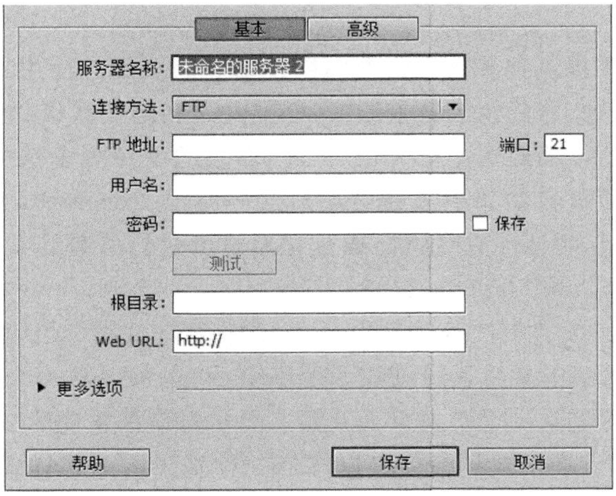

图 8.3　设置如何访问远程文件夹

第 5 步：如前所述，在现阶段不必指定远程文件夹。Dreamweaver CS5 允许以后再设置远程文件夹，比如当准备上传文件至服务器时。单击界面上的"高级"标签，在"测试服务器"区可以选择不同的脚本语言如 PHP、JSP 等。如果是一个高级用户，在这里可以设置与测试服务器的连接。但是此时，不必做任何改动，单击"取消"按钮。

第 6 步：单击左侧的选项"版本控制"可以设置如何访问 Subversion。Subversion 是一个版本控制软件，它记录着对文件所做的任何改动，使得用户可以跟踪变化，并且可以回到文件的以前版本。在本次练习中，我们不使用 Subversion，所以在"访问"下拉列表中选择"无"即可。

保留高级设置的默认值，直接单击"保存"按钮，就完成一个本地站点的创建。在 Dreamweaver CS5 右下方的"文件"面板将显示这个站点已有的内部资源，如图 8.4 所示。

图 8.4　"文件"面板显示站点内资源

8.2　添　加　页　面

Dreamweaver CS5 提供很多特性帮助你创建站点的页面。使用这些特性，可以设定页面的各种属性，包括标题、背景色或背景图像，以及文本和链接默认的颜色等。

创建一个新页面的正确做法是首先在"文件"面板的下拉列表选中一个本地站点（若新建一个站点则"文件"面板自动选中该新站点），这样便于 Dreamweaver CS5 把页面创建在所选站点的根文件夹里，也便于在"文件"面板里对页面进行管理。我们在"文件"面板内选中前一节所创建的站点"mobilephone"。

第 1 步：选择菜单"文件"→"新建"命令，将打开"新建文档"对话框，如图 8.5 所示。

第 2 步：可以使用预定义的布局创建一个新页面，也可以从一个空白页面开始然后自己构建布局。本次练习将从一个空白页面开始。单击对话框左侧的"空白页"条目，在"页面类型"栏选择"HTML"。在"布局"栏中可以选择一种基于层叠式样式表（CSS）描述的预定义版式。这些预定义版式可以分成如下两类。

- 列固定版式：列的宽度不会根据浏览器的设置重新调整，采用像素值度量宽度。
- 列液态版式：列的宽度会根据浏览器窗口大小重新调整，但是用户改变浏览器的文字设置不会改变列宽。

单击"布局"栏上的"＜无＞"创建一个空白页面，不用预定义版式。

第 3 步："文档类型"下拉列表定义了不同版本的 HTML 文档类型。"文档类型"选用

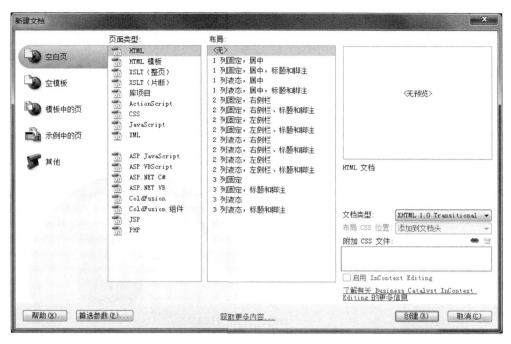

图 8.5　使用"新建文档"对话框为站点添加一个页面

默认设置"XHTML 1.0 Transitional"，如图 8.6 所示，它适用于大多数情况。

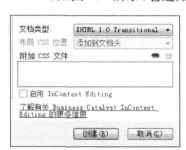

图 8.6　选择 XHTML 1.0 Transitional 作为文档类型

　　由于没有选择基于 CSS 的预定义布局，所以可以忽略"布局 CSS 位置"与"附加 CSS 文件"的设置。

　　第 4 步：单击"创建"按钮，将创建一个新的、空白的 HTML 页面，如图 8.7 所示。

　　第 5 步：选择菜单"文件"→"保存"命令。当使用 Dreamweaver CS5 时，及时保存对页面所做的修改是一个好习惯。把站点的全部资源保存在硬盘上同一个主文件夹里是非常重要的，只有这样，才能保证在本机为页面指定的超级链接在站点被上传至服务器后仍然是正确和有效的。

　　在弹出的"另存为"对话框中，默认路径是在站点设置时指定的"本地站点文件夹"，即站点的本地根文件夹。

　　第 6 步：在"文件名"输入框中，输入 about.html。之后单击"保存"按钮，把这个页面保存在站点的根文件夹里。"文件"面板将显示 about.html 已经被添加，如图 8.8 所示。

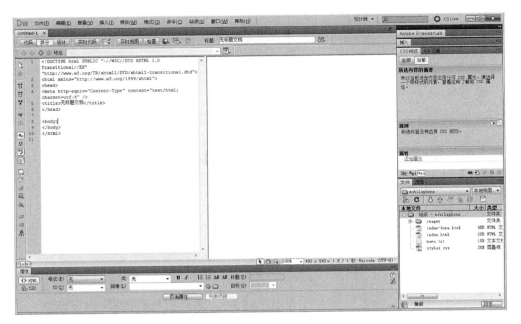

图 8.7　一个新的、空白的 HTML 页面

图 8.8　"文件"面板显示站点内资源

8.3　设定页面属性

　　本节将使用"页面属性"对话框来指定新建页面的布局和格式属性。可以使用这个对话框为每个新页面设定页面属性,也可以使用它修改已有页面的页面属性。

　　第 1 步:使用"页面属性"对话框为每个页面设置页面标题、背景色、背景图像、文本和链接颜色以及其他基本属性。首先在"文件"面板双击要设置页面属性的页面,如 about.html,使得该页面成为当前正在处理的页面,然后单击菜单"修改"→"页面属性",或者使用快捷键 Ctrl+J,将弹出"页面属性"对话框,并且"分类"栏中"外观(CSS)"类别被默认选中,如图 8.9 所示。

图 8.9 "页面属性"对话框

在"外观(CSS)"类别中所做的设置将自动地产生一个层叠式样式表,这个样式表指定了你所设定的页面外观。相比于在页面中使用内嵌 HTML 代码,使用层叠式样式表的好处是灵活,方便修改,适用更广。

第 2 步:"页面字体"和"大小"指定了页面中文本的默认外观。让这两项保持其默认设置。

第 3 步:"文本颜色"允许指定页面中文本的默认颜色。单击颜色样本按钮,可以从弹出的颜色样本面板中选择文本的默认颜色,然后单击"应用"按钮使设置生效。也可以直接在文本框里输入颜色的十六进制值。如输入 f2e910 后再单击"应用"按钮将指定黄色为文本的默认颜色,如图 8.10 所示。稍后当为页面添加文本时,将看到这个设置的效果。

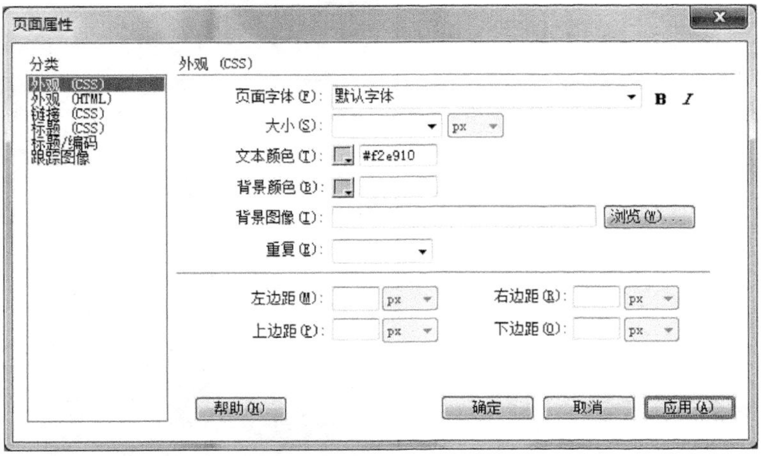

图 8.10 使用颜色样本面板设置页面文本颜色

第 4 步:"背景颜色"允许为页面选择一个背景色。单击颜色样本按钮,可以从弹出的颜色样本面板中选择页面的背景颜色,然后单击"应用"按钮使得设置生效。也可以直接在文本框里输入颜色的十六进制值。如输入"#749215"后再单击"应用"按钮将指定绿色为页

创建一个新站点

面的背景颜色,如图 8.11 所示。

图 8.11　使用颜色样本面板设置页面背景颜色

　　第 5 步:"背景图像"允许设定一幅图像作为页面的背景。Dreamweaver CS5 通过重复平铺背景图像填满窗口来模仿浏览器的行为。单击"浏览…"按钮,弹出"选择图像源文件"对话框,在此对话框中定位到站点下的图像文件夹,本例中是 E:\DreamweaverCS5\lesson02\images,选中 bg_gradient.gif 文件,然后单击"确定"按钮。"选择图像源文件"对话框关闭,再单击"页面属性"对话框的"应用"按钮,将看到页面上出现一幅渐变的背景图像,但是,它到中途就停了,重新开始,如图 8.12 所示。

图 8.12　平铺的渐变背景图像

　　第 6 步:在"重复"下拉列表中选择"repeat-x",再单击"应用"按钮可以看到背景的重复方式发生了改变,如图 8.13 所示。

图 8.13　只沿水平方向平铺的渐变背景图像

第 7 步：默认情况下，Dreamweaver CS5 在紧密靠近页面的上边框与左边框的位置开始放置页面内容，如文本或图像。为了在页面边框与页面内容之间产生额外的空白，可以在"页面属性"对话框上设置边距。在"左边距"输入 30，在"上边距"输入 30，使得页面将在离左边框 30 个像素，同时离上边框 30 个像素的位置开始放置文本和图像。

"页面属性"对话框的"分类"栏中"外观（HTML）"类型包含很多与"外观（CSS）"类型相同的设置。这些设置将在页面中自动地创建 HTML 代码，而不是自动地创建一个层叠式样式表，使用 HTML 代码比使用层叠式样式表缺少灵活性。

"页面属性"对话框的"分类"栏中"链接（CSS）"类型允许你设定页面中超链接文本的外观。

第 8 步：单击对话框左侧的"链接（CSS）"类型，让"链接字体"和"大小"采用其默认设置。接下来在下列输入框为不同状态的链接设定颜色。

- 链接颜色：输入＃fc5，相当于＃ffcc55，这是页面上超链接文本默认的颜色。
- 变换图像链接：＃e05，相当于＃ee0055，这是鼠标移到超链接上（还没有单击）超链接文本的颜色。
- 已访问链接：输入＃cce，相当于＃ccccee，这是在用户单击超链接后，该超链接文本的颜色。
- 活动链接：输入＃fe8，相当于＃ffee88，这是鼠标单击超链接时超链接文本的颜色。

由于选用 CSS 格式来定义设置，你还可以选择超链接是否（或者什么时候）显示下划线。而当你选用 HTML 格式来定义设置，不能设置超链接的下划线属性。在"下划线样式"列表中选中其默认设置"始终有下划线"。之后单击"应用"按钮使设置生效。

第 9 步：单击对话框左侧的"标题（CSS）"类型，在这里你可以设定页面内标题文字的字体、大小、颜色和样式，如图 8.14 所示。在本次练习中采用"标题（CSS）"类型的默认设置，

创建一个新站点

在以后的章节将使用层叠式样式表来设定标题文本的样式。

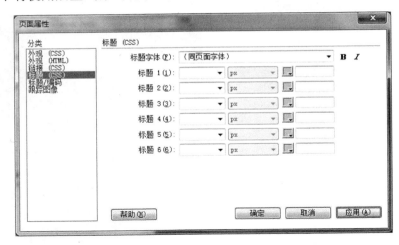

图 8.14　设定页面中标题文本的外观

第 10 步：单击对话框左侧的"标题/编码"类型，在这里可以进行更多的设置，如图 8.15 所示。

- 在"标题"文本框输入"新大陆手机商城"。这样一来，在大多数浏览器窗口的标题栏将显示这行文字。而且，当一个用户把这个网页添加到收藏夹时，书签的默认标题也将是"新大陆手机商城"；
- "文档类型"使用其默认设置"XHTML 1.0 Transitional"；
- 从"编码"下拉列表中选择"Unicode(UTF-8)"，这指定了页面内字符的编码方式；
- 从"Unicode 标准化表单"下拉列表中选择"无"，然后让"包括 Unicode 签名（BOM）"不被打勾，对于这章而言这两项设置多余的。

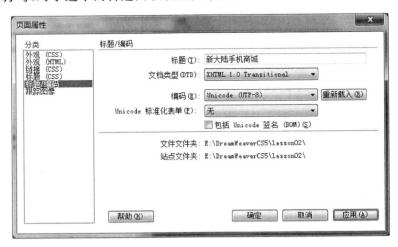

图 8.15　设置窗口标题并指定编码

之后单击"应用"按钮使设置生效。

第 11 步：单击对话框左侧的"跟踪图像"类型。跟踪图像是一个格式为 JPEG、GIF 或

PNG 的图像。当在 Dreamweaver CS5 中设计页面时,它作为页面的背景存在,当在页面上放置文字或图片时可以用此背景图像作为参照物,以确定页面元素的位置。跟踪图像一般是由美工事先用图像处理软件,如 Photoshop 或 Firework,根据设计方案制作的页面效果图。

单击"浏览…"按钮,通过弹出的"选择图像源文件"对话框指定某个图像文件,也可以直接在文本框内输入用作跟踪图像的图像文件的路径。在本例中,跟踪图像为站点根文件夹的子文件夹 images 中的 tracing.jpg,把"透明度"设为 50%,如图 8.16 所示,之后单击"应用"按钮使设置生效。

图 8.16 把跟踪图像用作设计时的页面背景

跟踪图像是用于构建版式的工具。当使用跟踪图像时,在 Dreamweaver CS5 的设计视图中将取代任何已经加入页面的背景图像,但是在浏览器中并不会显示跟踪图像。已经知道跟踪图像的用途,现在把跟踪图像删除。删除"跟踪图像"文本框内的文字,再单击"应用"按钮。

第 12 步:单击"确定"按钮以关闭"页面属性"对话框。单击菜单"文件"→"保存"命令,就完成了页面属性的设置。

8.4 工 作 视 图

在本书中,将在设计视图中完成大部分可视化页面布局特性工作。然而,在使用设计视图时,可以方便地了解到相应的 HTML 代码,并且通过 Dreamweaver CS5 的其他工作视图使用 HTML 代码来编辑网页。在文档的工具栏上,如图 8.17 所示,可以在不同的视图之前切换。

图 8.17 文档的工具栏

第1步：在文档的工具栏上单击"设计"按钮。设计视图以一种可完全编辑的、直观的方式展示页面，如图 8.18 所示，类似于在浏览器中所看到的结果。

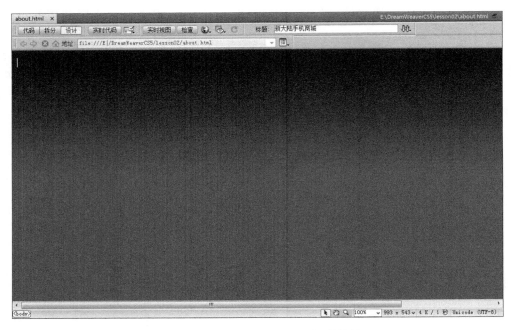

图 8.18　设计视图展示网页的视觉效果

第2步：单击工具栏上的"代码"按钮切换到代码视图。视图展示了一个对 HTML 代码及其他类型代码（如 JavaScript、PHP 等）做手工编辑的环境，如图 8.19 所示。

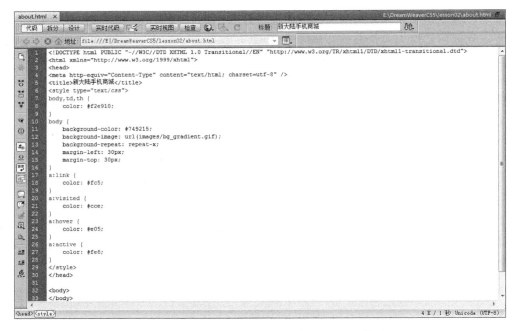

图 8.19　代码视图展示网页对应的 HTML 代码

第 3 步：单击工具栏上"拆分"按钮切换到拆分视图。该视图把页面同时用代码视图和设计视图展示，如图 8.20 所示。这是一个很好的学习工具，当你在设计视图上直观地作了一个改动，代码视图将同时高亮显示对应的 HTML 代码，反之亦然。

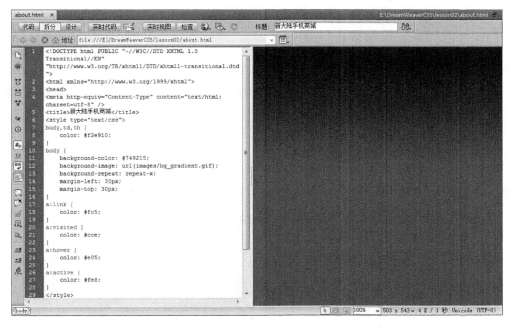

图 8.20　使用拆分视图将同时用两种模式展示网页

8.5　使用"文件"面板管理文件

"文件"面板不仅仅是一个了解站点根文件夹的窗口，它还可以管理本机的文件，并且把本机文件传送到远程服务器上，或者从远程服务器下载文件到本机上。"文件"面板在本地站点与远程站点保持相同的结构，必要时进行文件拷贝或删除以确保两者的同步。

通过"文件"面板可以查看本地的文件和文件夹，不论它们是否与站点有关。

第 1 步：单击"文件"面板左上角的下拉列表，选择"桌面"，再单击"桌面项目"文件夹，在"文件"面板中会看到计算机桌面的内容。

第 2 步：单击"文件"面板左上角的下拉列表，选择"本地磁盘(C:)"，"文件"面板将显示计算机 C 盘上的内容。

第 3 步：单击"文件"面板左上角的下拉列表，选择"mobilephone"，"文件"面板将再次显示站点 mobilephone 的本地根文件夹的内容。

对于在"文件"面板中列出的 HTML 页面、图片、文本或其他文件，可以双击打开，也可以先选中它再拖至文档窗口中或"文件"面板列出的不同文件夹中。

第 4 步：双击"文件"面板中"about.html"文件，该页面将在文档窗口打开，等待编辑。切换到文档的设计视图，在页面中单击，产生一个插入光标。

第 5 步：展开"文件"面板中 images 文件夹，然后单击并拖动 i9100.jpg 图像文件，把它

创建一个新站点

从"文件"面板拖至 about.html 的文档窗口。松开鼠标时,如果出现"图像标签辅助功能属性"对话框,则单击"确定"按钮。图像 i9100 被加入打开的页面。

如果计算机上安装了图像编辑软件,如 Photoshop 或 Fireworks,在"文件"面板中双击图像文件将用此编辑软件打开图像文件,等待编辑。

第 6 步:双击"文件"面板中"memo.txt"文件,将在 Dreamweaver CS5 中直接打开它。

第 7 步:选择菜单"编辑"→"全选"命令,将选中"memo.txt"文件的全部文本,也可以使用快捷键 Ctrl + A 实现全选功能。

第 8 步:选择菜单"编辑"→"拷贝"命令,把选中的文本复制到剪贴板,也可以使用快捷键 Ctrl + C 实现复制功能。

第 9 步:单击文档窗口的"about.html"标签,回到 about 页面。单击页面上图片的右侧,产生一个插入光标。

第 10 步:选择菜单"编辑"→"粘贴"命令,也可以使用快捷键 Ctrl + V。文本被加入打开的页面中,放在图片下方并按照之前设定的文本颜色显示,如图 8.21 所示。

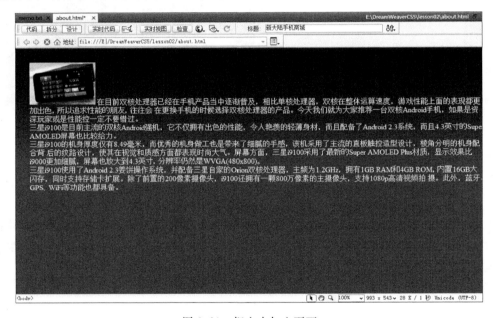

图 8.21　把文本加入页面

第 11 步:选择菜单"文件"→"保存"命令,然后关闭这个文件。

8.6　常见问答

1. Dreamweaver CS5 中的站点与因特网上的站点一样吗?

不一样。Dreamweaver CS5 的站点本质上是本机的一个文件夹,这个文件夹里保存相关的网页及图片、视频等素材。在 Dreamweaver CS5 中通过"文件"面板对该文件夹(即站点)进行管理,还可以把该文件夹的内容与远程服务器上的某个目录进行同步。而通常所说因特网上的站点是指因特网上提供 Web 服务的一台主机及其 http 地址。

2. 当命名你的站点时,你应该避免什么字符? 为什么?

应避免使用空格(可用下划线代替空格)、点(即.)、斜线(即/),以及其他的标点符号,因为这些符号可能导致服务器不能正确地指明文件位置。

3. 为什么创建站点时必须指定本地根文件夹?

把站点的全部资源保存在本地根文件夹里是非常重要的,只有这样,才能保证在本机为页面指定的超级链接在站点被上传至服务器后仍然是正确和有效的。

4. 如何把站点导入 Dreamweaver CS5 或者从 Dreamweaver CS5 导出站点?

Dreamweaver CS5 中的站点与操作系统中的文件夹本质上是一样的。在 Dreamweaver CS5 中通过"文件"面板管理站点时实际上是在操作硬盘上的某个文件夹,因此无需专门的过程来导入、导出站点。注意,"管理站点"对话框中的"导入"、"导出"按钮只能保存或恢复站点的设置参数,不能保存或恢复站点里的文件。

5. 既然站点本质上是硬盘上的一个文件夹,那么当需要在站点内移动或重命名文件时,可以在操作系统中而不是在 Dreamweaver CS5 的"文件"面板中完成这些操作吗?

最好是在 Dreamweaver CS5 的"文件"面板中完成这些文件操作。因为只有这样,Dreamweaver CS5 才会自动地更新指向文件的超链接,还会提醒删除文件将影响站点内其他文件;否则可能导致网页内的链接指向错误。

6. 在站点里为一个页面既选定了背景颜色又指定了背景图像,会发生什么事?

在浏览器中显示此页面时,当背景图像在下载过程中,页面将显示背景色。当背景图像下载完毕,页面的背景图像将遮盖背景颜色。如果背景图像中有透明的区域,背景颜色将从其中透出。

7. 在哪里既可以管理本地根文件夹的文件又可以管理远程服务器上的文件?

Dreamweaver CS5 提供"文件"面板,通过此面板不但可以管理本地文件,而且可以把本地文件传输到远程服务器或者从远程服务器下载文件到本地。

8.7　动　手　实　践

1. 选择菜单"站点"→"新建站点"命令,弹出"站点设置"对话框,使用它在你的桌面上创建一个名为 My_Site 的本地新站点。弄清楚从零开始创建一个空站点与从已有内容的文件夹创建一个站点之间的区别。

2. 选择菜单"文件"→"新建"命令,新建一个空的 HTML 页面,把它保存到你的 My_Site 站点。然后选择菜单"修改"→"页面属性"命令,弹出"页面属性"对话框,设置背景、链接、边距和标题等选项,最后切换到文档的代码和设计视图查看你的设置导致的 HTML 代码。

3. 新建一个站点,在"文件"面板内选中该站点,右击鼠标打开快捷菜单,使用"新建文件夹"命令创建名为"images"和"css"的文件夹。

4. 修改站点 mobilephone 内的 index. html 文件,使其内容与 index-done. html 内容相同。

5. 选择菜单"站点"→"管理站点"命令,弹出"管理站点"对话框,在列表中选择一个站点再单击"编辑"按钮,在打开的"站点设置对象"窗口中单击"高级设置"项目,逐一单击各个高级设置项目,尝试着去理解各个设置项的含义和作用。

第9章　添加文本和图像

学习目标

◆ 预览页面

◆ 添加文本

◆ 理解样式

◆ 创建超链接

◆ 创建列表

◆ 插入及编辑图像

文本和图像是构建大多数网站的材料。通过 Dreamweaver CS5 可以方便地把图像放到页面上并且编排文本的格式。本章将用图像和文字为一个商场构建其网站的头版页面，为网站访问者提供交互式体验。

准备工作

在开始之前，请单击菜单"窗口"→"工作区布局"→"经典"命令，以重置工作区。在这一章将使用教材素材文件夹 chapter09\material 里的若干文件。请确认已经把该文件夹内容复制到硬盘上，假设在硬盘上新文件夹的位置为 E:\DreamweaverCS5\lesson03，表示 Dreamweaver CS5 的第 3 课。之后需要创建一个站点，它的根文件夹就是上述硬盘上这个文件夹，站点名称命名为"marketplace"，你可以参阅第 8 章"创建一个新站点"了解创建站点的细节。

9.1　添 加 文 本

已经创建一个新站点 marketplace，并且指定 E:\DreamweaverCS5\lesson03 作为该站点的根文件夹。本节将在 events. html 页面上添加一个标题并且编排文字格式。

第 1 步：在"文件"面板打开站点 marketplace，双击其中的 events. html 文件，并在设计视图中打开此文件。可以看到文字没有任何编排，因此似乎是随意的且缺乏针对性。这种情况下首先需要添加一个标题以明确第一段的语境。

第 2 步：在第一段的第一个字"今"的前面单击鼠标，使得光标停在第一段前面。输入"新大陆商城促销活动"并敲击回车键，让标题单独作为一行。

第 3 步：用鼠标高亮选中刚才输入的标题，接下来将在位于屏幕下方的"属性"面板中设定文本格式。"属性"面板允许你使用 HTML 方式或 CSS 方式来编排文本格式。HTML 表示"超文本标记语言"，而 CSS 表示"层叠式样式表"。本章将对这两种方式有一个基本的理解。

第 4 步：单击"属性"面板左侧的"HTML"按钮，面板将显示以 HTML 方式编排文本格式所用的选项。从"格式"下拉列表中选择"标题 1"，之前高亮选中的文本将变成粗体并且更大，如图 9.1 所示。默认情况下，任何设定为"标题 1"格式的 HTML 文本其颜色呈现黑色并且字体为宋体。

尽管只是在设计视图修改页面，实际上已经改变了这个页面的 HTML 代码。页面中诸如文本等元素在HTML 代码中被放在一个标签头与一个相应的标签尾之间，并且在标签头与标签尾之间的内容都被该标签的属性所控制。输入的文本"新大陆商城促销活动"最初是由一个标签头和标签尾将其定义为段落，对应的 HTML

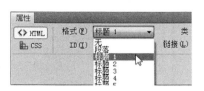

图 9.1　选择名为"标题 1"的格式

代码是这样的：<p>新大陆商城促销活动</p>。这里<p>是段落的标签头，</p>是段落的标签尾。当选中文本并且把文本格式设置为"标题 1"时对应的 HTML 代码变成这样：<h1>新大陆商城促销活动</h1>。所以现在文本"新大陆商城促销活动"被包在一个 h1 标签内。在网页中标题是一种重要的结构元素，最大的标题对应的标签是 h1，其次较小的标题对应的标签依次是 h2、h3 等等。下一步将把这个标题的字体改成华文新魏，不是用 HTML 而是用 CSS 来完成。

第 5 步：在标题"新大陆商城促销活动"内单击，之后在"属性"面板上单击"CSS"按钮，在"字体"下拉列表中选择"华文新魏"。如果在列表中找不到"华文新魏"这一项，那么就选择"编辑字体列表…"这一项，将弹出"编辑字体列表"对话框，在对话框的"可用字体"列表中找到并单击"华文新魏"这一项，如图 9.2 所示，然后单击中间的"<<"按钮，"华文新魏"将成为对话框的"字体列表"的最后一项。单击"确定"按钮，关闭"编辑字体列表"对话框。这样在"属性"面板的"字体"列表中将包含"华文新魏"这一项。

图 9.2　添加华文新魏字体

第 6 步：在"属性"面板的"字体"下拉列表中选择"华文新魏"，如图 9.3 所示。

图 9.3　选择"华文新魏"字体

之后自动弹出"新建 CSS 规则"对话框,如图 9.4 所示。在"选择器类型"下拉列表中选择"标签(重新定义 HTML 元素)",这时在"选择器名称"文本框中将自动出现"h1",这是因为你把光标放在格式为 h1 的文本上的缘故,之后单击"确定"按钮,页面的标题将变成"华文新魏"格式。

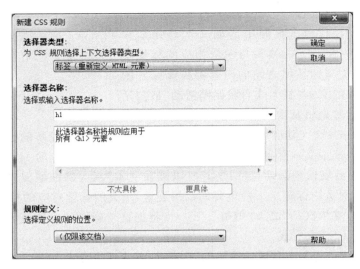

图 9.4 在"新建 CSS 规则"对话框中设置 HTML 标签的格式

第 7 步:现在在"属性"面板中改变文本的颜色。高亮选中"新大陆商城促销活动"并单击"大小"下拉列表右侧的"文本颜色"按钮,颜色样本面板将出现。当鼠标在颜色样本上移动时,在面板的顶部将出现对应颜色的十六进制值。当鼠标停在一种值为♯9F0 的绿色上时单击该颜色,被高亮选中的文本将呈现绿色。

第 8 步:选择菜单"文件"→"保存"命令。不要关闭这个文件。

9.2 样 式 简 介

通过把文本先用 HTML 方式设定其格式为"标题 1"再用 CSS 方式改变其字体和颜色,你已经为页面的第一个元素设置了样式。你在"设计"视图中所做的每一次改动将创建或修改"代码"视图中的 HTML 代码。

自从网站出现以来 HTML 语言就有了。HTML 描述了网页的结构。一个 HTML 页面是一个由文本、图像以及多媒体如 Flash 或视频文件组成的集合。一个网页的不同部分,如标题、段落或列表都是页面元素。用 HTML 定义页面元素的方法是通过一组标签来实现的,如<h1>标签。

CSS 也是一门语言,但是它出现得比 HTML 晚。在很多方面 CSS 的目的是弥补 HTML 的不足。CSS 与 HTML 结合,决定网页内容如文本、图像及表单等元素的样式。CSS 为 HTML 页面元素创建规则或样式命令。总之,HTML 和 CSS 是两门独立的语言,但是它们的联系很紧密,并且可以很好地合作。

你已经了解 HTML 和 CSS 的相互作用。有一个用于产生一级标题格式的 HTML 语

句,其代码如下:

```
<h1>新大陆商城促销活动</h1>
```

这是一个 HTML 语句。而用于定义 h1>外观的 CSS 规则如下:

```
h1 {
    font-family: "华文新魏";
    color: #0F0;
}
```

CSS 与 HTML 的语法不同。在 HTML 中标签是通过尖括号定义,并且有标签头和标签尾,正如<h1>和</h1>。CSS 不使用尖括号,在上述 CSS 代码中,h1 称为"选择器",因为它指定了 HTML 元素并且改变该元素的外观。通过以下的操作,可以看到这两种语言在网页代码中的位置。

第 1 步:单击位于文档工具栏上的"拆分"按钮以打开"拆分"视图。这个视图允许同时查看页面的代码和设计。

第 2 步:在"设计"视图的"新大陆商城促销活动"下方的段落中快速单击 3 次则选中此段落,同时在"代码"视图中位于段落标签头<p>与段落标签尾</p>之间相应的文本将自动高亮选中,如图 9.5 所示。如前所述,被选中的内容被称为页面的段落元素。在该段落元素下方是页面的一个二级标题元素,对应标签<h2>及</h2>。

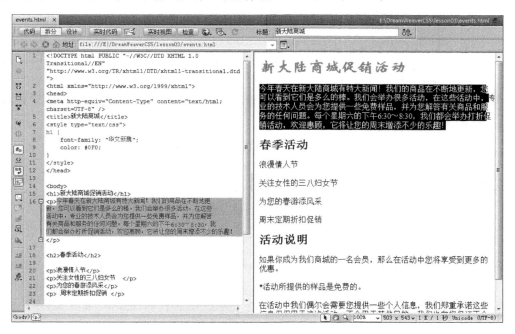

图 9.5　在"拆分"视图中被高亮选中的段落

接下来将改变该段落的字体大小。

第 3 步:在"属性"面板单击"CSS"按钮。在"大小"下拉列表中选择"18",因为是首次试图设定段落的样式,所以"新建 CSS 规则"对话框再次弹出,一旦已经定义了段落的样式,则页面中所有标为段落的文本将呈现相同的外观。

第4步：由于存在不同种类的 CSS 规则，Dreamweaver CS5 需要知道你要使用哪一类规则，需要从"选择器类型"下拉列表中选择"标签"，则在"选择器名称"文本框中，选择器 p 被自动地填充，这是因为你的光标正位于一个段落内。单击"确定"按钮以实施改变。以上操作把字体大小设为 18 像素，接下来再看用于定义字体大小的 CSS 代码。

第5步：在"拆分"视图的代码窗口内是对页面外观进行定义的 HTML 及 CSS 代码。可以找到如下几行代码：

```
< style type = "text/css">
h1 {
    font - family: "华文新魏";
    color: #0F0;
}
p {
    font - size: 18px;
}
</style>
```

在样式标签头＜style＞及样式标签尾＜/style＞之间是所创建的全部 CSS 规则。CSS 有一个不同于 HTML 的语法：所有的 CSS 规则均放在样式标签头＜style＞与样式标签尾＜/style＞之间，而样式标签 style 嵌套于 head 标签的标签头＜head＞与标签尾＜/head＞之间。在 HTML 中，包含于 head 标签内的东西不会呈现在浏览器的窗口内。这个例子中的 CSS 因为位于 head 标签内而被称为内部样式表。

第6步：通过前面的步骤可以看到设计视图内的变化会引起代码改动，接下来，将看到代码视图内的变化也会引起设计改动。在代码视图内，把 font-size：18px 改成 font-size：20px。虽然已经在代码窗口做了改动，但是设计窗口并不会更新。为了能在设计窗口看到变化需要刷新页面。如图9.6所示，在属性面板内单击"刷新"按钮就可以在设计窗口看到变化，段落的文本变大了。

图9.6　单击"刷新"按钮可以在设计窗口看到由于代码改动引起的页面变化

第7步：在设计窗口的第一段内单击，在"属性"面板内单击"颜色"按钮，在弹出的颜色面板中把鼠标移到十六进制颜色码为 #900 的红褐色上，单击该颜色。这个步骤不仅仅在设计窗口改变了页面外观，而且在代码窗口新增了一行 CSS 代码（color：#900;）。

第8步：单击"设计"视图按钮返回设计视图，选择菜单"文件"→"保存"命令。

9.3　在浏览器中预览页面

制作网页时通常是在"设计"视图中查看页面，当发布网站后访问者是通过浏览器访问网站。然而，并非每种浏览器以完全相同的方式展示同一个 HTML 页面，所以，务必在多种不同的浏览器中测试制作的网页，以检查各种浏览器的显示差异。

接下来，将使用 Dreamweaver CS5 的"在浏览器中预览"功能来查看"新大陆商城"网站在浏览器内的外观。

第 1 步：在 Dreamweaver CS5 中打开 events.html 页面，选择菜单"文件"→"在浏览器中预览"命令，然后从可选项中选择一种浏览器，如图 9.7 所示。可选浏览器的列表会列出该计算机上已安装的全部浏览器。通过单击"编辑浏览器列表"菜单项可以创建可选浏览器的列表。

图 9.7 "在浏览器中预览"允许查看页面在某个选中的浏览器内的显示结果

第 2 步：把 events.html 在选择的浏览器内打开，查看设计视图显示结果与浏览器显示结果的差异，可能在间隔和字体大小上存在细微的差异。关闭网站浏览器。还有另一个方法可以预览网页：实时视图功能。实时视图功能允许预览你的页面而不必离开 Dreamweaver CS5 工作区，可以把"实时视图"看作 Dreamweaver CS5 内的一个浏览器。

第 3 步：单击位于文档工具栏上的"实时视图"按钮。不会看到一个很深刻的变化，但是页面文本将离窗口的左边缘更近。选中窗口的第一个标题然后删除它，你将不能删除它，因为"实时视图"是一个非编辑工作区。在"拆分"视图模式下"实时视图"允许编辑页面，在这种情况下可以在"代码"窗口中编辑代码并且改动将立刻反映出来，因此不必为了查看改变而保存文档。

第 4 步：再次单击"实时视图"按钮可使该视图无效。虽然"实时视图"是一种有用的工具，但是不能代替在浏览器中预览网页的作用。不时地在不同的浏览器中检查页面设计是一个好的习惯。

9.4　创建超链接

超链接使得网站成为一个真正的交互式环境。超链接使得用户可以自由地行走于整个网站或者从一个站点跳至另一个站点。超链接依靠目录路径来定位文件。一个目录路径是文件位置的描述。一个经典的例子是通信地址，如果想送一封信给你的朋友张三，你必须指定张三所在的城市、行政区、街道及住所。假设张三住在北京市西城区百万庄大街 24 号，路径将是：北京/西城/百万庄大街/24 号/张三。超链接遵循同样的逻辑：www.marketplace.com/photos/canon.jpg，这个 URL 地址是一个指向 JPEG 格式图像的链接，该图像的名称为 canon.jpg，它位于一个名为 www.marketplace.com 的 web 站点上的 photos 文件夹下。

在稍后的练习中将创建一个图库页来展示主段落中提到的商品。在创建该图库页之前，将在首页中创建一个超级链接指向该图库页。

第 1 步：在"属性"面板中单击 HTML 按钮，进入 HTML 属性。

第2步：在 events.html 的"设计"视图模式下，选中第二句中的"商品"两个字。

第3步：在"属性"面板中，在"链接"文本框内输入"products.html"再按回车键，如图9.8所示。被选中的"商品"两个字将自动地添加下划线。这样，就创建了一个指向页面 products.html 的链接。由于 products.html 与 events.html 位于同一文件夹内，所以只需简单地指明 products.html 文件名。

图9.8　在"属性"面板的"链接"文本框内输入 products.html

第4步：选择菜单"文件"→"保存"命令，之后选择菜单"文件"→"在浏览器中预览"命令。

第5步：在浏览器中单击新的"商品"链接，商品页面将出现在浏览器窗口内。这是因为一个名为 products.html 的网页之前已经存在于 events.html 所在的文件夹内。

第6步：现在访问者在浏览器中可以方便地从页面 events.html 跳至页面 products.html，还需要在页面 products.html 中创建另外一个返回链接，才能使得访问者在浏览器中显示页面 products.html 时能够返回页面 events.html。在 Dreamweaver CS5 中双击"文件"面板内的 products.html 文件，在设计窗口单击"数码相机"右侧并按回车键以创建新的一行。选择菜单"插入"→"超链接"，弹出一个"超链接"对话框。"超链接"对话框是创建链接的另一种方法。

第7步：在"文本"输入框内输入"促销活动"，如图9.9所示。

图9.9　"超链接"对话框是创建链接的多种方法之一

第8步：单击"链接"输入框右侧的"浏览"按钮以打开"选择文件"对话框，在此对话框内把文件夹定位于所定义的站点根文件夹即 lesson03，然后在对话框内单击 events.html 文件并单击"确定"按钮以关闭"选择文件"对话框，最后单击"超链接"对话框内的"确定"按钮。这样，就在页面 products.html 中创建了一个指向页面 events.html 的链接，链接名称为"促销活动"。

第9步：选择菜单"文件"→"保存"，把刚才的操作结果保存。

9.5 相对链接与绝对链接

在上述操作中,不必在"链接"输入框输入很长的目录路径,只需要输入文件名。这种链接称为相对链接。还是以之前的张三为例,假设你已经站在百万庄大街上,如果你打电话给张三向他询问如何找到他,他不会告诉你如何先到达北京市或西城区,因为这时候你所需要的只是一个房屋号码。相对链接与此类似,因为 events. html 与 products. html 都位于 lesson03 文件夹下,所以你不必告诉浏览器如何找到此文件夹。

现在创建一个绝对链接,让访问者可以访问复旦大学网站。

第 1 步:单击文档工具栏上的 events. html 选项卡,使得该页面前置。在页面的设计窗口底部新增一行,然后输入"此页面由复旦大学创建"。

第 2 步:在设计窗口内高亮选中"复旦大学",然后在屏幕右侧的"插入"面板的"常用"区域内单击"超链接"图标,打开"超链接"对话框,如图 9.10 所示。

第 3 步:在打开的"超链接"对话框内,"复旦大学"4 个字已经自动填入"文本"输入框。在"链接"输入框内输入"http://www. fudan. edu. cn/index. html"。这个绝对链接指示浏览器在万维网上找到名为 www. fudan. edu. cn 的网站,然后浏览器在该网站的根文件夹下寻找名为 index. html 的文件。

第 4 步:从"目标"下拉列表选择"_blank"选项,如图 9.11 所示,该选项使得指向复旦大学网站的链接将在一个新的、空白的浏览器窗口内打开。

图 9.10 通过"插入"面板内的"超链接"
图标也可以创建链接

图 9.11 设置目标窗口选项使得超链接将在一个新的、空白的浏览器窗口内打开

第 5 步:单击"确定"按钮关闭"超链接"对话框。选择菜单"文件"→"保存",然后选择菜单"文件"→"在浏览器中预览"命令,或者单击文档工具栏内的"在浏览器中预览/调试"图标。

第 6 步:在浏览器内单击"复旦大学"链接,这个链接将使得浏览器打开一个新的窗口,并且该链接指向因特网上的一个外部网页。

添加文本和图像

9.6　链接至一个电子邮箱

超链接除了用来访问网页,它也可用来链接至某个电子邮箱地址。电子邮箱链接打开访问者计算机上的默认邮件程序并且自动填充收件人地址。

第 1 步:在 events. html 的设计窗口内,把光标放在最后一行的末尾,然后组合击键 Shift+Enter,这样不会创建一个新的段落,而是在同一段中另起一行,输入"联系管理员以获取更多信息"。

第 2 步:高亮选中文本"管理员",之后在屏幕右侧的"插入"面板的"常用"区域内单击"电子邮件链接"图标以打开"电子邮件链接"对话框。

第 3 步:在对话框的"电子邮件"输入框内输入正确的邮箱地址,如图 9.12 所示,再单击"确定"按钮关闭对话框。之后可以在浏览器内预览该页面,单击"管理员"链接将导致邮件客户端的运行。

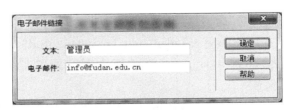

图 9.12　电子邮件链接对话框允许你设定邮箱地址

9.7　创　建　列　表

列表是一种无需段落格式约束而能提供给读者信息的有用方法。在网站上列表是尤其重要的。读者一般是快速浏览网页而不是从头至尾地阅读,因此列表将让读者得到网站的大部分信息。

第 1 步:在 events. html 的设计窗口内,高亮选中位于"春季活动"下面的 4 行内容。

第 2 步:单击"属性"面板中"HTML"模式下的"项目列表"图标,这样高亮选中的文本缩进,并且每一行前面有一个强调符号,如图 9.13 所示。

第 3 步:单击位于"项目列表"图标右侧的"编号列表"图标,强调符号将变成连续的数字,如图 9.14 所示。

图 9.13　使用"属性"面板内的"项目列表"　　图 9.14　使用"属性"面板内的"编号列表"将创
　　　　　将创建一个带强调符号列表　　　　　　　　建一个带数字标号列表

第 4 步:在列表的任意一项中单击鼠标,再选择菜单"格式"→"列表"→"属性",打开"列表属性"对话框,如图 9.15 所示,从"列表类型"下拉列表中选择"项目列表",从"样式"下拉列表中选择"正方形",默认是圆形的强调符号。单击"确定"按钮退出"列表属性"对话框。

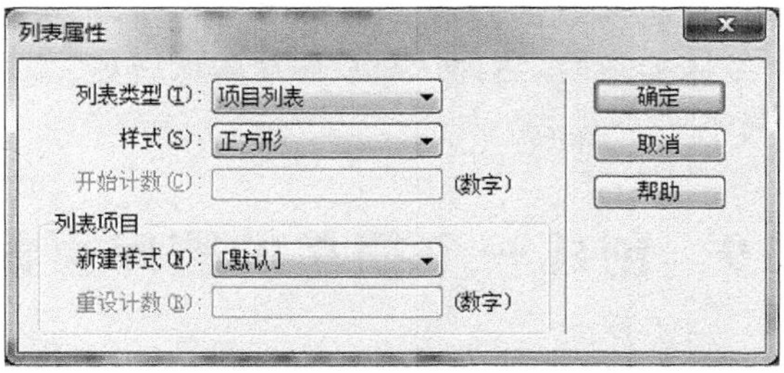

图 9.15　在"列表属性"对话框内把强调符号的样式改成正方形

　　注意列表中的 4 行已经失去原先文字的样式,字体比段落字体要稍小并且颜色是默认的黑色而非之前设定的红褐色。这是因为已经添加无序列表这一页面元素至 HTML 页面。虽然已经使用 CSS 定义了段落的外观,但是并没有用 CSS 定义无序列表的外观,因此页面中无序列表采用其默认外观。接下来将为页面中所有的无序列表的外观创建一个新的 CSS 规则。

　　第 5 步:高亮选中列表的 4 行,再单击"属性"面板的"CSS"按钮。从"大小"下拉列表选择"18",则自动弹出"新建 CSS 规则"对话框,对话框之所以会出现是因为这是第一次设置无序列表的样式。而在定义了无序列表样式之后,所有格式为无序列表的文本将呈现相同的外观。

　　第 6 步:从"选择器类型"下拉列表选择"标签(重新定义 HTML 元素)",则在"选择器名称"下拉列表中"ul"被自动选中。ul 是用于无序列表的 HTML 标签。如果 ul 没有被自动选中,就在该下拉列表内手工输入"ul",然后单击"确定"按钮。这样就把字体大小设定为18 像素。现在需要改变无序列表的颜色以匹配段落的颜色。

　　第 7 步:在列表的任意一项中单击鼠标,在"属性"面板中如果"目标规则"下拉列表没有自动选中"ul",则手工选中"ul"项,再单击面板内"颜色"图标,在颜色面板上单击十六进制值为♯960 的颜色。

　　第 8 步:选择菜单"文件"→"保存"命令,保存所作的更改。

9.8　使用文本插入面板

　　一种设定文本格式的方法是使用"文本插入"面板,面板包含的功能与"属性"面板类似。此外在"文本插入"面板内有"字符"菜单,一个最常用的字符是版权符号©,它通常出现在网页的底部。

　　第 1 步:在 events.html 的设计窗口内单击"此页面由复旦大学创建"一行的左端,然后输入"2012"。

　　第 2 步:在文本"2012"前插入光标。

　　第 3 步:在"插入"面板顶部的菜单中选择"文本"项,滚动至列表的底部后单击"字符"条目打开一个菜单,从该菜单中选择"版权"符号把它添加到一行的开头。

　　第 4 步:高亮选中 events.html 的设计窗口内的最后两行,之后在"插入"面板顶部的菜单中选择"文本"项并单击"斜体"选项,使得页面的最后两行呈现斜体。你也可以使用"属性"面板内"HTML"模式下的"斜体"图标,若使用"属性"面板内"CSS"模式下的"斜体"图标将修改段落＜p＞样式从而使得所有的段落呈现斜体。此外,也可以先选中文本再选择菜单"插入"→"HTML"→"文本对象"→"斜体"命令实现斜体效果。

第5步:选择菜单"文件"→"保存"。

9.9　创建一个简单的图库页面

图像是多数网页的一个重要组成部分。接下来完善页面 products.html。

第1步:在"文件"面板中双击 products.html,在设计窗口内把光标放在文字"数码相机"的后面并按回车键以创建新的一行。

第2步:选择菜单"插入"→"图像",将弹出"选择图像源文件"对话框。在对话框内定位至站点根文件夹 lesson03 之后双击 images 文件夹,再单击 canon_small.jpg 并单击"确定"按钮以关闭"选择图像源文件"对话框。

第3步:自动出现"图像标签辅助功能属性"对话框,在"替换文本"输入框内输入"佳能",再单击"确定"按钮。可以在设计窗口内看到佳能相机的图片已经添加至页面内。

在此对话框内的"替换文本"域对应于＜img＞标签的 alt 属性。填写所插入图像的文字描述虽然不是必需的,但这是一个好经验。"替换文本"为有视觉困难的用户在使用屏幕阅读器时提供信息,此外,在某些手持设备或者某些禁用图像的浏览器中将显示"替换文本"的内容。

第4步:单击文档工具栏上的"拆分"按钮以查看插入 canon_small.jpg 文件后 Dreamweaver CS5 自动添加的 HTML 代码。可以看到如图 9.16 所示,Dreamweaver CS5 自动创建一个＜img＞标签,该标签自动包含 4 个属性:属性 src 是一个指向 images 文件夹内 JPEG 文件的相对链接,属性 alt 是上一步设定的"替换文本",属性 width 和 height 表示图像的宽度和高度。

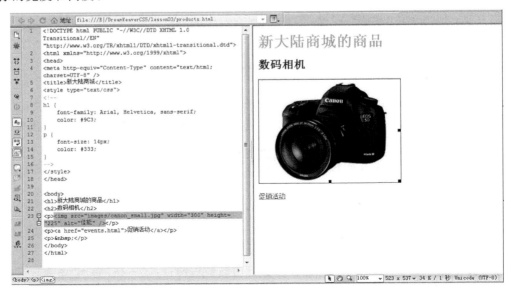

图 9.16　页面的图像元素及其对应的＜img＞标签

第 5 步：双击"文件"面板的 images 文件夹以展示其内容。在 products.html 的设计窗口内单击佳能相机图像的右侧并按回车键以另起一行。在"文件"面板中单击并拖动文件 casio_small.jpg 至设计窗口内,放在佳能相机图像的下方。当"图像标签辅助功能属性"对话框出现时,在"替换文本"输入框内输入"卡西欧",再单击"确定"按钮。

第 6 步：在 products.html 的设计窗口内,单击选中佳能相机图像,之后在"属性"面板的"边框"文本框内输入"5"并按回车键,则代码窗口内佳能相机图像对应的<img>标签自动添加一个"border"属性,而设计窗口内该图像出现一个 5 像素宽的黑色边框。之后对卡西欧相机图像也采用相同的方法添加 5 像素宽的黑色边框。使用"属性"面板为<img>标签添加 border 属性是一种为图像创建边框的快速方法,但是这种方法没有 CSS 方法的灵活性,第 10 章将了解到样式表的优点。

第 7 步：在 products.html 的设计窗口内单击卡西欧相机图像的右侧并按回车键以另起一行。这次将使用"插入"面板添加图像。单击"插入"面板顶部的菜单并选择"常用"项,之后在列表中选择"图像：图像"选项,如图 9.17 所示。将弹出"选择图像源文件"对话框。

第 8 步：在"选择图像源文件"对话框内定位至 images 文件夹,单击选中 fuj_small.jpg 文件,再单击"确定"按钮,将弹出"图像标签辅助功能属性"对话框,在"替换文本"输入框内输入"富士通",并单击"确定"按钮。

第 9 步：在设计窗口选中富士通相机图像,在"属性"面板的"边框"文本框内输入"5"并按回车键。

第 10 步：选择菜单"文件"→"保存"命令。

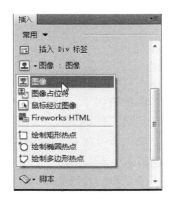

图 9.17　使用插入面板添加图像至页面

9.10　链 接 图 像

通常图库页包含小图片,这些小图片再链接至大图片。这是因为图库页的小图片便于下载,访问者无须等待过长的时间；此外,访问者的屏幕不便同时容纳多个大图片。因此,一般是用小图片供访问者预览。

第 1 步：在 products.html 的设计窗口中单击选中佳能相机图像,在"属性"面板的"链接"文本框内直接输入"images/canon_large.jpg"再按回车键,或者单击"链接"文本框右侧的"浏览文件"图标以弹出"选择文件"对话框,在对话框内定位并选中 canon_large.jpg 文件并单击"确定"按钮。这样一来图像外围的 5 像素边框变成蓝色,这表明该图像是一个链接。

第 2 步：在 products.html 的设计窗口中单击选中卡西欧相机图像。这次将使用 Dreamweaver CS5 的"指向文件"功能为这个图像创建链接。在"属性"面板内单击并拖动"链接"文本框右侧的"指向文件"图标,把图标拖至"文件"面板内的 casio_large.jpg 文件上,如图 9.18 所示,然后释放鼠标。这样一来,卡西欧相机图像也成为一个链接。

第 3 步：在 products.html 的设计窗口中单击选中富士通相机图像,依然使用"指向文件"功能为这个图像创建链接,链接指向 images 文件夹内的 fuj_large.jpg 文件。

第 4 步：选择菜单"文件"→"保存"命令,然后选择菜单"文件"→"在浏览器中预览"命

添加文本和图像

图 9.18　通过"指向文件"功能,你只需要单击和拖动就能创建一个链接

令,在浏览器中分别单击每个相机小图片以查看相机的大图片。由于创建链接时在"属性"面板内你没有选择"目标"下拉列表中"_blank"选项,所以你必须单击浏览器的"返回"按钮以回到商品图库页。

9.11　使用图像占位符

通常情况下,创建网页时还没有收集到所需的全部图像,尤其是在多人合作,不同的人负责不同工作的情况下。这时候需要使用图像占位符。

第 1 步:在 products.html 的设计窗口内,把光标放在富士通相机图像的右侧并按回车键以另起一行。

第 2 步:选择菜单"插入"→"图像对象"→"图像占位符"命令,将弹出"图像占位符"对话框,在对话框的"名称"文本框内输入"NikonCamera",在"宽度"文本框内输入 300,在"高度"文本框内输入 225,让"颜色"保留其默认的灰色,单击"确定"按钮。这样在设计窗口内将出现一个灰色的矩形区域,如图 9.19 所示。这个区域对应的 HTML 代码只是一个包含空 src 属性的<img>标签。

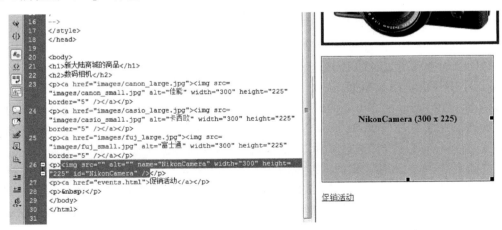

图 9.19　名为 NikonCamera 的图像占位符

第 3 步:当没有得到图像时图像占位符使得页面更加形象化。在得到图像后,通过在"属性"面板内设定"源文件"把所需的图像放入占位符。

第 4 步:在 products.html 的设计窗口内单击选中 NikonCamera 占位符,单击并拖动

"属性"面板内"源文件"输入框右侧的"指向文件"图标,把图标拖至"文件"面板内的 nikon_small.jpg 文件上,这样一来尼康相机图像将代替灰色区域。

第 5 步:在 products.html 的设计窗口内单击选中尼康相机图像,在"属性"面板的"边框"文本框内输入 5 并按回车键,之后使用"链接"输入框右侧的"指向文件"图标创建指向 nikon_large.jpg 文件的图像链接。最后单击菜单"文件"→"保存"命令。

9.12　调整图像亮度与对比度

虽然最好是使用专业的图像处理软件如 Adobe Photoshop 调整图像,但是 Dreamweaver CS5 提供许多图像编辑选项允许你对图像进行调整。接下来将使用 Dreamweaver CS5 的"亮度"和"对比度"按钮来编辑页面的富士通相机图像。

第 1 步:在 products.html 的设计窗口内单击选中富士通相机图像,再单击"属性"面板内的"亮度和对比度"图标,将弹出一个警告对话框,告知你将永久性改变所选图像,单击"确定"按钮。

第 2 步:当"亮度/对比度"对话框出现时,拖动"亮度"滑尺至 20 或直接在滑尺右侧的文本框内输入 20,拖动"对比度"滑尺至 10 或直接在滑尺右侧的文本框内输入 10。

第 3 步:单击对话框右下角的"预览"选项查看原始图像,再次单击"预览"选项查看变化。最后单击"确定"按钮。

9.13　调整图像大小

接下来,将改变尼康相机图像的大小及品质。在做任何永久性改动之前,在"文件"面板内复制这个图像,这是一个好习惯。最后,将使用备份文件还原所做的改变。

第 1 步:在"文件"面板内单击 nikon_small.jpg 文件,再选择"文件"面板的菜单"编辑"→"重制"命令,则一个名为"nikon_small‐拷贝.jpg"的新文件出现在 images 文件夹的文件列表中。

第 2 步:在 products.html 的设计窗口内单击选中尼康相机图像,再单击"属性"面板内的"编辑图像设置"图标,将弹出"图像预览"对话框,它提供很多功能。

第 3 步:单击对话框中名为"选项"的选项卡,在"品质"输入框内直接输入 30,或者拖动此输入框右侧的滑尺,使其值为 30。则预览窗口中图像呈现明显的像素化,如图 9.20 所示。一个低品质的 JPEG 图像是以图像清晰度为代价缩减图像大小的,因此 30 不是一个好的设置。

第 4 步:把"品质"设置为 70 后单击"文件"选项卡。在"缩放"一栏拖动"％"滑尺至 60,则预览窗口中尼康相机图像缩小,在"宽"和"高"文本框内以像素为单位显示图像新的宽度和高度。

第 5 步:单击"确定"按钮退出"图像预览"对话框。则可以看到在 products.html 的设计窗口内尼康相机图像缩小为原始尺寸的 60％,如图 9.21 所示。

添加文本和图像

图 9.20　降低图像的品质导致明显的像素化

促销活动

图 9.21　尼康相机图像被调整大小并被永久性改变

9.14　更 换 图 像

接下来用刚才的备份图像文件来更换已经被调整大小且被永久性改变的图像,这只需要在"属性"面板内修改"源文件"文本框内容即可,但是首先最好去掉备份文件名中的空格和中文字符。

第 1 步：在"文件"面板内单击选中名为"nikon_small - 拷贝.jpg"的文件，再单击鼠标右键，在快捷菜单中选择"编辑"→"重命名"命令，输入文件名"nikon_small_copy.jpg"后按回车键。

第 2 步：在 products.html 的设计窗口内单击选中尼康相机图像，再重新设置"属性"面板中"源文件"输入框的内容，你可以直接在文本框内输入，也可以使用文本框右侧的"指向文件"图标，还可以使用文本框右侧的"浏览文件"图标，最终使得"源文件"输入框的内容为"images/nikon_small_copy.jpg"，这样就用备份文件代替了缩小的图像。

第 3 步：选择菜单"文件"→"保存"命令。

在第 10 章，将更加深入地了解如何使用 CSS 来设定页面的样式。

9.15　常见问答

1. 如何改变页面的全局设置？如页面文本的默认字体和大小、各级标题的默认大小等。

在 Dreamweaver CS5 中打开页面，再单击菜单"修改"→"页面属性"，在弹出的"页面属性"对话框中可以修改该页面的全局设置；也可以单击"属性"面板内的"页面属性"按钮来打开"页面属性"对话框。

2. 网页中的图像常用格式有哪些？

常见的网页图像格式有 3 种：GIF、JPEG、PNG。

3. 有办法给电子邮件链接增加默认主题吗？这样当网页用户点击该邮件链接时所弹出的邮件窗口已经自动填好这个主题。

可以。在 Dreamweaver CS5 的"电子邮件链接"对话框中，当输入电子邮件后，紧接着输入"? subject="，在等号右边再输入你希望出现的主题。还可以在主题后面接着输入"&body="，在等号右边再输入一些文本作为邮件的内容。也可以编辑时在页面的电子邮件链接内单击，之后在"属性"面板内的"链接"输入框内直接修改邮箱、主题等。

4. 如果所插入的图像太小，可以通过设置"属性面板"中的"宽"和"高"使之更大吗？

是的，这样可以增加一幅图像的显示尺寸，但是这也会降低图像品质，使其呈现像素化。

5. 当链接至一个很长的网页时，浏览器显示网页时总是从顶部开始。有办法从长网页中间的某个位置开始显示吗？

编辑时在长网页内某个位置单击，再选择菜单"插入"→"命名锚记"命令，输入锚记名称。之后修改指向该长网页的超链接，在链接的文件名后加上"#"和锚记名称。这样浏览时单击该超链接将在浏览器中从锚记所在位置开始显示。注意，一个网页中可以插入多个命名锚记。

6. 如何在 Dreamweaver CS5 中插入一个版权符号(©)？

除了使用"插入"面板，你还可以选择菜单"插入"→"HTML"→"特殊字符"→"版权"。

7. 当一个超链接需要指向自身所在的文件时有更为简单的表示方法吗？

有。在创建该超链接时只需要在"链接"输入框内输入#，或者在该超链接的"属性"面板内把"链接"输入框的内容修改为#。

添加文本和图像

9.16 动 手 实 践

1. 在 events.html 中用"属性"面板设定文本样式,查看不同的属性值导致的不同效果。

2. 在 events.html 的某段文字内单击,再多次选择菜单"格式"→"缩进"命令,检查每次缩进后文本的效果,再多次选择菜单"格式"→"凸出"命令,检查每次凸出后文本的效果。

3. 为 event.html 的春季活动系列创建项目列表。之后选中全部的列表项,多次选择菜单"格式"→"缩进"命令,检查每次缩进后列表的效果,再多次选择菜单"格式"→"凸出",检查每次凸出后列表的效果。

4. 在 event.html 中把鼠标定位于一个无缩进的段落的首部,选择菜单"插入"→"HTML"→"水平线",再把鼠标定位于一个该段落的尾部,用相同的方法插入水平线;之后用上述方法在一个有缩进的段落的首部和尾部分别插入水平线。检查 4 根水平线的差异。

5. 通过在"属性"面板内把"目标"设定为"_blank",使得单击 products.html 页面中的链接时将在一个新窗口内打开链接。

6. 准备你所学专业的一些常见问题及解答。新建一个网页,在页面的顶部用一个项目列表列出这些问题;在页面的底部重复这些问题并为每个问题添加答案,为页面底部的每个问题添加一个命名锚记;为页面顶部的每个问题创建一个超链接,指向位于页面底部的相应的命名锚记。注意,这种情况下超链接的"链接"输入框可直接输入"#"再加锚记名称。

7. 尝试添加自己的照片至 products.html 页面,并调整其大小。

8. 在 products.html 页面插入一幅较大的图片,使用"属性"面板内"矩形热点工具"在图片上绘制矩形热点区域,之后在"属性"面板为该热点区域设置链接。在浏览器中预览 products.html 并点击该区域,查看所发生的情况。之后分别使用"圆形热点工具"和"多边形热点工具"重复上述操作。

第10章 用 CSS 设定页面样式

学习目标

◆ 介绍层叠式样式表

◆ 使用 CSS 样式面板

◆ 使用属性面板

◆ 创建类样式与标签样式

在网站出现之初,由于 HTML 标签有限的能力,创建一个漂亮的网页需要很多工作。层叠式样式表的出现改变了创建网页的方式,设计者对文本和页面格式拥有更多的控制,并且可以随意地把内容定位在网页的任何位置。在这一章,你将关注用层叠样式表为文本设定样式。

准备工作

在开始之前,请单击菜单"窗口"→"工作区布局"→"经典"命令,以重置工作区。在这一章将使用教材素材文件夹 chapter10\material 里的若干文件。请确认你已经把该文件夹内容复制到硬盘上,假设在硬盘上新文件夹的位置为 E:\DreamweaverCS5\lesson04,表示 Dreamweaver CS5 的第 4 课。之后需要创建一个站点,它的根文件夹就是上述硬盘上这个文件夹,站点名称命名为"cssweb",你可以参阅第 8 章"创建一个新站点"了解创建站点的细节。

10.1 什么是层叠式样式表

层叠式样式表(CSS)是一门简单的语言,与 HTML 语言一起为网页内容,如文本、图像、表格及表单元素等创建格式。CSS 创建网页元素所遵循的格式规则或者样式说明。CSS 可以位于 3 个地方:①直接位于一个 HTML 文档的<head>区内;②CSS 内联于 HTML 标签,存在于标签内;③位于一个外部文件内,该外部文件可以被任意数量的 HTML 页面所引用。

一个样式表是多条 CSS 规则组成的集合。一般来说,属于同一项目、主题或者章节的规则被组织在一起,但是也可以用任何想要的方式来组织规则。可以把样式表直接放在页面的<style>标签内,也可以把样式表放在一个.css 为后缀的外部文件中,然后在网页内用<link>标签指向该外部文件。一个网页可以同时使用多个样式表。

可以有选择地把 CSS 规则作用于网页中任意数量的页面元素,以改变已有 HTML 标签的外观。无论何时或何地对页面元素使用一条 CSS 规则,这条规则总是链接至它在样式表中的原始定义,所以对样式表中某条规则所做的任何改动,都将自动地影响该规则所作用的页面元素。

　　每条 CSS 规则由一个或多个属性构成,如颜色、字体、大小等,这些属性规定了当页面元素被应用于该规则时,页面元素所呈现的外观和格式。就像一个样式表可以包含多条 CSS 规则一样,一条 CSS 规则也可以包含多个属性。Dreamweaver CS5 的 CSS 样式面板允许你方便地查看和修改其中任意一个属性,并且实时地改变页面的外观。

　　第 1 步:单击“文件”面板中 styledtext. html 文件,在该页面的“设计”窗口看到一个一级标题的格式效果,如图 10.1 所示。

图 10.1　一级标题的格式效果

　　这个标题的样式是通过一条 CSS 规则来设定,这条 CSS 规则包含 3 个属性,分别指定了颜色、字体及大小。

　　第 2 步:查看 styledtext. html 文件的“代码”窗口。在<head>内嵌的<style>标签内有如下一段代码:

```
h1 {
    color: red;
    font‐size: 28px;
    font‐family: "隶书";
}
```

　　这段代码是一条 CSS 规则,它有 3 个属性,定义了该网页中一级标题(h1)页面元素的外观。

　　CSS 规则除了可以影响诸如字体、大小、颜色等简单的属性,还可以设定诸如位置、可见性等复杂的属性。Dreamweaver CS5 使用 CSS 作为设定页面文本和元素的主要方法,而“CSS 样式”面板允许在一个项目的任何时候方便地创建和管理样式。

　　在 Dreamweaver CS5 中你有多种途径查看、创建或修改 CSS 规则。这些途径包括“CSS 样式”面板、“属性”面板、代码定位器等。

10.2　使用“CSS 样式”面板

　　可以使用 Dreamweaver CS5 的“CSS 样式”面板来创建新的 CSS 规则或样式表,而这些 CSS 规则或样式表可以直接放至一个或多个页面中。也可以在“CSS 样式”面板中直接修改 CSS 规则。而且,可以从多个地方选择性应用 CSS 规则,这些地方包括“属性”面板上样式菜单或类菜单、或者文档窗口底部的标签选择器。

　　第 1 步:选择菜单“窗口”→“CSS 样式”命令,打开“CSS 样式”面板。可以通过双击“插入”面板的“插入”标签将该面板折叠以便为“CSS 样式”面板释放屏幕空间。

　　第 2 步:在“文件”面板中双击文件 StylePlaces. html,打开该其设计窗口,如图 10.2 所示。这 3 行分别用 3 种不同位置的 CSS 来设定样式。

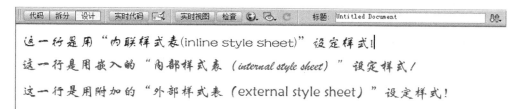

图 10.2　不同 CSS 设定样式的效果

第 3 步：单击第一行"这一行是用"内联样式表(inline style sheet)"设定样式!"内任意位置。之后单击"CSS 样式"面板内"当前"按钮，一个摘要面板列出当前所选内容的 CSS 规则属于内联样式，包括 3 个属性：颜色为 blue，大小为 24px，字体为方正舒体，如图 10.3 所示。

第 4 步：在页面的设计窗口内单击第二行，摘要面板列出当前所选内容的 CSS 规则属于类样式(因为类规则名均以. 开始)，包括 3 个属性：颜色为 red，大小为 24px，字体为华文行楷。把鼠标移到规则名. redtext 上，出现一个悬浮窗口，显示"此规则在文件 StylePlaces. html 中定义，…"，如图 10.4 所示。

图 10.3　单击"当前"按钮以查看当前所选内　　图 10.4　把鼠标移至当前规则名上，出现悬浮
　　　　　容的 CSS 规则　　　　　　　　　　　　　　　窗口

第 5 步：在页面的设计窗口内单击第 3 行，摘要面板列出当前所选内容的 CSS 规则属于类样式(因为类规则名均以. 开始)，包括 3 个属性：颜色为 green，大小为 24px，字体为华文新魏。把鼠标移到规则名. greenText 上，出现一个悬浮窗口，显示"此规则在文件 StylePlacesCSS. css 中定义，…"，如图 10.5 所示。

Dreamweaver CS5 中有一个新功能，称为"启用/禁用 CSS 属性"，该功能允许你关闭 CSS 规则的任一属性以便了解该属性如何影响页面外观。

第 6 步：在"CSS 样式"面板中单击选中名为". greenText"CSS 规则的 color 属性，之后单击"CSS 样式"面板右下方的"启用/禁用 CSS 属性"按钮，如图 10.6 所示，这将关闭该条

用 CSS 设定页面样式

CSS 规则的"颜色"属性,使得页面上第 3 行文字呈现默认的黑色。

图 10.5 把鼠标移至当前规则名上,出现悬浮窗口　　　图 10.6 禁用 CSS 规则的某个属性

第 7 步:单击"CSS 样式"面板中"颜色"属性左侧的红色圆形图标,再次启用该属性,这样页面上第 3 行文字又呈现绿色。

第 8 步:单击"CSS 样式"面板中"全部"按钮以列出当前页面中所用的全部 CSS 规则。

10.3　使用"属性"面板

无论何时你用"属性"面板直接设定文本格式,默认情况下 Dreamweaver CS5 将把你的设置保存为一条新规则,必须在页面中为此新规则命名。之后可以通过"属性"面板或标签选择器多次重复应用该条规则。这些规则都将出现在 CSS 面板中,因此可以方便地对其修改或重命名。

第 1 步:在 StylePlaces. html 的设计窗口中单击第二段的任一处。

第 2 步:在屏幕底部的"属性"面板内,单击"HTML"按钮,可以看到这个段落使用一个名为 redtext 的 CSS 类设定样式,如图 10.7 所示。

图 10.7 "属性"面板的 HTML 模式显示当前所选内容的 CSS 类

第 3 步:在"属性"面板内单击"CSS"按钮,将在面板内看到这条规则的属性设置。在"目标规则"下拉列表中选择". redtext",之后可以修改该条规则的字体、大小、颜色等属性,如图 10.8 所示。如果没有事先选定"目标规则"为". redtext",则修改属性时将使用"目标规则"的默认选项"<新 CSS 规则>"从而弹出"新建 CSS 规则"窗口。

第 4 步:比较"属性"面板与"CSS 样式"面板("当前"模式下),可以看到它们显示的信息完全一样。

图 10.8　在"属性"面板中修改 CSS 规则

10.4　使用代码导航器

代码导航器允许你在页面设计窗口通过一个弹出小窗口字节查看 CSS 属性。而且,它允许你在拆分窗口内单击一个属性之后直接进行编辑。

第 1 步:按住 Alt 键然后在页面的第 3 段内单击,将出现一个小窗口(即代码导航器窗口),该窗口列出应用于这个段落的 CSS 规则,如 . greenText。也可以先在页面的第 3 段内单击,过 3～4s,在光标处将自动出现一个指示器图标,单击该指示器图标也将打开代码导航器。在代码导航器内把光标移至 . greenText 规则上,在一个弹出的黄色窗口将列出该条CSS 规则的各个属性,如图 10.9 所示。这个特征允许你在设计窗口快速地查看 CSS 属性,不必转到"CSS 样式"面板或代码窗口。

这一行是用附加的"外部样式表(external style sheet)"设定样式!

图 10.9　代码导航器显示应用于段落的 CSS 规则及其属性

第 2 步:在代码导航器内单击某条 CSS 规则,将自动地切换成"拆分"视图,并且光标自动地放至代码窗口内该条 CSS 规则代码处,便于设计者手工修改 CSS 代码。

10.5　理解层叠式样式表

CSS 中的"层叠式"暗示了样式表可以位于 3 个不同地方的事实,每种情况有它的优点和缺点。在 StylePlaces. html 中,第一段(或第一行)使用"内联样式表"设定样式,第二段使用"内部样式表",第三段使用"外部样式表"设定样式。

内联样式表是一组通过 style 属性直接定义在一个 HTML 标签内的 CSS 属性,因此不能重用内联样式表。

第 1 步:在 StylePlaces. html 的设计窗口内用鼠标快速地连击第一段 3 次,选中第一段。

第 2 步:单击"拆分"视图按钮,注意到在代码窗口内你所选中的文本位于一个段落元素标签 p 内,而指定颜色、字体和大小的 CSS 规则直接位于标签头＜p＞内,如图 10.10 所示。因为这种 CSS 规则没有与 HTML 分离,所以被称为内联样式。

用 CSS 设定页面样式

```
20   <body>
21 □ <p style="color:blue; font-size: 24px; font-family: '方正舒体';">这一行是用"内联样式表(inline style sheet)"设定样式!</p>
22
23
24   <p class="redtext">这一行是用嵌入的"内部样式表（internal style sheet）"设定样式! </p>
25
26
27   <p class="greenText">这一行是用附加的"外部样式表（external style sheet）"设定样式! </p>
28   </body>
29   </html>
30
```

图 10.10　内联样式表通过 style 属性把 CSS 规则置于一个标签头内

虽然内联样式是用 CSS 描述，但是它们并不常用，这是因为它们只能应用于一个 HTML 标签，不便于重用。

内部样式表是通过＜style＞标签直接包含于 HTML 文档的 CSS 规则。整个样式表被置于标签头＜style＞与标签尾＜/style＞之间。外部样式表是保存于一个后缀名为". css"的单独文件中的 CSS 规则。内部样式表只能应用于单个 HTML 文档，而外部样式表可以被无限多个 HTML 页面引用，因此一个外部样式表可以同时应用于多个 HTML 文档。如果改变外部样式表中某个定义段落文字颜色的 CSS 规则，那么站点内所有引用该外部样式表的 HTML 页面内的段落文字颜色立即发生改变。

无论使用哪一类样式表，网页浏览器都产生完全相同的页面。在设计阶段，需要了解一个样式是内部的还是外部的。在 Dreamweaver CS5 中当你创建一个新样式，默认是保存为内部样式。

第 3 步：在"文件"面板中双击 StylePlaces. html 文件，再在"CSS 样式"面板中单击"全部"按钮，则在"CSS 样式"面板的上半部，你将看见一个名为＜style＞的节点以及一个名为 StylePlacesCSS. css 的节点。第一项是内部样式表，第二项是外部样式表。

第 4 步：单击＜style＞节点左侧的加号"＋"展开这个节点以查看当前 HTML 页面内部样式表的所有 CSS 规则，本例中只有一条名为. redtext 的内部 CSS 规则。单击 StylePlacesCSS. css 节点左侧的加号"＋"展开这个节点以查看这个外部文件内所有 CSS 规则，本例中只有一条名为. greenText 的 CSS 规则。"全部"模式不会列出 HTML 页面所用内联样式，只会列出内部样式表和外部样式。

第 5 步：在上次练习中使用代码导航器查看应用于一个段落的 CSS 规则，你也可以使用代码导航器快速地决定 CSS 规则位于何处。在 StylePlaces. html 的设计窗口内用鼠标单击第二段，3～4 秒钟后光标处自动浮现"指示器"图标，单击该图标打开代码导航器，窗口显示 StylePlaces. html 及其下方缩进的". redtext"类 CSS 规则（该 CSS 规则的名称以"."开头，故该 CSS 规则为类 CSS 规则），如图 10.11 所示。如果一个样式位于一个 HTML 文档内，如同这个例子，那么该样式必然是一个内部样式。

第 6 步：在 StylePlaces. html 的设计窗口内用鼠标单击第 3 段，3～4 秒钟后光标处自动浮现"指示器"图标，单击该图标打开代码导航器，窗口显示 StylePlacesCSS. css 及其下方缩进的". greenText"类 CSS 规则（该 CSS 规则的名称以"."开头，故该 CSS 规则为类 CSS 规则），如图 10.12 所示。如果一

图 10.11　代码导航器指明 CSS 规则位于 StylePlaces. html 内

个样式位于一个.CSS 文档内,如同这个例子,那么该样式必然是一个外部样式。

第 7 步:在代码导航器内把鼠标移动至.greenText 上,将出现一个黄色的浮动窗口,窗口列出了.greenText 规则的全部属性,包括颜色、字体和大小。

第 8 步:在代码导航器内单击.greenText 规则,则 Dreamweaver CS5 自动切换至"拆分"视图,并且代码窗口内将自动打开 StylePlacesCSS.css 文件,而且光标自动地位于.greenText 规则的 CSS 代码中。此时实际上打开了外部样式表,它是一个单独的文档,可以在代码窗口内对其进行手工编辑。为了返回最初的 HTML 文档,可以单击工具栏上的"源代码"按钮,如图 10.13 所示。

图 10.12　代码导航器指明 CSS 规则位于
StylePlacesCSS.css 内

图 10.13　单击"源代码"按钮则从外部样
式表返回最初的 HTML 文件

第 9 步:选择菜单"文件"→"全部保存"命令,则不仅保存了 HTML 文档,而且同时保存了外部样式文件。

你已经了解样式表并且知道有 3 类样式表,并且,也知道一个 HTML 文档可能同时包含这 3 类样式表。这就产生一个问题:若一个网页内同时存在 3 类样式表,哪一类样式表占主导地位?考虑一个具体的情况,网页内有一个段落,或者更确切地说,有一个标签<p>,并且该网页内有 3 种样式表(内联、内部与外部)。每一种样式表都用相同的 CSS 属性,如颜色,设定标签<p>的外观,但是不同样式表的取值不同,如内联样式表设定颜色为红色、内部样式表设定颜色为蓝色,而外部样式表设定颜色为黄色,那么 HTML 页面的段落会呈现什么颜色呢?答案是内联样式表将占主导地位,因为内联样式表离 HTML 标签最近。故 HTML 页面的段落将呈现红色。同样,内部样式表占据次主导地位,因为它位于 HTML 文档的 head 区内,离 HTML 标签较远。而外部样式表处于最后地位,因为它位于一个单独的文件内,离 HTML 标签最远。

10.6　创建并修改标签 CSS 规则

从上面的例子已经知道 CSS 的一种分类方法,即按照样式表所在的位置来分,可以分为内联、内部、外部样式表。CSS 还有另外一种分类方法,即按照 CSS 规则针对的目标(或作用的对象)来分,可以分为:标签 CSS 规则、类 CSS 规则、ID CSS 规则。

这 3 类规则可以从它们在样式表中的命名来识别:标签 CSS 规则的名称是某个 HTML 标签名,因此标签 CSS 规则作用于具有相同名称的 HTML 标签;类 CSS 规则的名称是以"."开始的自定义字符串,类 CSS 规则作用于 class 属性值与规则名相同的 HTML 标签;ID CSS 规则的名称是以"#"开始的自定义字符串,ID CSS 规则作用于 ID 属性值与规则名相同的 HTML 标签。不论 CSS 规则属于上述 3 类规则的哪一类，它们可以存放于内部样式表中，也可以存放于外部样式表中。

第 9 章通过 Dreamweaver CS5 的"属性"面板设定了针对 h1、p、ul 等 HTML 标签的 CSS 规则，这些 CSS 规则均为标签 CSS 规则。标签 CSS 规则针对的是网页中同名的 HTML 标签，在标签 CSS 规则中设定的属性值用于改变 HTML 标签内容的外观，可以为 body 标签以下（包括 body）的任何标签创建同名的标签 CSS 规则。例如，当通过菜单"修改"→"页面属性"改变了页面默认的文本格式和背景颜色时，其实是创建了一个名为 body 的标签 CSS 规则。

基本的标签样式是很简单的。例如，为段落标签 p 创建一个标签 CSS 规则，页面内所有的段落将展示相同的外观。当然这也引发一些问题，比如希望页面内某个段落展示出与其他段落不同的外观。标签 CSS 规则是保证页面内同一种 HTML 标签，如列表、表格或段落等，具有相同外观的好方法。

第 1 步：在"文件"面板内双击 events.html 文件打开它。这个页面已经创建了针对一级标题（标签<h1>）、段落（标签<p>）和列表（标签<ul>）的标签 CSS 规则。现在为二级标题（h2）设定样式。

第 2 步：在设计窗口中单击标题"春季活动"内任意位置，再单击"属性"面板左侧的"CSS"按钮，之后在"属性"面板中从"大小"下拉列表选择 18，将弹出"新建 CSS 规则"窗口，从"选择器类型"下拉列表选择"标签"，则"选择器名称"输入框将自动输入 h2，这是因为光标正位于格式为 h2 的文本内，最后单击"确定"按钮。在设计窗口内可以看到，events.html 的二级标题均缩小了。

第 3 步：保持设计窗口中光标位置不变，这样使得"属性"面板的"目标规则"下拉列表自动选中"h2"。在"属性"面板单击"颜色样本"图标，从"颜色样本面板"选择红色（颜色值为♯F00），则页面的二级标题全部变成红色。通过上述操作，已经设定了 h2 标签的大小和颜色，这样页面中所有格式为 h2 的文本均有相同的样式。

第 4 步：在设计窗口中单击标题"活动说明"内任意位置，再单击"属性"面板左侧的"HTML"按钮，从"格式"下拉列表选择"无"，可以看到设计窗口内文本"活动说明"的样式发生改变，这是因为这段文本已经不是二级标题（h2）格式。再次从"格式"下拉列表选择"标题 2"，之后查看设计窗口内文本"活动说明"的样式变化。

10.7　使用属性面板创建类 CSS 规则

每个类 CSS 规则（或类 CSS 样式）有唯一的名称，并且不和任何特定的 HTML 标签关联。一个类 CSS 规则可以同时作用于页面的多种元素，如同时作用于段落、标题、表格等。比如可能创建一个名为 vacationText 的类 CSS 规则，并且这个规则只包含一项"字体颜色"的属性。一旦这条规则被创建，它可以同时应用于表格、段落、标题或表单元素。如果在春节把该条规则的属性值改成红色，那么所有用 vacationText 规则设定样式的文本将变成红色，而在情人节把该条规则的属性值改成粉色，那么网站内所有用 vacationText 规则设定样式的文本将变成粉色。

第 1 步：在设计窗口打开文件 events.html，把光标放在最后一行的末尾，按回车键以新增一行,输入文字"本网站所有图片的版权归复旦大学所有"。注意到所输入的文本自动采用原先创建的 p 标签(即段落)CSS 样式。

第 2 步:在设计窗口中的倒数第二段内单击,再单击"属性"面板上"CSS"按钮,从"目标规则"下拉列表选择"<新 CSS 规则>",再从"大小"下拉列表选择"14",将弹出"新建 CSS 规则"对话框,如图 10.14 所示。在对话框的"选择器类型"下拉列表中选择"类",在"选择器名称"输入框内输入"copyright",单击"确定"按钮。这样就创建一个名为"copyright"的类 CSS 规则,可以在屏幕右侧的"CSS 样式"面板的"全部"模式下看到新增了一条名为".copyright"的 CSS 规则。规则名称以"."为前缀,说明该规则是类 CSS 规则。

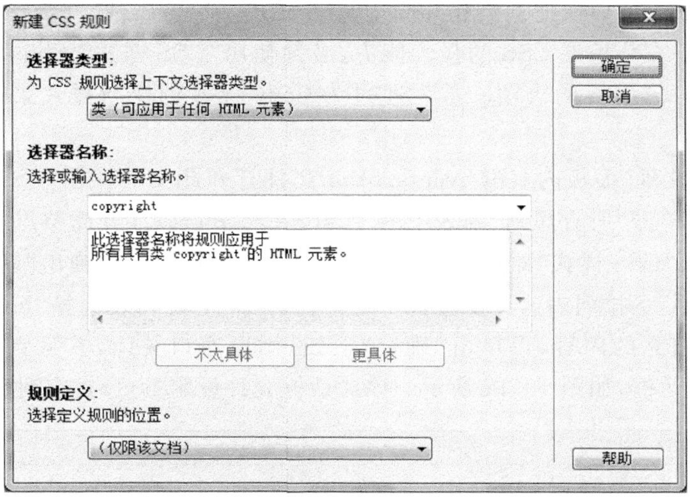

图 10.14　创建名为 copyright 的类 CSS 规则

第 3 步:在设计窗口中的倒数第二段内单击,再单击"属性"面板上"CSS"按钮,可以看到"目标规则"下拉列表自动选中".copyright"项,这说明当前文本是使用名为 copyright 的类 CSS 规则来设定样式的。在"属性"面板的"字体"下拉列表中选择"隶书"(如果下拉列表中没有"隶书"选项,则选中"编辑字体列表…"选项把"隶书"字体添加至"字体"下拉列表),再单击面板中"斜体"图标,并设定颜色为绿色(颜色值为♯0F0),这样就完成了对名为 copyright 的类 CSS 规则的修改,可以在设计窗口看到修改后的样式效果,如图 10.15 所示。

第 4 步:在设计窗口中的倒数第一段内单击,再单击"属性"面板上 CSS 按钮,可以看到"目标规则"下拉列表自动选中"p"项,这说明当前文本是使用名为 p 的标签 CSS 规则来设定样式的。在"属性"面板的"目标规则"下拉列表中选择".copyright"项,则设计窗口显示最后一段的样式发生了改变,如图 10.16 所示。

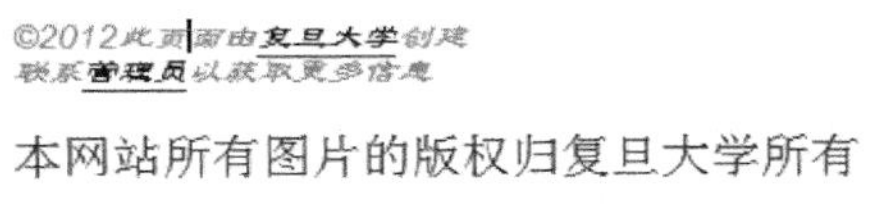

©2012 此页面由复旦大学创建
联系管理员以获取更多信息

本网站所有图片的版权归复旦大学所有

图 10.15　修改 copyright 类 CSS 规则后的样式效果

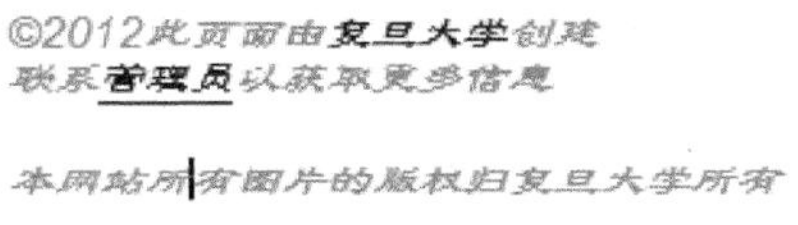

©2012 此页面由复旦大学创建
联系管理员以获取更多信息

本网站所有图片的版权归复旦大学所有

图 10.16　把 copyright 类 CSS 规则应用于页面
最后一段文本的效果

第5步：保持设计窗口中光标位置不变，在"属性"面板的"目标规则"下拉列表中选择"<删除类>"项，则最后一段文本又恢复为名为 p 的标签 CSS 规则所设定的样式。

第6步：从"属性"面板的"目标规则"下拉列表选择".copyright"，把最后一段文本重新设置为 copyright 类 CSS 规则所设定的样式。最后单击菜单"文件"→"保存"，保存所做的修改。

10.8 在"CSS 样式"面板中创建和修改样式

使用"属性"面板可以快捷地创建并应用 CSS 样式，但是"属性"面板中可选样式数量是非常有限的。为了充分挖掘 CSS 的强大能力，必须使用"CSS 样式"面板，在接下来的练习中将研究"CSS 样式"面板的选项。首先通过为 body 标签创建新样式来改变页面的背景颜色。

第1步：在"文件"面板内双击 events.html 文件打开此文件。在"CSS 样式"面板中单击"全部"按钮，再单击"所有规则"列表中的"<style>"节点以展开此节点。

第2步：单击"CSS 样式"面板底部的"新建 CSS 规则"图标，将弹出"新建 CSS 规则"窗口，从"选择器类型"下拉列表选择标签，从"选择器名称"下拉列表选择"body"，注意不要使用该输入域自动填充的内容，再单击"确定"按钮，则原窗口关闭，并且自动弹出"body 的 CSS 规则定义"对话框，如图 10.17 所示。该对话框允许设定 body 的各种样式选项。

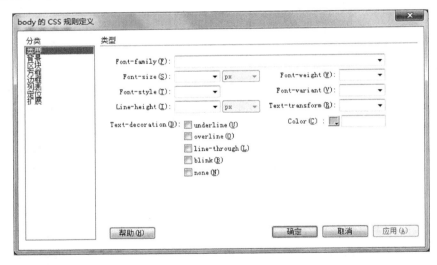

图 10.17 为 body 标签创建新样式

第3步：在对话框左侧的"分类"栏，单击"背景"条目以访问背景属性。在"Background-color"输入域输入十六进制颜色值：#F0E0E0。背景颜色不会自动生效，需单击对话框右下角的"应用"按钮，则可以在页面的设计窗口预览背景颜色。

第4步：单击对话框内"确定"按钮以设定背景颜色。接下来将改变已作用于网页底部的 copyright 类 CSS 规则的"背景"属性值。

第 5 步：在"CSS 样式"面板中的"所有规则"列表内双击". copyright"规则以编辑该规则的属性值，如图 10.18 所示。

第 6 步：在打开的对话框内单击"背景"分类项，之后在"Background-color"输入域输入十六进制颜色值：#FFF，并单击"确定"按钮。这使得页面底部两个与版权信息有关的段落具有白色背景，与页面的背景色不同。两个段落之间的空隙则显示页面的背景色，如图 10.19 所示。

第 7 步：选择菜单"文件"→"保存"，保存所做的修改。

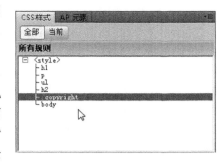

图 10.18　双击"CSS 样式"面板中的某条规则将打开"CSS 规则定义"对话框

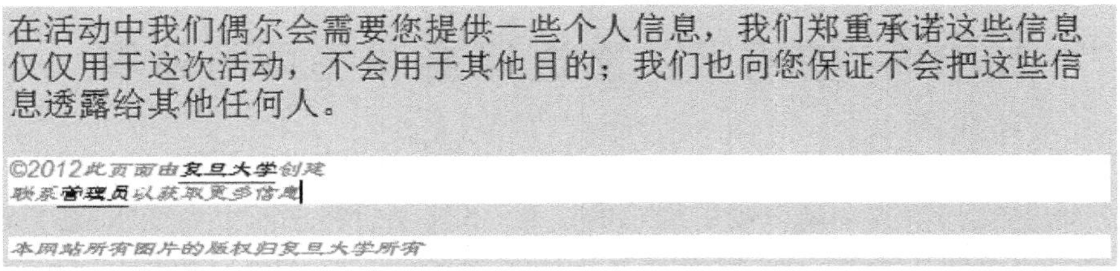

图 10.19　可以为不同的 CSS 规则设定不同的背景色属性值

10.9　使用 CSS 设定文本的高级格式

本次练习将设定段落或列表的行间距，以及标题的字符间距。

第 1 步：在"文件"面板内双击 events. html 文件打开此文件。在"CSS 样式"面板中单击"全部"按钮，再双击名为 p 的 CSS 规则打开"p 的 CSS 规则定义"对话框。"Line-height"用于设定段落内行间距。在"Line-height"输入框内输入 30，默认是以像素为单位。单击"应用"按钮，将看到段落内行间距增加。设定精确的行间距是一种缺少灵活性的做法，因为当改变文字大小时原先设定的行间距可能会显得很奇怪。一种更灵活的做法是用百分比指定行间距。

第 2 步：从"Line-height"输入框右侧的下拉列表选择"%"项，之后在"Line-height"输入框内输入 150，然后单击"应用"按钮，看不到页面上有明显的改变，但是通过把行间距设为 150%，字体的初始大小就不重要了。因为不论字体大小为多少，段落内相邻两行之间的空白高度总是文字高度的 50%。

第 3 步：注意到位于文字"春季活动"下方的列表没有发生改变。这是因为刚才的属性设置只是作用于段落，而不是列表。在"CSS 样式"面板中双击名为"ul"的 CSS 规则。在弹出的"ul 的 CSS 规则定义"对话框的"Line-height"输入框内输入 150，并且在其右侧的下拉列表中选择"%"，之后单击"确定"按钮，将看到在列表的相邻条目之间增加额外的空间。

第 4 步：在"CSS 样式"面板中双击名为"h2"的 CSS 规则。在弹出的"h2 的 CSS 规则定义"对话框的"Text-decoration"列表中选中"underline"，再单击"确定"按钮，将看到两个标题"春季活动"与"活动说明"增加了下划线。

第 5 步：在"CSS 样式"面板中双击名为"h2"的 CSS 规则。在弹出的"h2 的 CSS 规则定义"对话框的"分类"列表中单击"区块"，之后在"Letter-spacing"输入框内输入"5"，并且在其右侧的下拉列表中选择"px"，最后单击"确定"按钮，你将看到两个标题"春季活动"与"活动说明"的字符间距增加了，如图 10.20 所示。

第 6 步：选择菜单"文件"→"保存"，保存所做的修改。

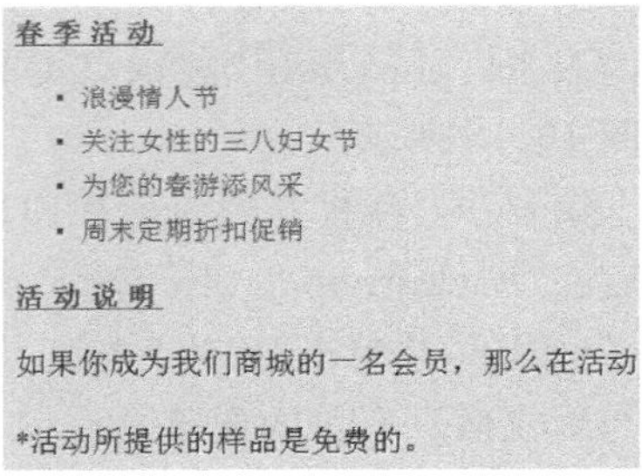

图 10.20　为标题添加下划线并增加字符间距

10.10　使用上下文选择器调整页面外观

考虑这样一个问题：查看 events. html 页面中"春季活动"列表的第一行和第二行，想强调"情人节"和"妇女节"两个词以吸引用户的注意，不仅仅想将这两个词变粗，还想改变它们的颜色。你可以创建一个类 CSS 规则来解决这个问题，此外，你可以使用"上下文选择器"来解决这个问题。Dreamweaver CS5 把上下文选择器称为"复合内容"选择器。

上下文选择器把格式应用于出现在特定组合中的标签或类。例如，一般来说，有分别作用于段落（标签 p）和强调（标签 strong）的标签 CSS 规则，但是还需要额外的 CSS 规则，它只作用于处于标签 p 内部的 strong 标签。可能指明标签 strong 内的任何文本是红色的，而只有处于标签 p 内部的 strong 标签的文本是蓝色的。

第 1 步：在 events. html 页面中"春季活动"列表的第一行内高亮选中"情人节"，单击"属性"面板的"HTML"按钮，再单击"粗体"图标，把"情人节"3 个字变成粗体。

第 2 步：用鼠标单击"情人节"3 个字，把光标放在 3 个字内部，再单击"属性"面板的"CSS"按钮，在"目标规则"下拉列表中选择"＜新 CSS 规则＞"，必须选择"目标规则"，否则，当你接下来设定颜色时，针对的对象将是整个列表。

第 3 步：在"属性"面板单击"颜色样本"图标，选择颜色值为"＃00F"的蓝色，将弹出"新建 CSS 规则"对话框。

第 4 步：在对话框中，从"选择器类型"下拉列表选择"复合内容"，则在"选择器名称"输入框内自动出现"body ul li strong"，如图 10.21 所示。可能一开始这看起来很奇怪，但是如果从左向右读它，会发现它其实很有逻辑性。表示了 HTML 标签的嵌套关系，即这条 CSS 规则只作用于位于列表项（li）内的 strong 标签所限定的文本，而列表项位于列表（ul）标签内。在很多情况下，在上下文规则名中包含 body 是多余的。因为 body 是文档中所有标签的基础。可以把"body"删除。

第 5 步：单击对话框内"不太具体"按钮，则"选择器名称"输入框的内容缩短为"ul li strong"，这不会影响规则的效果，最后单击"确定"按钮。可以看到 events. html 页面中"情人节"3 个字变成粗体及蓝色。

第 6 步：在 events. html 页面中"春季活动"列表的第二行内高亮选中"妇女节"，单击

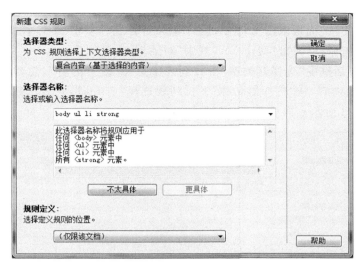

图 10.21 把"选择器类型"设定为"复合内容"以创建一个上下文选择器

"属性"面板的"HTML"按钮,再单击"粗体"图标,把"妇女节"3 个字变成粗体。注意到这 3

个字自动地呈现蓝色,这是因为之前创建的 CSS
上下文选择器在起作用。

第 7 步:在 events. html 页面中第一段的第
一行内高亮选中"特大新闻",单击"属性"面板的
"HTML"按钮,再单击"粗体"图标,把"特大新闻"
4 个字变成粗体,如图 10.22 所示。注意到这 4 个
字仅仅是变粗,并没有自动地呈现蓝色,这是因为
虽然"特大新闻"4 个字在 strong 标签内,但是这
个 strong 标签并没有处于标签 ul 及 li 内,即没有
创建规则时指定的上下文,所以之前创建的 CSS
上下文选择器在此不能起作用。

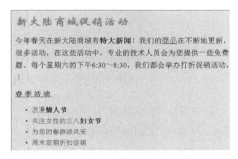

图 10.22 上下文选择器使得不同位置的
粗体文本显示不同的外观

第 8 步:选择菜单"文件"→"保存"命令,保存所做的修改。

10.11 使用伪类选择器设定超链接的样式

可以用 CSS 来设定页面上超链接的样式,但是要谨慎地来做这件事,因为用户可能已
经习惯了不同状态下超链接的样式:未被点击的超链接其文本呈现蓝色并且有下划线,而
点击过的超链接其文本呈现紫色且有下划线。如果页面设计者自己另外定义一套规则,用
户可能会搞不清楚。虽然这样,理解如何设定超链接的样式还是很有必要。

CSS 使用一种称为"伪类选择器"的 CSS 规则来设定超链接样式。一个伪类选择器作
用于指定标签或类的"状态",决定在某种"状态"下标签内容或类内容的外观样式。"状态"
通常是指条目发生某个事件的时刻,如鼠标滑过超链接文本。一个最常用的伪类选择器是
针对超链接标签(a)。接下来将创建一个伪类选择器来决定页面内超链接在不同状态下的

外观。

第1步：在"文件"面板双击文件 events. html 打开它。单击"CSS 样式"面板右下方的"新建 CSS 规则"图标，将弹出"新建 CSS 规则"对话框。

第2步：在对话框的"选择器类型"下拉列表中选择"复合内容"，忽略"选择器名称"输入框内自动填充的内容，从"选择器名称"下拉列表选择"a:link"，它表示超链接尚未被点击的状态，如图 10.23 所示。再单击"确定"按钮。

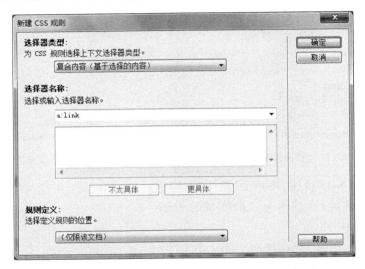

图 10.23 从"选择器类型"下拉列表选定"复合内容"并从"选择器名称"下拉列表选定"a:link"

第3步：自动弹出"a:link 的 CSS 规则定义"对话框，在对话框内单击"分类"列表的"类型"项，再单击"Color"图标，从颜色样本窗口选中十六进制值为"♯0F0"的绿色，最后单击对话框的"确定"按钮。可以看到页面内第一段中的"商品"超链接以及页面底部的两个超链接变成绿色，不再是原先的蓝色。

第4步：再一次单击"CSS 样式"面板右下方的"新建 CSS 规则"图标，弹出"新建 CSS 规则"对话框。在对话框的"选择器类型"下拉列表中选择"复合内容"，在"选择器名称"下拉列表选择"a:hover"，它表示把鼠标放在超链接上但不点击它的状态，单击"确认"按钮将弹出"a:hover 的 CSS 规则定义"对话框，在这个对话框内设定"Color"为"♯FF0"，并且选中"Text-decoration"列表中"none"项，最后单击"确定"按钮。

第5步：选择菜单"文件"→"保存"命令，保存所做的修改。选择菜单"文件"→"在浏览器中预览"→"IExplore"，把鼠标移到页面第一段内的"商品"超链接上但不点击，可以看到超链接的文本变成黄色并且下划线消失，把鼠标移到页面底部的两个超链接上但不点击，也有同样的效果。

第6步：在"文件"面板双击文件 events. html 打开它。再一次单击"CSS 样式"面板右下方的"新建 CSS 规则"图标，弹出"新建 CSS 规则"对话框。在对话框的"选择器类型"下拉列表中选择"复合内容"，在"选择器名称"下拉列表选择"a:visited"，它表示超链接被点击后的状态，单击"确定"按钮将弹出"a:visited 的 CSS 规则定义"对话框，在这个对话框内设定"Color"为"♯000"，最后单击"确定"按钮。

第 7 步：选择菜单"文件"→"保存"，保存所做的修改。选择菜单"文件"→"在浏览器中预览"→"IExplore"命令，单击页面第一段内的"商品"超链接之后，可以看到该超链接的文本变成黑色，单击页面底部的两个超链接之后，超链接的文本也变成黑色。

在之前出现的"新建 CSS 规则"对话框的"选择器名称"列表中还包含一项"a：active"，它表示用户正在点击超链接这种状态，在本练习中没有为其重新设定样式，因此超链接被点击时将按默认方式展示。

10.12   Div 标签与 ID CSS 规则

已经在 events. html 页面中设定了很多样式，在浏览器中预览该页面时，会发现除了页面底部的版权信息区，很难一眼就看出某个信息区从哪里开始在哪里结束。还需要使用 div 标签为页面添加结构信息，并应用 ID CSS 规则对 div 标签作更多的控制。

考虑为页面添加结构。页面中"活动说明"标题及其后面 3 段文字应该组成一个信息区，之后单独地为该信息区设定样式使之区别于页面的其他内容。这项工作可以使用 Div 标签及 ID CSS 规则来完成。

第 1 步：在"文件"面板双击 events. html 文件打开它，在设计窗口内高亮选中标题"活动说明"及其后面 3 段文字。

第 2 步：双击屏幕右方的"插入"标签以打开"插入"面板，在下拉列表中选中"常用"项，再单击"插入 Div 标签"按钮，将弹出"插入 Div 标签"对话框，在对话框的"插入"下拉列表中选择"在选定内容旁换行"，如图 10.24 所示。

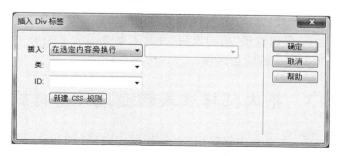

图 10.24   单击"插入"面板内的"插入 Div 标签"按钮将弹出"插入 Div 标签"对话框

如果没有为其指定 CSS 规则，一个 Div 标签自身是不会产生任何显示效果的。换句话说，不像其他的 HTML 标签（如 h1、h2）会产生默认的视觉效果，Div 标签对它包含的内容不会产生任何显示效果，除非用 CSS 规则专门为其作了设定。

第 3 步：在对话框的"ID"输入框内输入"footer"。就像类名，ID 也应该是一个描述性的、有助于识别的名称。为所选中的文本块指定灰色的背景颜色。注意到对话框内还有一个"类"输入框，类规则和 ID 规则是很相似的，不同之处在于类规则能同时作用于页面内多种及多个不同的元素，而 ID 规则在页面内只能使用一次。在这个例子中，采用 ID 规则是合适的，因为页面内只有一个页脚。

第 4 步：单击对话框内"新建 CSS 规则"按钮，在弹出的"新建 CSS 规则"窗口内"选择器类型"下拉列表自动选中"ID"，"选择器名称"输入框自动填充"#footer"。类规则与 ID

规则还可以从名称上进行识别,如果是类规则,其名称应该是以"."为前缀,而如果是 ID 规则,其名称应该是以"♯"为前缀。在此窗口内不必作任何改动,只需单击"确定"按钮,将弹出"♯footer 的 CSS 规则定义"对话框。

第 5 步:在对话框的"分类"列表中单击"背景",然后在"Background-color"输入框内输入♯CCC(也可以从单击图标所弹出的颜色样本窗口中选定该颜色),最后单击"确定"按钮以关闭"♯footer 的 CSS 规则定义"对话框,之后单击"插入 Div 标签"对话框的"确定"按钮以关闭此对话框。在 Dreamweaver CS5 的设计窗口内可以看到之前选中的文本被一个虚线边框的矩形所包含,并且该矩形的背景是灰色的,如图 10.25 所示。

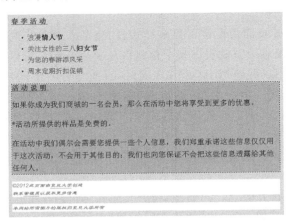

图 10.25 通过 Div 标签及 ID 规则设定信息区域

第 6 步:选择菜单"文件"→"保存",保存所做的修改。选择菜单"文件"→"在浏览器中预览"→"IExplore"命令,可以看到"活动说明"及其下方 3 段文字处于一个灰色的矩形区域内,这便于用户一眼看出相关的信息区域。

10.13 把内部样式表转变成外部样式表

内部样式表只能在一个页面内起作用,而外部样式表可以同时应用于多个页面。当你新建一条 CSS 规则时,可以在当前 HTML 页面内进行定义,也可以在一个新的 CSS 文件内进行定义,如图 10.26 所示。

定义在 HTML 页面内部的 CSS 规则称为内部样式表,而外部.css 文件称为外部样式表,可以把外部样式表附加至任何数量的网页以便这些网页使用相同的样式规则。

到目前为止,已经练习了创建内部样式表,这些样式被直接放在当前网页的 style 标签内。为了利用样式表强大的能力,需要创建外部样式表以便网站内所有的页面都能应用这些样式规则,并且当改变外部样式表的内容,所有引用该外部样式表的页面都会发生样式改变。

可以用以下的方法创建外部样式表:
- 把内部样式表转至一个新的 CSS 文件。
- 在"新建 CSS 规则"窗口内选定"新建样式表文件"项目。
- 从菜单"文件"→"新建"创建一个新的 CSS 文件。

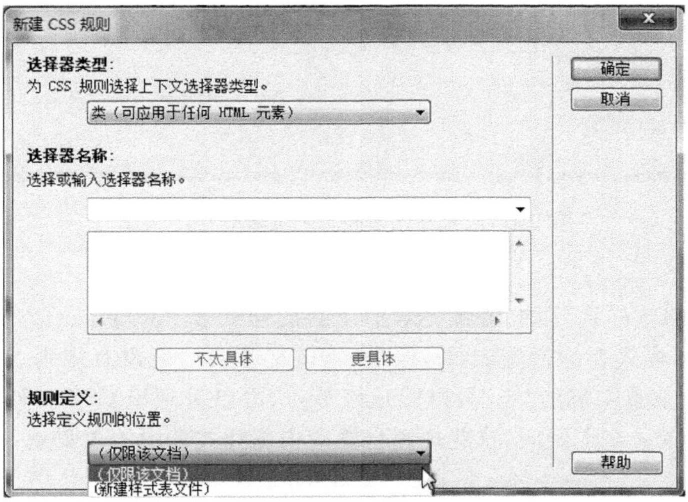

图 10.26　在"新建 CSS 规则"对话框的"规则定义"下拉列表可以选择规则定义的位置

接下来将把 events.html 页面里的内部样式表导出至一个单独的外部 CSS 文件,以便其他的页面可以使用这些 CSS 规则。

第 1 步:在"文件"面板双击 events.html 文件打开它,之后在"CSS 样式"面板内展开样式表,以便能看到所创建的全部规则。

第 2 步:单击面板内<style>标签下方第一条规则,然后按住 Shift 键并单击面板内最后一条规则,这样就选中面板内所有的规则。再单击面板右上角的菜单按钮并选中"移动 CSS 规则",如图 10.27 所示。

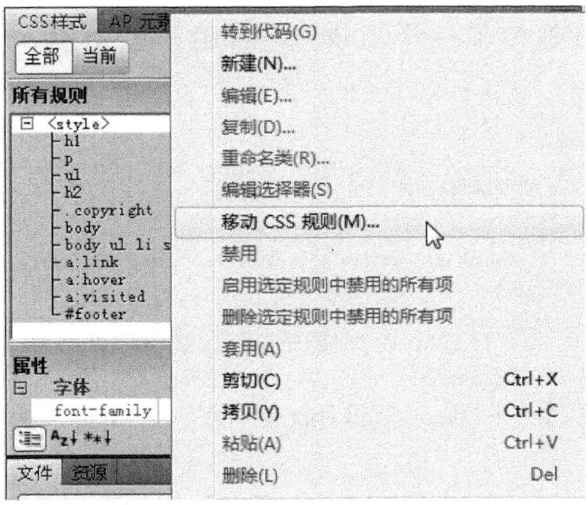

图 10.27　选中内部样式表的所有规则然后选择"移动 CSS 规则"

第 3 步:弹出"移至外部样式表"对话框,可以把样式表移至已有的外部 CSS 文件或者把样式表移至一个新的 CSS 文件,选中"新样式表…"选项,如图 10.28 所示。再单击"确定"按钮。

第 4 步:弹出"将样式表文件另存为"对话框,在对话框内选择新文件的文件夹为站点根文件夹(E:\DreamweaverCS5\lesson04)并输入新文件的文件名为 styles,再单击"保存"

用 CSS 设定页面样式

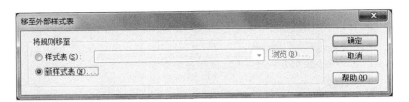

图 10.28　把样式表移至一个新的 CSS 文件

按钮。

第 5 步：在"CSS 样式"面板内将显示一个新的样式表：styles.css。events.html 页面中依然保留了内部样式表的标签 style，但是 style 标签内已经没有规则。单击"CSS 样式"面板内 styles.css 节点左侧的"＋"号以展开该节点，可以看到该 CSS 文件所包含的全部规则，如图 10.29 所示。毫无疑问，这些规则与之前内部样式表中的规则是一样的。

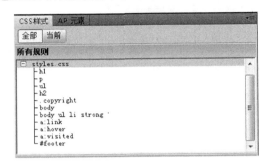

图 10.29　"CSS 样式"面板列出了外部样式表包含的全部规则

第 6 步：在代码窗口查看 events.html 文件，如图 10.30 所示，可以看到网页的 head 标签内 style 标签是空的，但是多了一个 link 标签，用于引用刚才创建的外部样式表文件 styles.css。

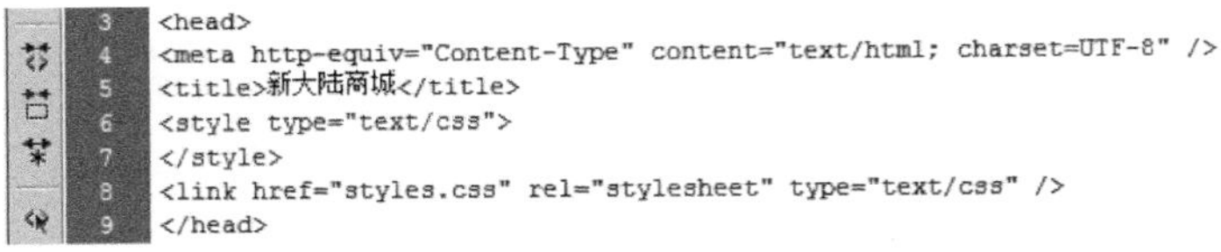

```
3  <head>
4  <meta http-equiv="Content-Type" content="text/html; charset=UTF-8" />
5  <title>新大陆商城</title>
6  <style type="text/css">
7  </style>
8  <link href="styles.css" rel="stylesheet" type="text/css" />
9  </head>
```

图 10.30　HTML 网页使用 link 标签引用外部样式表

第 7 步：选择菜单"文件"→"保存全部"命令，保存所做的修改。

10.14　把外部样式表附加至网页

可以使用"CSS 样式"面板的"附加样式表"命令把已有的外部样式表文件附加至当前 HTML 文件。

第 1 步：在"文件"面板内双击 products.html 文件。

第 2 步：单击"CSS 样式"面板中的"全部"按钮，可以看到"所有规则"列表为空，说明 products.html 文件未应用任何样式。再单击位于此面板右下角的"附加样式表"图标，将弹出"链接外部样式表"对话框。

第3步：单击对话框中"浏览…"按钮以指定将要附加的样式表文件。在弹出的"选择样式表"对话框中单击 lesson04 文件夹下的 styles.css 文件，再单击"确定"按钮关闭"选择样式表"对话框，如图 10.31 所示。最后单击"确定"按钮关闭"链接外部样式表"对话框。

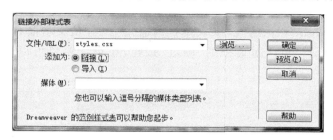

图 10.31　链接外部样式表

设计窗口内网页外观发生变化，同时在"CSS 样式"面板内显示 styles.css 节点，并且在"CSS 样式"面板内双击 styles.css 节点内的 CSS 规则可以对其进行编辑。

第4步：选择菜单"文件"→"保存"命令，保存所做的修改。

10.15　修改附加的样式表

在"CSS 样式"面板内你可以修改所附加的样式表内的规则，就如同这些规则位于内部样式表内。如果修改一个网页的外部样式表，这些改动也会作用于引用了这个外部样式表的其他网页。接下来，将修改 body 的属性以便给网页添加页边空白。

第1步：在"CSS 样式"面板内双击 styles.css 节点下名为"body"的规则，将弹出"body的 CSS 规则定义"对话框。

第2步：单击对话框内"分类"列表的"方框"项，在"Margin"栏内取消"全部相同"的选项，如图 10.32 所示。

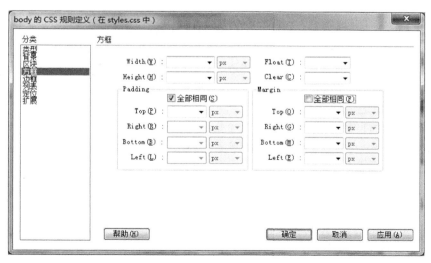

图 10.32　取消"Margin"栏内"全部相同"选项

用 CSS 设定页面样式

因为 CSS 是基于箱框模型,它把每个 HTML 标签看作一个容器。body 标签是页面中最大的容器,如果你修改它的页边空白,将影响页面上所有的内容。将专门改变左、右页边距使得页面内容更加居中。

第 3 步:在"Margin"栏内的"Right"文本框内输入 20,并从文本框右侧的下拉列表选择"％"。

第 4 步:在"Margin"栏内的"Left"文本框内输入 20,并从文本框右侧的下拉列表选择"％",如图 10.33 所示。单击对话框的"确定"按钮,在设计窗口可以看到页面内容移向中间。

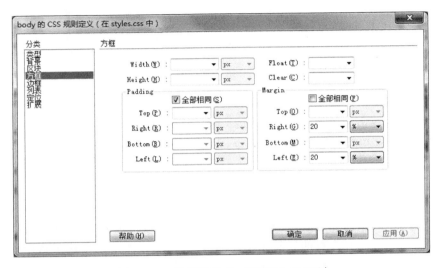

图 10.33　把页面的左、右边距改成 20％

第 5 步:选择菜单"文件"→"保存全部"命令,保存所做的修改。之后在浏览器中预览网页 events. html 及 products. html。浏览器中的页面总有左边 20％ 及右边 20％ 的空白,当改变浏览器窗口的宽度时网页内容的边界自动地作相应调整。

10.16　新建外部样式表

虽然可以方便地把内部样式表导出成一个新的 CSS 文件,也可以一开始就在一个新 CSS 文件内创建样式。"新建 CSS 规则"对话框提供这样的选项。通过在外部 CSS 文件内创建样式,可以避免之后的导出操作。

第 1 步:在"文件"面板内,双击 events2. html 文件打开它。

第 2 步:在"CSS 样式"面板的菜单内单击"新建",将弹出"新建 CSS 规则"对话框。

第 3 步:在对话框内,从"选择器类型"下拉列表选择"标签",在"选择器名称"输入框内输入 body,在"规则定义"下拉列表内选择"(新建样式表文件)",如图 10.34 所示。之后单击"确定"按钮。

第 4 步:在弹出的"将样式表文件另存为"对话框内输入文件名为"otherstyles. css"并把文件保存在站点根文件夹下。

第 5 步:在弹出的"body 的 CSS 规则定义"对话框内,在"分类"列表中单击"背景"项,

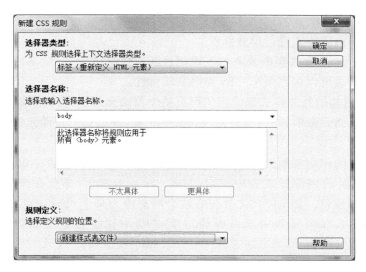

图 10.34　从头开始新建一个外部样式表

在"Background-color"文本框内输入"♯FFB",之后单击"确定"按钮就创建了这条规则。在设计窗口内可以看到页面的背景颜色变成淡黄色,在"CSS 样式"面板内可以看出这条规则创建于一个新的外部样式文件 otherstyles.css 中。现在可以把这个样式文件附加到站点内任何其他的页面。

　　第 6 步:选择菜单"文件"→"保存全部"命令,保存所做的修改。

10.17　常见问答

1. 当新建一条 CSS 规则时,有哪 4 种选择器可供选择?

4 种选择器包括类、ID、标签、复合内容,其中"复合内容"选择器支持上下文及伪类选择器。

2. 能为一个网页附加多个样式表吗?

是的。可以为一个网页附加任意多个样式表,并且其中每个样式表可以定义在网页内部(即内部样式表或内联样式表),或者定义在网页外部(即外部样式表)。

3. 样式可以在哪 3 个地方定义?

内联样式直接写在所作用的 HTML 标签内部,内部样式写在专门的 HTML 标签 style 内,外部样式写在一个单独的 CSS 文件内。

4. 定义样式时,该把样式定义在网页的内部还是在网页的外部? 什么时候该使用内联样式?

在为站点创建网页时,如果多个网页要共同使用某些样式,那么把这些样式放到一个外部样式表中,之后为多个网页分别附加这个样式表,这样就可以方便地统一修改这些样式。如果某些样式只在单个网页中使用,就把这些样式作为内部样式放到这个网页中。在极端的情况下,某种样式只需要作用于网页的一个页面元素,即使其他样式表已经指定了此类页面元素的样式,这时可以采用内联样式来覆盖其他样式表。内联样式的代码看起来像这样:

用 CSS 设定页面样式

< p style = "font – size: small; color:♯AA0;">段落文字…</p>

必须逐一地对内联样式进行单独修改。

5. 对或者错：一个样式表由多个 CSS 规则及其属性组成。

对。一个样式表可以包含多个 CSS 规则及其属性。

6. 如果网页附加的外部样式表设定了网页某个页面元素的样式，而该网页内部的样式表也设定了这个页面元素的样式，但是两种样式不一样，那么这个页面元素在浏览器中将呈现什么样式呢？

层叠式样式表的作用规则采用"就近原则"。比如在外部样式表中设定<h2>标签为红色，而在这个网页的内部样式表中设定<h2>标签为蓝色，那么在浏览器中该网页的<h2>标签将呈现蓝色。如果除此之外还在这个网页内为某个<h2>设定了内联样式，指定颜色为绿色，那么在浏览器中该页面的这个<h2>标签将呈现绿色，而页面的其他<h2>标签将呈现蓝色。

10.18　动　手　实　践

1. 新建一个页面并且添加一些内容，如文本或图片。之后使用"CSS 样式"面板在一个新的 CSS 文件内定义一个标签样式、两个类样式以及一个上下文选择器。

2. 创建第二个页面并且为其附加之前新建的外部样式文件，之后在第二个页面内添加内容。

3. 从上述任何一个页面修改 CSS 规则，查看两个页面文件如何被修改的样式所影响。

4. 新建一个网页，插入多个超链接，然后为四种超链接选择器(a:active,a:hover,a:link,a:visited)设定不同的 CSS 规则，并把这些 CSS 规则作用于页面的超链接。

5. 查看教材素材文件夹"chapter10\assignment\第 5 题"中"克拉拉-效果图. png"文件，并使用此文件夹中的素材，创建与效果图相同的网页，样式保存于一个新建的外部样式表中。

6. 查看教材素材文件夹"chapter10\assignment\第 6 题"中"瓦格纳-效果图. png"文件，并使用此文件夹中的素材，创建与效果图相同的网页，样式保存于网页的内部样式表中。

第 11 章 用 AP Div 作页面布局

学习目标

◆ 理解 CSS 的箱框模型

◆ 创建 Div 及 AP Div

◆ 堆叠及重叠页面元素

◆ 设定箱框内容的样式

◆ 使用可视化助理调整页面元素位置

已经学习使用了层叠式样式表，可以看到 CSS 在设定页面样式方面强大的能力。此外，CSS 还是一个强大的页面布局工具，它允许你随意地摆放页面内容，若只用 HTML 这是不可能做到的。

准备工作

在开始之前，请单击菜单"窗口"→"工作区布局"→"经典"命令，以重置工作区。在这一章将使用教材素材文件夹 chapter11\material 里的若干文件。请确认你已经把该文件夹内容复制到硬盘上，假设在硬盘上新文件夹的位置为 E:\DreamweaverCS5\lesson05，表示 Dreamweaver CS5 的第 5 课。之后需要创建一个站点，它的根文件夹就是上述硬盘上这个文件夹，站点名称命名为"csslayout"，可以参阅第 8 章"创建一个新站点"了解创建站点的细节。

11.1　CSS 箱框模型

CSS 使用箱框模型在页面内放置元素，箱框模型指在页面内用来装载及存放内容的虚拟矩形框。每个虚拟矩形框充当一个容器，用于容纳文本、图像、媒体及表格，并在页面上占据一定区域。另外，每个虚拟矩形框可设定自己的留白、边距及边框。CSS 几乎把页面上每个元素看作一个方框。

在第 10 章的末尾，我们开始使用 HTML 的 Div 标签来构造页面结构。虽然 CSS 对页面各种元素均可套用箱框模型，但是箱框模型通常是与 Div 元素配合使用。在 CSS 规则协同作用下，你可以随意地放置、格式化 Div 容器，甚至决定 Div 如何与相邻的箱框容器相互配合。你还可以层叠或堆叠多个 Div 容器以创建灵活及创造性的布局，而这些仅用 HTML 是不可能做到的。这一章将深入了解 Div 标签的多种用法。

11.2　箱框模型的边距、留白、边框

箱框模型是嵌套的。浏览器窗口是最大的箱框，而 body 标签对应的箱框是页面中所有其他元素的根容器。页面上每个元素（包括 body 标签）都对应一个虚拟箱框，每个箱框

都有自身的边距、留白和边框。

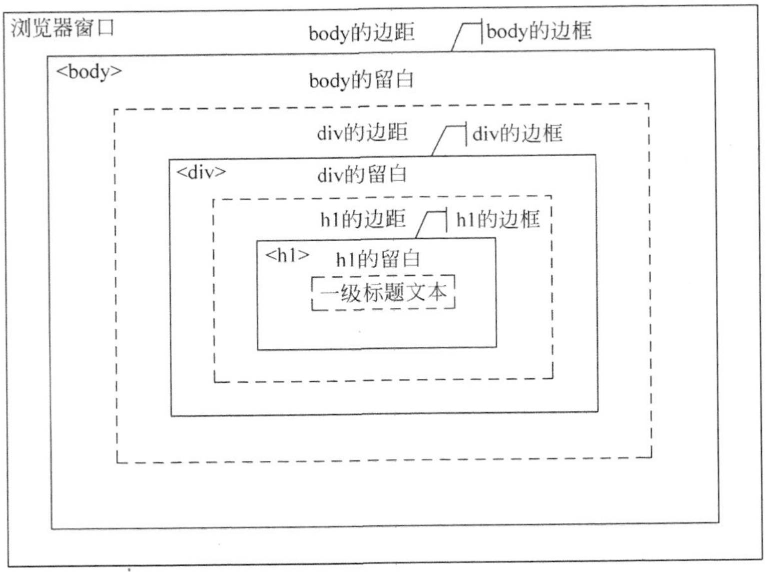

图 11.1　CSS 箱框模型的边距、边框与留白，虚线表示元素的交界处

　　边距指围绕箱框的透明区域，包括上、下、左、右边距。可以一次为箱框的 4 个边距设定相同的值，也可以为箱框的每个边距分别设定值。边距决定了箱框与包含其的容器（如其他箱框）之间的距离。注意，整个浏览器窗口是一个箱框，而 body 是包含于浏览器窗口的箱框，因此 body 的边距就决定了页面本身的边界。

　　留白指箱框的边框与其内容之间的透明区域，包括上、下、左、右留白。你可以一次为箱框的四个留白设定相同的值，你也可以为箱框的每个留白分别设定值。留白决定了箱框与其包含的任何文本、图片或其他内容之间的距离。

　　箱框的边框（或边界）位于箱框的边距区与留白区之间，包括上、下、左、右边框，定义了箱框的界线。边框默认是透明的，你可以设定边框的宽度、颜色以及样式。可以一次为箱框的 4 个边框设定相同的样式，也可以为箱框的每个边框分别设定样式。

　　在任何样式规则中使用边距、留白、边框等属性，并把该规则作用于一个箱框或一类箱框，此处的箱框本质上是 HTML 标签。

11.3　Div 元素与 ID 选择器

　　当用 CSS 创建页面布局时，将频繁地使用 Div 页面元素。Div 标签将在页面内设定区域，之后把页面内容如文本、图像等直接放在这个区域内。Dreamweaver CS5 提供"插入 Div 标签"及"绘制 AP Div"功能（AP Div 也称为绝对定位 Div，AP 是 Absolute Position 的简写），使得你可以创建由 CSS 驱动的页面布局。本章使用 AP Div 创建可以精确定位的箱框，然后再用 CSS 规则来设定其样式。第 12 章将主要使用 Div 进行页面布局。

　　已经了解 CSS 中有不同类型的选择器：类、标签、伪类选择器及 ID。ID 选择器（或 ID CSS 规则）只作用于页面内其 id 属性值与此 ID 选择器同名的标签，由于页面内元素的 id 属性值用作元素的标识,因此页面内各元素的 id 属性值不能相同,ID CSS 规则在一个页面内只使用一次。在样式表内 ID CSS 规则的名称以"＃"作为前缀,而类 CSS 规则的名称是以"."作为前缀。

因为 ID CSS 规则在每个页面内可能只应用一次,因此它们是非常适合用于设置某个特定的页面元素,比如特定位置的元素。换句话说,标题、左侧栏、右侧栏、脚注等占据页面的特点位置,如上方、左侧、右侧、下方等。当使用"插入 Div 标签"作版面设计时,Dreamweaver CS5 要为每个箱框创建或指派一个 ID CSS 规则,当使用"绘制 AP Div"作版面设计时,Dreamweaver CS5 自动地创建 ID CSS 规则,它设定了应用于特定箱框的样式信息,包括位置、宽度、高度等。因为 Div 标签本身没有显示上的特性,因此 Div 的显示特性是由 ID 规则或类规则设定。

11.4　为页面创建一个居中的容器

本章的目标是创建新大陆商城的客户服务部页面,页面最终效果如图 11.2 所示。

图 11.2　客户服务部页面的最终效果

首先创建一个最终嵌套页面其他区域如标题、侧栏和其他元素等的容器。这个容器的宽度固定为 770 像素,并且位于浏览器窗口中间。

使用相对定位及自动边距让这个容器居中。相对定位允许在相对于页面的 body 放置箱框,而自动边距将强制固定宽度的容器居中而不管浏览器窗口的宽度。

第1步：在"文件"面板内双击 layout.html 文件打开它。这个页面已设置背景色和页面标题，此外还设置了默认字体、颜色及大小。首先将添加一个箱框，它将成为主要的文本栏。

第2步：在 layout.html 页面的设计窗口左下角单击按钮"＜body＞"。body 标签包含页面内所有其他的标签。这里将创建一个新的 Div 元素，它将作为一个容器包含其他的布局元素。在"插入"面板的"布局"菜单中单击"插入 Div 标签"，如图 11.3 所示。

图 11.3　单击"插入 Div 标签"以添加一个 Div 容器

第3步：在弹出的"插入 Div 标签"对话框的"ID"输入框内输入"container"，然后单击"新建 CSS 规则"按钮，将弹出"新建 CSS 规则"对话框，确保对话框的"选择器名称"输入框内输入的是"＃container"，单击"确定"按钮关闭"新建 CSS 规则"对话框，将自动弹出"＃container 的 CSS 规则定义"对话框，就可以开始设定 Div 这一容器的样式。

第4步：在"分类"列表单击"方框"项。如图 11.4 所示，在"Width"文本框内输入 770，单位是像素，在"Height"文本框内输入 700，单位是像素。在"Margin"区域取消选中"全部相同"复选框，再从"Right"的下拉列表选择"auto"，并从"Left"的下拉列表选择"auto"。

图 11.4　设置＃container CSS 规则的属性

通过设定这个容器的左边距为 auto 以及右边距为 auto，浏览器将让容器的左侧和右侧有相同的空白，这将导致容器在浏览器窗口内居中。

第5步：在"分类"列表单击"背景"项，在"Background-color"输入框内输入"＃FFF"（或在颜色样本窗口选择颜色值为＃FFF 的颜色），这将为整个容器添加白色的背景，使得容器从 body 的背景分离出来。

第 6 步：在"分类"列表单击"定位"项，从"Position"下拉列表选择"relative"。这步操作是后续操作成功的关键。通过设置容器的"定位"为 relative，可以把这个容器用作参考的框架来定位其他页面元素。最后单击"确定"按钮关闭"#container 的 CSS 规则定义"对话框，并单击"插入 Div 标签"对话框的"确定"按钮关闭此对话框。

第 7 步：选择菜单"文件"→"保存"命令，然后选择菜单"文件"→"在浏览器中预览"，容器将在浏览器窗口内居中。调整浏览器窗口的大小，可以看到这个容器始终在浏览器内居中。

11.5 绝对定位与相对定位

一个被设为"绝对定位"的元素将严格地遵从所设定的位置值，而设为"相对定位"的元素只相对于包含它的容器而定位，这个容器可能是另一个 Div 或页面本身。绝对定位的元素脱离了 HTML 内容的正常秩序，它不考虑周围的元素（如周围的文本、相邻的 Div），它总是准确地出现在为它指定的坐标上。而一个被设为"相对定位"的元素会考虑相邻 HTML 内容的正常秩序。接下来通过创建一个菜单来体会两种定位的差异。

第 1 步：在"文件"面板单击选中"站点-csslayout"节点，单击"文件"面板右上角菜单"文件"→"新建文件"，修改新建文件的文件名为"mymenu. html"。

第 2 步：在"文件"面板双击文件"mymenu. html"，打开其设计窗口。之后在"插入"面板的"布局"菜单中单击"绘制 AP Div"，在设计窗口内拖动鼠标，拉出一个蓝色边框的 Div，如图 11.5 所示。不要在意该 Div 的位置及大小，因为可以随意调整其位置及大小。

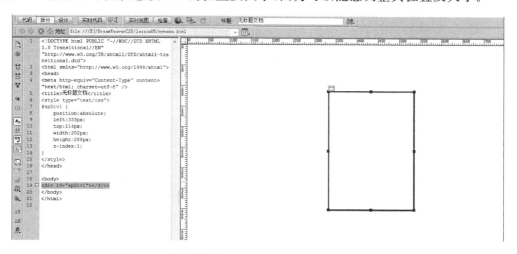

图 11.5 使用"绘制 AP Div"功能用鼠标拖出一个 Div

第 3 步：在设计窗口内把鼠标移到 Div 蓝色边框上，当鼠标变成带箭头的十字形状时按住鼠标左键并移动鼠标，可以把该 Div 移到页面的任何位置上。你也可以把鼠标移到 Div 蓝色边框的中间，当鼠标变成带箭头的一字形状时按下鼠标左键并移动鼠标，可以改变该 Div 的大小。

第 4 步：在"插入"面板的"布局"菜单中单击"插入 Div 标签"，弹出"插入 Div 标签"对话框。如图 11.6 所示，在对话框的"插入"下拉列表选中"在结束标签之前"，并在其右侧的下拉列表选中"<div id="apDiv1">",之后在"类"输入框内输入"menuitem",最后单击"新建 CSS 规则"按钮。

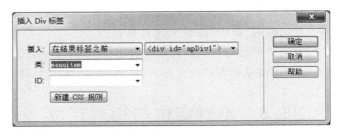

图 11.6　使得插入的 Div 位于绝对定位 Div 内部

第 5 步：在弹出的"新建 CSS 规则"对话框中不做任何改动，直接单击"确定"按钮，将关闭"新建 CSS 规则"对话框并自动打开".menuitem 的 CSS 规则定义"对话框。接下来在此对话框内进行设置。

第 6 步：在"分类"列表单击"类型"项，在"Font-size"输入框内输入"16"并在"Color"输入框内输入"♯903"。在"分类"列表单击"背景"项，在"Background-color"输入框内输入"♯CCC"（或在颜色样本窗口选择颜色值为♯CCC 的颜色）。在"分类"列表单击"方框"项，在"Padding"区选中"全部相同"复选框并在该区的"Top"输入框内输入"10"。在"分类"列表单击"边框"项，如图 11.7 所示，在"Style"区取消选中"全部相同"复选框并在该区的"Bottom"输入框内选中"solid"，然后在"Width"区取消选中"全部相同"复选框并在该区的"Bottom"输入框内选中"thin"，最后在"Color"区取消选中"全部相同"复选框并在该区的"Bottom"输入框内输入"♯666"。之后单击"确定"按钮关闭".menuitem 的 CSS 规则定义"对话框。在依然打开的"插入 Div 标签"对话框内单击"确定"按钮完成.menuitem 规则的设定。可以单击"CSS 样式"面板的"全部"按钮，在"所有规则"列表中双击".menuitem"规则，将再次弹出".menuitem 的 CSS 规则定义"对话框以便对规则的属性进行修改。

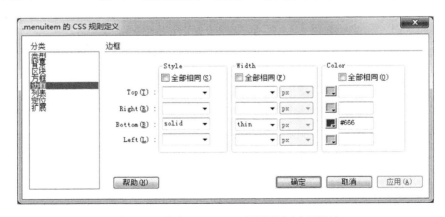

图 11.7　设定.menuitem 规则的"边框"属性

第 7 步：在 mymenu.html 的设计窗口内修改绝对定位 Div 内第 1 个 Div 的文字内容，输入"衬衫和运动衫"。

第 8 步：在"插入"面板的"布局"菜单中单击"插入 Div 标签"，弹出"插入 Div 标签"对话框,在对话框的"插入"下拉列表选中"在结束标签之前",并在其右侧的下拉列表选中"<div id="apDiv1">",之后在"类"下拉列表中选择"menuitem",最后单击"确定"按钮,则在 mymenu.html 的设计窗口内将添加一个 Div,等待你修改文字内容,如图 11.8 所示。在 Div 的高亮区域输入"帽子"。

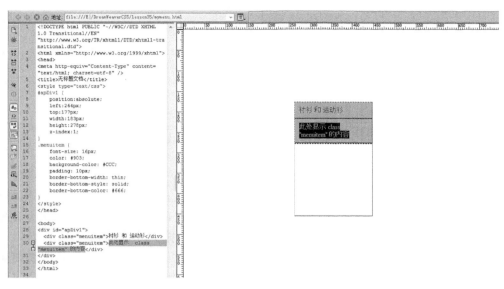

图 11.8　添加一个使用同类 CSS 规则的相对定位 Div

第 9 步:重复第 8 步 3 次,每次输入的文字分别为"益智玩具"、"书籍 和 唱片"、"影视光盘",最终在 mymenu.html 的设计窗口内创建一个包含 5 个菜单项的菜单。调整作为菜单容器的绝对定位 Div 的边框,使得边框与菜单大小一致,如图 11.9 所示。还可以在设计窗口内移动作为菜单容器的绝对定位 Div 使得菜单处于页面内合适的位置。

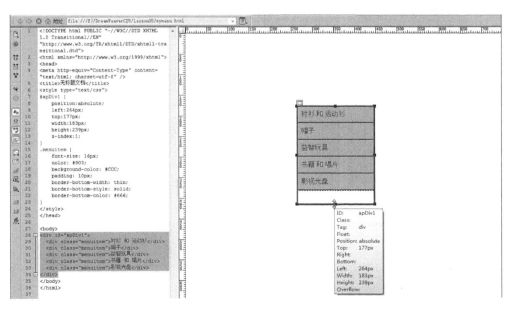

图 11.9　调整绝对定位 Div 的边框使其与菜单保持大小一致

第10步：选择菜单"文件"→"保存"命令，保存所做的更改。选择菜单"文件"→"在浏览器"中预览，可以在浏览器中看到菜单效果，如图 11.10 所示。

图 11.10　浏览器中的菜单效果

11.6　用 AP Div 放置内容

回到 layout. html 页面，创建的容器已在页面居中，接下来需要在这个容器内添加箱框以便放置内容。在 Dreamweaver CS5 中最容易和最直观的放置箱框的方法是使用"绘制AP Div"按钮。一个 AP Div 被精确地放在指定绘制的位置，默认情况下页面将作为其参考点，即默认情况下无论在何处绘制 AP Div，AP Div 将嵌套于 body 标签内。

在这个练习中，需要使用之前创建的居中容器作为 AP Div 的参考点。因此，需要额外的步骤来改变 AP Div 把页面作为其参考点（或把 body 作为其容器）的默认行为，使得新建的 AP Div 自动地嵌套于绘制 AP Div 时起点所在的容器。这样就可确保 AP Div 将嵌套于之前创建的居中容器 container 内。

选择菜单"编辑"→"首选参数"命令，然后在"分类"列表中单击"AP 元素"。选中"嵌套"复选框再单击"确定"按钮，如图 11.11 所示。这样就保证了新建的 AP Div 将嵌套于之前的居中容器内。

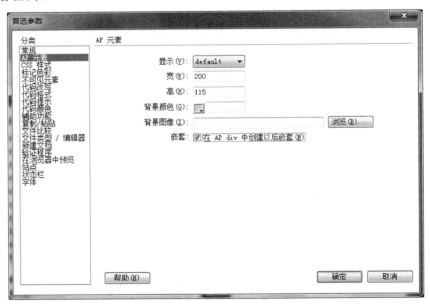

图 11.11　设置"首选参数"使得新建的 AP Div 自动地嵌套于绘制 AP Div 时起点所在的容器

11.7 用"绘制 AP Div"功能创建标题区

在之前创建的容器内添加布局元素。AP Div 工具允许在页面内手工添加箱框。一旦箱框被添加，可以用 CSS 设定其样式（如改变宽度和高度，添加背景颜色等），还可以在箱框内添加诸如文本或图像等内容。

第 1 步：在"文件"面板内双击 layout.html 文件打开它。之后在"插入"面板的"布局"菜单中单击"绘制 AP Div"，把鼠标移至当前文档的设计窗口内，光标变成十字形，表示可以开始绘制箱框。

第 2 步：把光标放在容器的左上角，之后按住鼠标左键并向下拖动绘制出一个箱框，大约在屏幕四分之一处停下。在容器内出现一个箱框，该箱框的左上角有一个手柄，如图 11.12 所示。

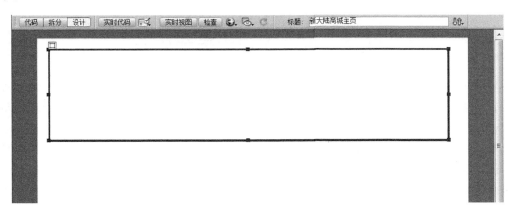

图 11.12　AP Div 的左上角有一个手柄

第 3 步：把鼠标移至 AP Div 左上角的手柄上按下鼠标左键并拖动，便可以手工调整 AP Div 的位置，注意此时"属性"面板显示此 AP Div 的属性，如图 11.13 所示。当你移动 AP Div 时，"属性"面板内"左"位置和"上"位置动态地改变。在"背景颜色"文本框内输入"＃9fcc50"，它表示一种黄绿色。

图 11.13　"属性"面板显示当前 AP Div 的属性

第 4 步：在"属性"面板的"CSS-P 元素"输入框内删除原先的"apDiv1"再输入"header"。当 Dreamweaver CS5 新建 AP Div 时，AP Div 被默认命名为 apDiv1、apDiv2 等。可以而且通常需要给新建的 AP Div 重新命名，因为默认的名称没有明确的意义。当修改 AP Div 名称时，也修改了对应的 ID CSS 规则名。

第 5 步：接下来将使用"属性"面板把标题区（即名为 header 的 AP Div）放在容器的左

上角。在设计窗口选中 header 箱框,在"属性"面板的"左"文本框内输入"0px",在"上"文本框内输入"0px",header 箱框的左上角将自动与容器(不是页面)的左上角重合。

第 6 步:还需要设置标题区的宽度。可以手工拖动 header Div 的边框,但是这样做不够精确。较好的方法是在"属性"面板的"宽"文本框内输入"770px"(这也是容器的宽度)并在"高"文本框内输入"80px",如图 11.14 所示。

图 11.14　在"属性"面板内设定 header Div 的"左"、"上"、"宽"、"高"属性值

第 7 步:选择菜单"文件"→"保存"命令,保存所做的修改。然后在浏览器中预览 layout.html 页面。

11.8　为页面版式添加图片

在为页面添加其他区域之前,你将为页面的容器区及标题区添加图片。首先为容器区添加作为背景的通信图片,然后在标题区右侧添加作为背景的手机图片,最后在标题区左侧添加站点的商标图片。

第 1 步:在"CSS 样式"面板中双击名为"#container"的规则,弹出"#container 的 CSS 规则定义"对话框,如图 11.15 所示。在"分类"列表中单击"背景"项,单击"Background-image"输入框右侧的"浏览…"按钮,在弹出的"选择图像源文件"对话框内定位至当前站点的根文件夹下的 images 文件夹下,单击文件 com_background.jpg,再单击"确定"按钮关闭"选择图像源文件"对话框。在依然打开的"#container 的 CSS 规则定义"对话框内选中"Background-repeat"下拉列表中"no-repeat"项,最后单击"确定"按钮。

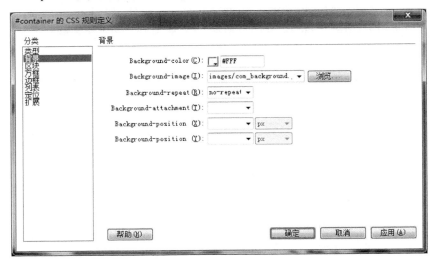

图 11.15　为容器区添加背景图片

第 2 步：在"CSS 样式"面板中双击名为"＃header"的规则，弹出"＃header 的 CSS 规则定义"对话框，如图 11.16 所示。在"分类"列表中单击"背景"项，单击"Background-image"输入框右侧的"浏览…"按钮，在弹出的"选择图像源文件"对话框内定位至当前站点的根文件夹下的 images 文件夹下，单击文件 phones.jpg，再单击"确定"按钮关闭"选择图像源文件"对话框。在依然打开的"＃header 的 CSS 规则定义"对话框内选中"Background-repeat"下拉列表中"no-repeat"项，在"Background-position（X）"下拉列表中选择"right"项，在"Background-position（Y）"下拉列表中选择"center"项，最后单击"确定"按钮。

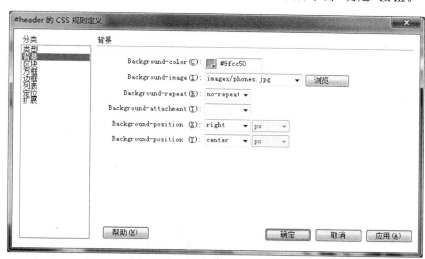

图 11.16　为标题区添加背景图片，放在标题区的右端

第 3 步：只能为每个容器添加一个背景图片，因此为了在标题区显示两个图片，必须把站点的商标图片作为 Div 的内部元素添加至标题 Div。这将添加 HTML 代码，而不仅仅是 CSS 代码。在 header Div 内单击，让光标位于标题区内部，再单击菜单"插入"→"图像"，在弹出的"选择图像源文件"对话框内定位至当前站点的根文件夹下的 images 文件夹下，单击文件 logo.png，再单击"确定"按钮关闭"选择图像源文件"对话框。"图像标签辅助功能属性"对话框将自动弹出，在此对话框的"替换文本"输入框内输入"新大陆商城商标"，在单击"确定"按钮，在 layout.html 的设计窗口内可以看到站点的商标图案已经添加至标题区的左上角。

第 4 步：将设置商标图像的边距使得商标位于标题区合适的位置。单击选中标题区的商标图像，在"CSS 样式"面板右下角单击"新建 CSS 规则"图标，将弹出"新建 CSS 规则"对话框，如图 11.17 所示。对话框已经自动地设置"选择器类型"为"复合内容"，并自动在"选择器名称"输入框中输入"＃container ＃header img"，这些自动设置表明新建的 CSS 规则将仅仅作用于标题区内的图像。

保留对话框的自动设置不变，单击"确定"按钮，将弹出"＃container ＃header img 的 CSS 规则定义"对话框。

第 5 步：在 CSS 规则定义对话框的"分类"列表中单击"方框"项，在"Margin"区取消选中"全部相同"复选框，并在该区的"Top"输入框内输入"20"，在该区的"Left"输入框内输入"15"，最后单击"确定"按钮。从 layout.html 的设计窗口可以看到站点的商标图案已经位于标题区的合适位置上,如图 11.18 所示。

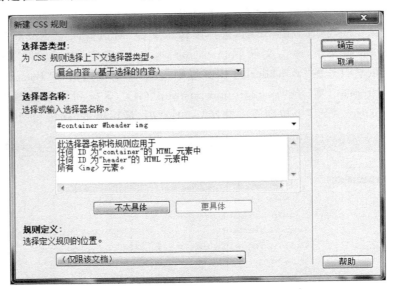

图 11.17 "新建 CSS 规则"对话框内的自动设置

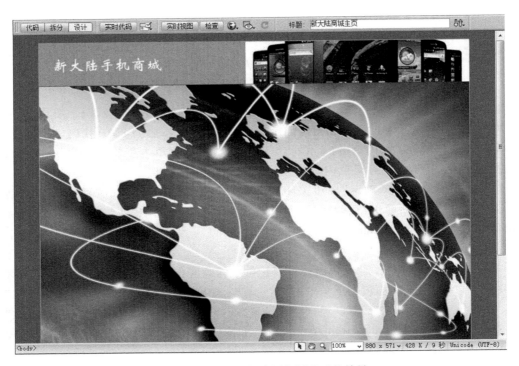

图 11.18 为页面版式添加图片后的效果

第 6 步:选择菜单"文件"→"保存",保存所做的修改。然后在浏览器中预览 layout. html 页面。

11.9　给页面添加介绍区

为页面添加不同的区域。介绍区位于标题区的下方,在这个区域放置一段概述或导言阐明当前网页的主题。

第 1 步:在"文件"面板双击 layout. html 文件并打开其设计窗口。在"插入"面板的"布局"菜单中单击"绘制 AP Div",之后在设计窗口绘制一个方框,不用在意方框的确切大小,只要宽度略小于标题区,高度比标题区略大就可。

第 2 步:创建一个 AP Div 之后立即为其重命名是一个好习惯。单击新建 Div 的边框,在"属性"面板的"CSS-P 元素"输入框内输入"intro"后按下回车键。

第 3 步:在 intro Div 内单击,之后输入以下内容:"新大陆商用客户服务部成立于 2005年,负责新大陆商城在政府、教育、交通、军队、金融、电信、酒店/房地产、医疗、企事业单位用户的售前及售后服务业务。",如图 11.19 所示。

图 11.19　往 intro Div 内输入文本

第 4 步:在"CSS 样式"面板中双击名为"♯intro"的 CSS 规则,弹出"♯intro 的 CSS 规则定义"对话框。在"分类"列表中单击"背景"项,之后在"Background-color"输入框内手工输入"♯36A4D9"(或者用拾色器选取某个与背景图像相似的颜色)。在"分类"列表中单击"类型"项,之后在"Font-family"输入框手工输入"黑体"(或从下拉列表中选择该字体),在"Font-size"输入框选择"24",单位为"px",在"Color"文本框内输入"♯FFF"。在"分类"列表中单击"方框"项,之后在"Padding"组中选中"全部相同"复选框,并在"Padding"组的"Top"输入框内输入"10",最后单击"确定"按钮。可以看到 intro Div 内的文本样式发生了变化,如图 11.20 所示。之后在 layout. html 的设计窗口内用鼠标调整 intro Div 的边界及位置。

图 11.20　设定 intro Div 的样式就改变了 Div 内容的外观

第 5 步:选择菜单"文件"→"保存"命令,保存所做的修改。

11.10　给页面添加主栏区和侧栏区

接下来将为页面再添加两个区域，一个区域是主栏区，主栏区列出两个常见问答及"更多问答"链接，侧栏区用列表列出客户服务部的特点。

第1步：在"插入"面板的"布局"菜单中单击"绘制 AP Div"，再把鼠标放在 intro Div 的下方用鼠标绘出一个 AP Div，注意到当鼠标在页面上拖动时设计窗口右下方的状态栏上宽度和高度值在不断地变化。当 AP Div 大约是 400×300 尺寸时释放鼠标。当手工绘制时很难做到精确的尺寸，但是可以在"属性"面板精确调整 Div 的宽度和高度。

第2步：单击此 Div 的边框，之后在"属性"面板的"CSS-P 元素"输入框内输入"main"并在"背景颜色"文本框内输入"♯FFF"，最后按下回车键。这样主栏区呈现白色。

第3步：在"插入"面板的"布局"菜单中单击"绘制 AP Div"，再把鼠标放在 main Div 的右方用鼠标绘出一个 AP Div，该 Div 的高度与 main Div 相近，而宽度大约是 250。同样不必在意精确的尺寸。

第4步：单击此 Div 的边框，之后在"属性"面板的"CSS-P 元素"输入框内输入"sidebar"并在"背景颜色"文本框内输入"♯FFF"，最后按下回车键。这样侧栏区也呈现白色。

第5步：单击 main Div 的边框，在"属性"面板的"上"文本框内输入"300px"，再单击 sidebar Div 的边框，在"属性"面板的"上"文本框内也输入"300px"。这样使得 main Div 与 sidebar Div 的上边缘持平。

第6步：单击 main Div 的边框，然后按下 Shift 键并单击 sidebar Div，这样同时选中两个区域。之后按向上或向下方向键调整这两个方框与介绍区的距离。也可以按向左或向右方向键调整这两个方框的水平位置。

第7步：选择菜单"文件"→"保存"命令，保存所做的修改。然后在浏览器中预览 layout.html 页面，如图 11.21 所示。

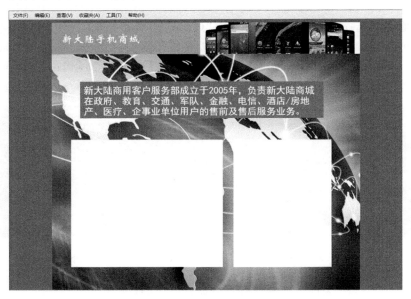

图 11.21　在浏览器中显示页面效果

11.11　给不同的布局区添加内容及样式

到目前为止,已经创建了页面布局的基本结构。接下来将为主栏区及侧栏区添加文本内容,并设定文本的样式。

第1步:在"文件"面板内双击 main_content.html 文件打开它。里面的文本已经有格式,你所要做的是把文字内容复制到 layout.html 的主栏区。

第2步:选择菜单"编辑"→"全选"命令,然后选择菜单"编辑"→"拷贝"命令,再关闭 main_content.html 文档。在 layout.html 的设计窗口中的 main Div 内单击鼠标,再选择菜单"编辑"→"粘贴"命令。文字字体显示为"仿宋",如图 11.22 所示。这是因为在页面内有一条作用于标签 body 的 CSS 规则,但是没有作用于标签 h2(即格式为标题 2)或标签 p(即格式为段落)的 CSS 规则。

图 11.22　把 main_content.html 的内容拷贝并粘贴至主栏区的效果

第3步:为侧栏区添加内容。在"文件"面板内双击 features.html 文件打开它。选择菜单"编辑"→"全选"命令,然后选择菜单"编辑"→"拷贝"命令,再关闭 features.html 文档。在 layout.html 的设计窗口中的 sidebar Div 内单击鼠标,再选择菜单"编辑"→"粘贴"。文字字体也显示为"仿宋",原因与主栏区文本显示为"仿宋"相同。

接下来将为主栏区及侧栏区的文本设定不同的样式,由于处于不同区域的相同格式的

用 AP Div 作页面布局

文本样式要不一样,如主栏区的标题为楷体,而侧栏区的标题为宋体,因此不能使用标签 CSS 规则,可以使用复合 CSS 规则(即上下文选择器)。

第 4 步:在主栏区的标题文字中单击,再单击"CSS 样式"面板右下角的"新建 CSS 规则"图标,弹出"新建 CSS 规则"对话框,如图 11.23 所示。保留对话框内自动产生的设置,直接单击"确定"按钮。

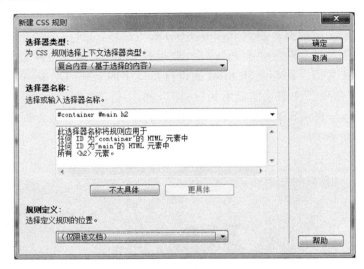

图 11.23 自动把新建的 CSS 规则设置为"复合内容"选择器类型并自动设置选择器名称

第 5 步:"新建 CSS 规则"对话框将关闭,自动弹出"#container #main h2 的 CSS 规则定义"对话框。在对话框的"分类"列表中单击"类型"项,在"Font-family"输入框内手工输入"楷体"。在对话框的"分类"列表中单击"方框"项,在"Margin"组内取消选中"全部相同"复选框并在该组的"Left"输入框内输入"15",单位"px",如图 11.24 所示。最后单击"确定"按钮。

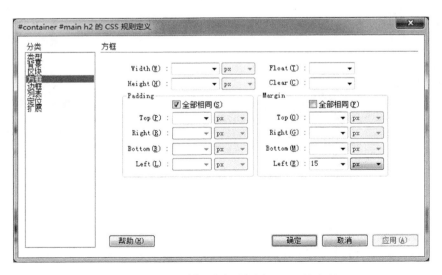

图 11.24 对主栏区的标题设定 15px 的边距

第 6 步：在主栏区的段落内单击，在"CSS 样式"版面内单击"新建 CSS 规则"图标并在弹出的"新建 CSS 规则"对话框内保留自动填充的选择器名称"＃container ＃main p"，再单击"确定"按钮。

第 7 步：在"＃container ＃main p 的 CSS 规则定义"对话框内，在"分类"列表中单击"类型"项，在"Font-size"输入框内手工输入"14"，单位"px"。在"分类"列表中单击"方框"项，在"Margin"组内取消选中"全部相同"复选框并在该组的"Left"输入框内输入"20"，单位"px"，在该组的"Right"输入框内输入"20"，单位"px"。最后单击"确定"按钮。

调整文本的样式后，注意到主栏区的空间比文字内容所需的空间大很多导致主栏区下方有一大片空白，如图 11.25 所示。可以在设计窗口内用鼠标向上拖动主栏区的下边框对主栏区的高度作适当调整。

图 11.25　调整主栏区的标题及段落边距后的效果

第 8 步：采用与第 4 步、第 5 步相似的操作，针对侧栏区内的标题创建名为"＃container ＃main h2"的上下文选择器，Font-family 设为"宋体"，Color 设为"＃600"，左边距设为 15px，右边距设为 15px。

第 9 步：再次采用与第 4 步、第 5 步相似的操作，针对侧栏区内的列表创建名为"＃container ＃sidebar ul"的上下文选择器（注意，名称不是"＃container ＃sidebar ul li"），在"分类"列表的"类型"项中设定 Font-family 为"华文中宋"，Font-size 为 16px；在"分类"列表的"方框"项中设定左边距为 15px（这项设置使得列表整体向右缩进）；在"分类"列表的"列表"项中设定 List-style-type 为"square"（这项设置使得该列表每个条目左侧的符号为

用 AP Div 作页面布局

方块)。

第 10 步:接下来要把侧栏区内的超链接"马上联系!"缩进,使之与标题"客户服务部特点:"左侧位置保持一致。在代码窗口查看 layout. html 的代码,如图 11.26 所示,发现"马上联系!"的标签嵌套关系为 sidebar Div 包含 p,p 再包含 a。

因此,若要把"马上联系!"缩进,考虑到在 sidebar Div 内只有一个 p 与一个 a,可以创建一个上下文选择器,该选择器的名称可以是"#container #sidebar p",也可以是"#container #sidebar a",还可以是"#container #sidebar p a"。不论采用哪个名称,在"CSS 规则定义"对话框中设定左边距为 15px。

```
<div id="sidebar">
    <h2>客户服务部特点:</h2>
    <ul>
        <li>专门的维修服务中心</li>
        <li>上门服务覆盖地市级城市</li>
        <li>四个备件分配中心</li>
        <li>专门的呼叫中心</li>
        <li>个性化定制服务</li>
        <li>更快、更有效的响应</li>
    </ul>
    <p><a href="#">马上联系!</a></p>
</div>
```

图 11.26　从 HTML 代码确定"马上联系!"的标签嵌套关系

第 11 步:选择菜单"文件"→"保存"命令,保存所做的修改。然后在浏览器中预览 layout. html 页面,如图 11.27 所示。

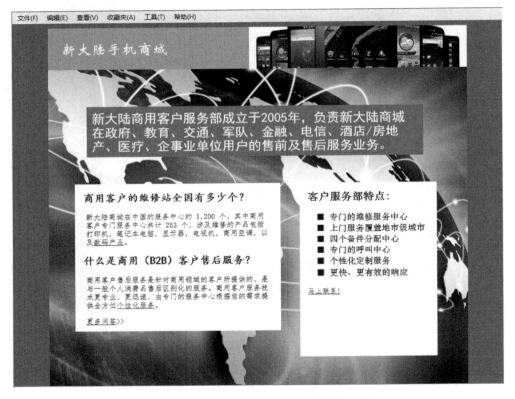

图 11.27　设定样式后 layout. html 的页面效果

11.12　在 CSS 中替换默认的边距

在 CSS 中一个重要的概念是默认边距。对大多数 HTML 页面元素而言,如果没有在 CSS 中指定该元素的边距,浏览器将对其应用一个默认的边距。因此,即使没有为段落、标题等设置边距,它们之间仍会有间隔,但是 Div 是一个例外,浏览器对 Div 应用的默认边距为 0,而且除非你设定 Div 属性,否则 Div 不会对页面外观产生任何影响。

之前在浏览器中预览 layout.html 时,可以发现页面顶端总存在一道间隙,如图 11.28 所示。这是 body 的默认边距造成的。

图 11.28　页面顶端存在间隙

可以设定 body 的上边距为 0 消除这道间隙。在"CSS 样式"面板中双击名为"body"的 CSS 规则,在弹出的"body 的 CSS 规则定义"对话框中单击"分类"列表的"方框"项,在"Margin"组中取消选中"全部相同"复选框,在该组的"Top"输入框内输入"0",再单击"确定"按钮。保存文件后在浏览器中预览,可以看到页面顶端的间隙已经消失,如图 11.29 所示。

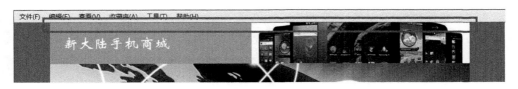

图 11.29　页面顶端的间隙消失

接下来使用 Dreamweaver CS5 的"检查"功能来查看页面元素之间的间隔。

第 1 步:打开 layout.html 的设计窗口,单击工具栏上的"检查"按钮,这将使文档进入"实时视图"模式。现在移动鼠标,使鼠标悬浮在页面元素上,将看到通常情况下看不到的边距。

第 2 步:让鼠标停留在主栏区的第一个标题上,则黄色的高亮区域表示作用于该元素的边距,如图 11.30 所示。

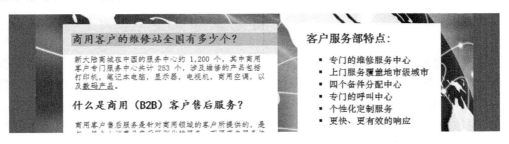

图 11.30　黄色高亮区域表示当前元素的边距

把鼠标停留在主栏区的第一段上,注意到这个段落也有边距。为了消除标题与文字之间的间隔,使得两者靠得更近,需要减少标题的下边距以及段落的上边距。

第 3 步:在"CSS 样式"面板中,双击"♯container ♯main h2"规则再选中"方框"类,设置下边距为“0 px”，最后单击“确定”按钮关闭“CSS 规则定义”对话框。

第 4 步：再次让鼠标停留在主栏区的第一个标题上，注意到黄色的高亮区域发生了变化，标题的下边距已经没有了，如图 11.31 所示。

商用客户的维修站全国有多少个?
新大陆商城在中国的服务中心约 1,200 个，其中商用客户专门服务中心共计 253 个，涉及维修的产品包括打印机，笔记本电脑，显示器，电视机，商用空调，以及数码产品。
什么是商用（B2B）客户售后服务?
商用客户售后服务是针对商用领域的客户所提供的，是与一般个人消费品售后区别化的服务。商用客户服务技
客户服务部特点:
专门的维修服务中心
上门服务覆盖地市级城市
四个备件分配中心
专门的呼叫中心
个性化定制服务
更快、更有效的响应

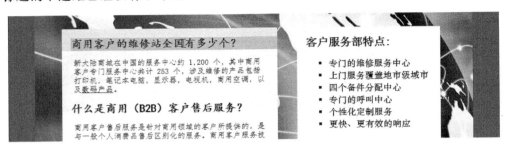

图 11.31　标题的边距发生了变化

第 5 步：现在把段落的上边距也设为 0。在“CSS 样式”面板中，双击“# container # main p”规则再选中“方框”类，设置上边距为“0 px”，最后单击“确定”按钮关闭“CSS 规则定义”对话框。这样主栏区内所有的段落将向上移动。

第 6 步：在工具栏上双击“实时视图”按钮以退出实时视图模式。

第 7 步：选择菜单“文件”→“保存”命令，保存所做的修改。在设计窗口可以看到主栏区内标题与文字段落之间的间隔已经消失，如图 11.32 所示。

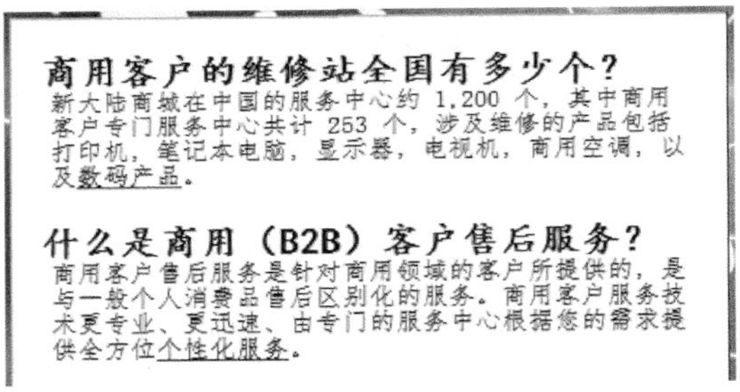

商用客户的维修站全国有多少个?
新大陆商城在中国的服务中心约 1,200 个，其中商用客户专门服务中心共计 253 个，涉及维修的产品包括打印机，笔记本电脑，显示器，电视机，商用空调，以及数码产品。
什么是商用（B2B）客户售后服务?
商用客户售后服务是针对商用领域的客户所提供的，是与一般个人消费品售后区别化的服务。商用客户服务技术更专业、更迅速、由专门的服务中心根据您的需求提供全方位个性化服务。

图 11.32　分别把下边距和上边距设为 0 以消除标题与段落之间的间隔

11.13　为页面元素添加边框

给页面元素添加边框是 CSS 的一个很强的功能。因为 CSS 的箱框模型，几乎可以为任何元素，如 Div、标题、列表等，设定边框样式。而且可以为元素的全部边框，也可以为某一边框设定类型、宽度、颜色。

第 1 步：在“CSS 样式”面板内双击“# main”规则，然后单击“边框”分类，在“Style”组内取消选中“全部相同”复选框，并在该组的“Top”下拉列表中选择“solid”，以及在该组的“Bottom”下拉列表中选择“solid”。

第 2 步：在“Width”组内取消选中“全部相同”复选框，之后在该组的“Top”输入框内手工输入“3”，单位 px，在该组的“Bottom”输入框内手工输入“3”，单位 px。也可以从下拉列表中选择 thin、medium 或 thick。

第3步：在"Color"组内取消选中"全部相同"复选框，之后在该组的"Top"输入框内手工输入"♯066"，在该组的"Bottom"输入框内手工输入"♯066"，这是一种墨绿色，如图 11.33 所示。单击"确定"按钮关闭"♯main 的 CSS 规则定义"对话框。

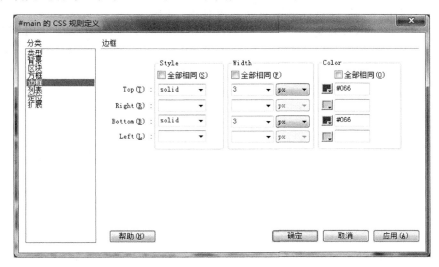

图 11.33　为 main Div 的上、下边框设定样式

第4步：选择菜单"文件"→"保存"命令，保存所做的修改。然后在浏览器中预览 layout.html 页面，主栏区出现墨绿色的上、下边框，如图 11.34 所示。

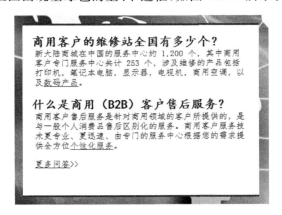

图 11.34　给主栏区添加上、下边框的效果

11.14　进一步增强页面布局

绝对定位 Div 是一个事先指定大小的页面元素。当内容超出 Div 大小时，一种解决方法是之前说的用鼠标拖动 Div 下边框以增加 Div 的高度，另一种解决方法是把"溢出"属性设置为"auto"以增加滚动条。

第1步：单击 sidebar Div 的下边框然后往上拖动该边框，使得列表的一半条目溢出 sidebar Div，如图 11.35 所示。

图 11.35　列表溢出 sidebar Div

第 2 步：在"CSS 样式"面板内双击"♯ sidebar"规则，然后单击"定位"分类，在"Overflow"下拉列表中选择"auto"，这个属性将自动地给内容溢出箱框的 Div 添加滚动条。最后单击"确定"按钮。可以看到在设计窗口内 sidebar Div 只显示出半截列表。

第 3 步：选择菜单"文件"→"保存"，保存所做的修改。然后在浏览器中预览 layout. html 页面。浏览器中 sidebar Div 具有一个滚动条，拖动滚动条可以看到列表的全部条目。

11.15　用 AP Div 进行页面布局的优缺点

现在将了解用绝对定位 Div 进行页面布局的局限性。虽然绝对定位布局是建立一个网页最快和最容易的方法，但是它并不是最灵活的方法。

为了说明这一点，考虑这样一个问题：如何让整个 container 更大一点并且交换页面上主栏区与侧栏区的位置。

第 1 步：在设计窗口内，单击 container Div 的边缘以选中该 Div，然后在"属性"面板内把"宽"设置为 840px，这将伸展 container Div 的宽度，但是标题区及其他区不再对齐，而且背景图像也显得太窄了。在 Dreamweaver CS5 中解决背景图像的问题不是一件容易的事，你需要打开 Photoshop，调整图像大小，然后再输出它。本次练习中，先忽略这个问题，只是简单地临时关闭"背景图像"属性。

第 2 步：在"CSS 样式"面板内单击"♯container"规则，然后单击面板内"当前"按钮以查看该条规则的不同属性值。选中"background-image"属性，如图 11.36 所示，在面板的右下角单击"禁用/启用 CSS 属性"图标以关闭背景图像属性。

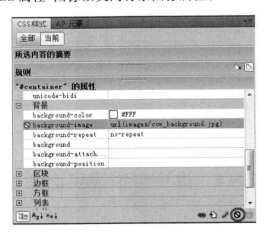

图 11.36　单击"禁用/启用 CSS 属性"图标以临时删除背景图像属性

第 3 步：在文档的设计窗口内单击 header Div 的边缘以选中该 Div，然后在"属性"面板内把"宽"设置为 840px。它必须与 container Div 的宽度精确匹配。

第 4 步：单击 intro Div 的边缘以选中该 Div，再多次按向右的方向键，使得该区域向右移动直至位于页面的中间。

第 5 步：单击 main Div 的边缘以选中该 Div，在 Div 的手柄处按下鼠标左键并向右移动鼠标，这样就移动了整个 main Div，当移动至 sidebar Div 的位置就停止。注意到移动后 main Div 被 sidebar Div 覆盖，如图 11.37 所示。这是因为 main Div 的"Z 轴"属性为 3 而 sidebar Div 的"Z 轴"属性为 4。当两个页面元素位于页面同一范围时，具有较大"Z 轴"值的元素将位于较小"Z 轴"值的元素前面。可以手工修改页面元素的"Z 轴"值以调整元素的前后位置。

图 11.37　同一范围页面元素的前后位置由其"Z 轴"属性值决定

第 6 步：单击 sidebar Div 的边缘以选中该 Div，在 Div 的手柄处按下鼠标左键并向左移动鼠标，这样就移动了整个 sidebar Div，当移动至 main Div 原来的位置就停止。之后可以设定两个区域的上边缘使得这两个区域顶对齐。最后保存文件。

上述操作虽然不难，但是效率不高。是否可能当扩展容器的宽度时容器内部各栏（如标题栏、介绍栏、主栏、侧栏）的宽度会自动地调整？事实上这是可能的，需要使用基于浮动的布局技术。

11.16　常见问答

1. 有哪两种方法可以创建 Div 元素用于页面布局？

在"插入"面板的"布局"菜单中，"插入 Div 标签"和"绘制 AP Div"两个按钮。

2. 在 HTML 代码中用于实现 AP Div 的标签是什么？

与相对定位 Div 一样，AP Div 也是用<div>标签表示。区别在于 AP Div 的 Position 属性值为 absolute，而相对定位 Div 的 Position 属性值为 relative。

3. 以下两个按钮，哪一个要求你指定一个 ID 名称："插入 Div 标签"和"绘制 AP Div"按钮？

当单击"插入 Div 标签"时，需要指定一个新的 ID 名称或者选择一个已有的 ID 名称；而"绘制 AP Div"功能会为 Div 自动地创建一个一般的 ID 名称。

4. 当用 CSS 进行页面布局时，AP Div 与 Div 有什么区别？

AP Div 与 Div 均属于页面的箱框元素。当创建一个 Div 时，其定位属性 Position 的默认值为 relative，这意味着 Div 在页面上出现的位置是由其在 HTML 代码中的位置决定的，

用 AP Div 作页面布局

若 Div A 在 HTML 代码中位于 Div B 前面,则在页面上 Div A 显示于 Div B 的上面。AP Div 把其定位属性 Position 的值设为 absolute,这意味着无论 AP Div 在 HTML 代码中位于何处,在页面上显示时 AP Div 及其内容都将出现在确定的位置——该位置距离页面左边框有特定数量的像素,且距离页面上边框有特定数量的像素。

5. "溢出"属性是什么? 你为什么要使用这个属性?

当一个箱框有太多的内容时,你可以设置该箱框的"溢出"属性来改变这个箱框呈现的方式。比如当一个箱框的内容超出了箱框的范围,你把该箱框的"溢出"属性设置为"auto"将为箱框创建一个滚动条。

6. AP Div 的哪些特点使其经常用于网页中?

AP Div 有两个很有趣的定位属性:Visibility 和 Z-index。

Visibility 属性控制 AP Div 在页面上的可见性,因此可以暂时隐藏一个 AP Div 的全部内容,等到用户在屏幕上执行某个动作时才让这个 AP Div 显示其内容。例如,把菜单放在一个 AP Div 里,一开始将其隐藏。当用户单击页面上某个标题时,通过脚本改变这个 AP Div 的 Visibility 属性值,使其从"hidden"变成"visible",这样就模拟出软件程序中下拉菜单的效果。

Z-index 属性控制页面上所有 AP Div 的层叠顺序。你可以让 AP Div 在页面上相互层叠,并且指定哪一个 AP Div 在最上面,这样就能完成一些复杂的设计。

7. 判断题:页面中具有最小 **Z-index** 值的 **AP Div** 位于最前面,即离用户最近。

错。页面中具有最大 Z-index 值的 AP Div 位于最前面,离用户最近。

11.17　动手实践

1. 为 layout.html 新建一个名为 footer 的 Div,在区域内输入版权信息,并设定该区域的样式。

2. 创建一个网页,该网页包含多个 AP Div。往不同的 AP Div 里分别插入图像和文本,改变全部 AP Div 的背景颜色。让几个 AP Div 发生部分重叠,改变它们的 Z-index 值并观察页面的变化。

3. 在 layout.html 中为侧栏区添加与主栏区相似的边距与边框样式。

4. 在 layout.html 中增加 intro Div 的宽度、改变背景颜色以及增加边框。

第12章 页面布局高级技术

学习目标

◆ 使用 CSS 的"浮动"属性

◆ 使用 CSS 为不同的页面设置不同的布局

◆ display:none 属性的应用

最好的网页布局考虑页面内容的变化,使得页面布局可以适应文本及图像的添加或删除。本章将使用 float 及 clear 属性从头创建一个两栏的 CSS 版式,它是一个自适应的页面布局。

准备工作

在开始之前,请单击菜单"窗口"→"工作区布局"→"经典"命令,以重置工作区。在这一章将使用教材素材文件夹 chapter12\material 里的若干文件。请确认你已经把该文件夹内容复制到硬盘上,假设在硬盘上新文件夹的位置为 E:\DreamweaverCS5\lesson06,表示 Dreamweaver CS5 的第 6 课。之后需要创建一个站点,它的根文件夹就是上述硬盘上这个文件夹,站点名称命名为"pagelayout",可以参阅第 8 章"创建一个新站点"了解创建站点的细节。

12.1　使一个图像浮动

CSS 的 float 属性用来让文字环绕图像。把图像设置为 float,则其后的文字将环绕该图像。除了改变文字的环绕,float 属性也用于创建页面内的栏区。

在这个练习中,将通过设定图像的 float 属性实现文字环绕来学习该属性的基本用法。

第 1 步:在"文件"面板内双击 about.html 文件打开它,在设计窗口内你可以看到 4 段文字。在第 3 段文字前面单击鼠标,让光标位于第 3 段段首。

第 2 步:选择菜单"插入"→"图像"命令,在"选择图像源文件"对话框内从 images 文件夹选中图像文件 i9100.jpg 并单击"确定"按钮。在"替换文本"输入框内输入"三星 i9100"并单击"确定"按钮。这个图像文件作为一个区块插入段落,如图 12.1 所示。

插入图像后,第 2 段与第 3 段之间的空白由图像的高度决定。这是当页面内插入一个图片后 HTML 默认的排列。

第 3 步:在"CSS 样式"面板的右下角单击"新建 CSS 规则"图标,在弹出的对话框内从"选择器类型"下拉列表选中"类",在"选择器名称"输入框内输入".floatimage"并单击"确定"按钮。

第 4 步:在".floatimage 的 CSS 规则定义"对话框内,单击"方框"分类,然后在"Float"

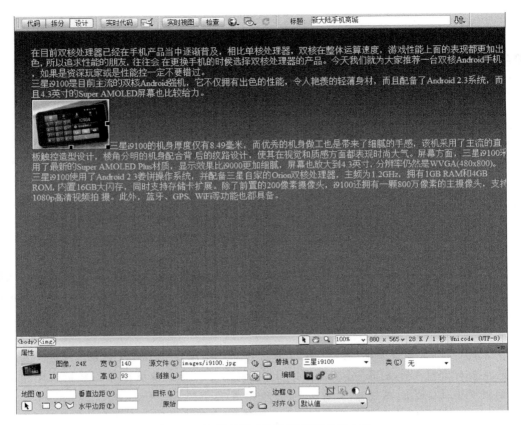

图 12.1　把图像插入页面并设置替换文本

下拉列表中选择"right"，最后单击"确定"按钮。

　　第 5 步：在设计窗口内单击选中刚才插入的图片，在"属性"面板内有一个"类"下拉列表，该列表默认选中"无"，如图 12.2 所示。

图 12.2　默认的"类"设为"无"

　　从"类"下拉列表选择"floatimage"项，如图 12.3 所示。这样图片被自动移至容器的右边。

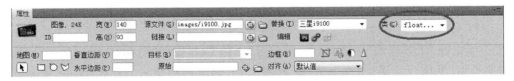

图 12.3　把"类"设为"floatimage"

第 6 步：在"CSS 样式"面板内双击规则". floatimage"。在规则定义窗口内单击"方框"分类，之后在"Float"下拉列表中选择"left"，最后单击"确定"按钮。这时候，图片浮动至容器的左边并且被文字环绕。当你使用浮动元素时环绕行为是一个非常重要的特性。你只能把元素浮动至容器的左边或右边。

第 7 步：在"CSS 样式"面板内双击规则". floatimage"。在规则定义窗口内单击"方框"分类，在"Margin"组内选中"全部相同"复选框，并在该组的"Top"输入框内输入"10"，单位为"px"，最后单击"确定"按钮。这样，图像与文字之间添加了必要的空白，如图 12.4 所示。

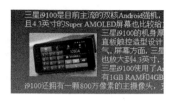
图 12.4　为图像设置边距

第 8 步：选择菜单"文件"→"保存"命令，保存所做的修改。

以上是对 float 属性简单而有用的应用。除了可以浮动图片，可以浮动任何元素（如列表、段落）。在接下来的练习中将浮动 Div 元素以便创建栏区。

12.2　使用 Div 把页面分区

理解浮动元素与其环绕元素如何相互作用很重要。当浮动元素有固定的宽度和高度，如上一个练习，浮动元素与其环绕元素的关系很容易理解。当浮动元素没有固定的宽度和高度，如一个栏区，其大小由里面的文字数量决定，则事情变得很微妙。

在这次练习中将通过添加 Div 元素为页面指定不同的区域。

第 1 步：在"文件"面板中双击 layout. html 文件打开它。在"CSS 样式"面板双击 #header 规则，在弹出的规则定义对话框内单击"定位"分类，查看"Position"下拉列表是否选中"relative"项，如果不是，则手动选中"relative"项并单击"确定"按钮。这个步骤是检查标题区是否为相对定位 Div，如果不是，则把它改为相对定位。

第 2 步：在"插入"面板的下拉列表中选中"布局"项，单击"插入 Div 标签"按钮，弹出"插入 Div 标签"对话框。在此对话框内你可以选择新增的 Div 元素将插入到哪里。

第 3 步：在对话框的"插入"下拉列表中选择"在标签之后"项，并在其右侧的下拉列表中选择"<div id="header">"项，之后在"ID"输入框内输入"navigation"（该栏区用于导航），如图 12.5 所示。最后单击"新建 CSS 规则"按钮。

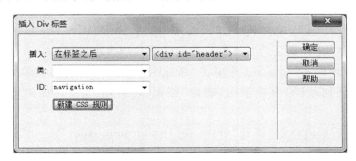
图 12.5　在"插入 Div 标签"对话框内设置属性

页面布局高级技术

在弹出的"新建 CSS 规则"对话框内你不必做任何改动,只需单击"确定"按钮,则在"CSS 样式"面板内将添加一个名为"♯navigation"的 CSS 规则,并自动弹出该规则的规则定义窗口,如图 12.6 所示。

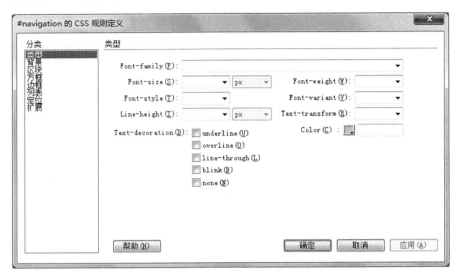

图 12.6　自动弹出 navigation 栏区的规则定义对话框

第 4 步:在规则定义窗口内单击"背景"分类,在"Background-color"输入框内输入"♯88b040";之后在该窗口内单击"方框"分类,在"Width"输入框内输入"100",并从其右侧的下拉列表中选择"%",在"Height"输入框内输入"36",并从右侧下拉列表中选择"px",最后单击"确定"按钮关闭规则定义对话框,在依然打开的"插入 Div 标签"对话框内单击"确定"按钮。在设计窗口内导航栏区将占据整个容器的宽度。接下来添加两个 Div 元素用于主栏区及侧栏区。

第 5 步:在"插入"面板单击"插入 Div 标签"按钮,弹出"插入 Div 标签"对话框。在"插入"下拉列表中选择"在标签之后",并在其右侧的下拉列表中选择"<div id="navigation">",之后在"ID"输入框内输入"main",然后单击"确定"按钮。

第 6 步:在"插入"面板单击"插入 Div 标签"按钮,弹出"插入 Div 标签"对话框。在"插入"下拉列表中选择"在标签之后",并在其右侧的下拉列表中选择"<div id="main">",之后在"ID"输入框内输入"sidebar",然后单击"确定"按钮。

第 7 步:在"插入"面板单击"插入 Div 标签"按钮,弹出"插入 Div 标签"对话框。在"插入"下拉列表中选择"在标签之后",并在其右侧的下拉列表中选择"<div id="sidebar">",之后在"ID"输入框内输入"footer",并单击"新建 CSS 规则"按钮。在弹出的"新建 CSS 规则"对话框内不做任何改动,直接单击"确定"按钮,将弹出"♯footer 的 CSS 规则定义"对话框。

第 8 步:在对话框内单击"背景"分类,在"Background-color"输入框内输入"♯CDE"。单击"确定"按钮关闭此对话框,再单击"确定"按钮关闭依然打开的"插入 Div 标签"对话框。可以看到页面中已经包含几个主要区域,如图 12.7 所示。

图 12.7　已经创建了页面的几个主要区域

12.3　设置栏区的宽度并使栏区浮动

你将用 CSS 设置主栏区和侧栏区的宽度并使它们浮动。

第 1 步：在主栏区内单击让光标位于主栏区内，然后单击"CSS 样式"面板右下角的"新建 CSS 规则"图标，弹出"新建 CSS 规则"对话框，单击对话框内"不太具体"按钮使得"选择器名称"输入框的内容变成"♯main"，再单击"确定"按钮弹出"♯main 的 CSS 规则定义"对话框。

第 2 步：在对话框内单击"方框"分类，在"Width"输入框内输入"500"，单位为"px"。在"Float"下拉列表中选择"right"并单击"确定"按钮。将看到主栏区移至右边，侧栏区则因此向上移动以填补留下的空白。接下来你将往主栏区内添加内容。

第 3 步：在"文件"面板内双击文件"main_content.html"打开它，选择菜单"编辑"→"全选"命令，选中全部的内容，再选择菜单"编辑"→"拷贝"命令，复制选中的内容。关闭 main_content.html 文件。在 layout.html 的设计窗口内删除主栏区内的占位符文字后选择菜单编辑→粘贴。主栏区自动向下伸展以容纳全部的内容。注意到页脚区（即 footer Div）此时似乎位于主栏区的后面，如图 12.8 所示。

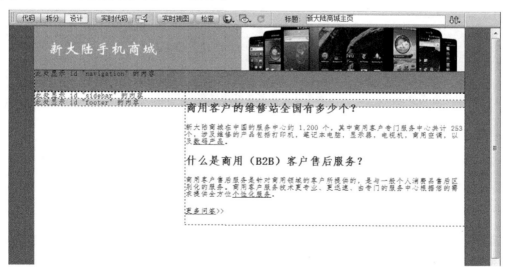

图 12.8　把文本添加至主栏区

第 4 步：在侧栏区内单击让光标位于侧栏区内，再单击"CSS 样式"面板右下角的"新建 CSS 规则"图标弹出"新建 CSS 规则"对话框。单击对话框内"不太具体"按钮使得"选择器名称"输入框的内容变成"＃sidebar"，再单击"确定"按钮弹出"＃sidebar 的 CSS 规则定义"对话框。

第 5 步：在对话框内单击"方框"分类，在"Width"输入框内输入"270"，单位为"px"。在"Float"下拉列表中选择"left"并单击"确定"按钮。设计窗口内几乎没有改变，但是这两个栏区现在都有明确的宽度，并且都是浮动的。

第 6 步：在"文件"面板内双击文件"features. html"打开它，选择菜单"编辑"→"全选"命令，选中全部的内容，再选择菜单"编辑"→"拷贝"命令，复制选中的内容。关闭 features. html 文件。在 layout. html 的设计窗口内删除侧栏区内的占位符文字后选择菜单"编辑"→"粘贴"命令。侧栏区自动向下伸展以容纳全部的内容。

第 7 步：选择菜单"文件"→"保存"命令，保存所做的修改。

观察页脚区的位置，它并没有位于所有内容的下方。为了把页脚区移至所有栏区的下方，你需要为页脚区添加一个名为"clear"的 CSS 属性。

12.4　使用 Clear 属性

在为页面元素设置 clear 属性时，本质上是添加了一条规则："不允许浮动元素出现在我的任何一边"。实际上可以指定允许在元素的左边、右边或者两边出现浮动元素。

第 1 步：在"CSS 样式"面板内双击 ＃footer 规则，在弹出的对话框内单击"方框"分类，在"Clear"下拉列表中选择"right"，再单击"确定"按钮。这使得页脚区位于所有内容的下方。但是当侧栏区比主栏区更长时，页脚区还会位于所有内容的下方吗？

第 2 步：在主栏区删除第 2 个标题及其文字，页脚区仍然位于主栏区的下方，但是覆盖了较长的侧栏区，如图 12.9 所示。

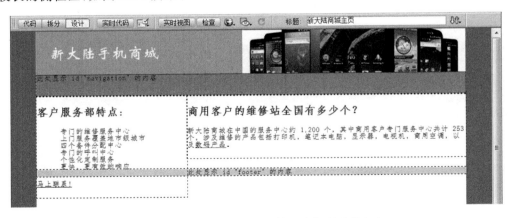

图 12.9　删除了主栏区内的第 2 个标题及其文字

可以通过把页脚区的 clear 属性从"right"改成"left"来处理这个问题。但是之后当主栏区长于侧栏区（即右边的栏区长于左边的栏区）时，页脚区又将覆盖右边的主栏区。由于不清楚哪一栏将更长，所以最安全的方法是设置 clear 属性为"both"。

第3步：选择菜单"编辑"→"撤销"命令，恢复主栏区的内容。

第4步：在"CSS样式"面板内双击♯footer规则，在弹出的对话框内单击"方框"分类，在"Clear"下拉列表中选择"both"，再单击"确定"按钮。这样页脚区移至所有内容的下方，因为不允许有浮动元素位于其左边和右边。

第5步：选择菜单"文件"→"保存"命令，保存所做的修改。

12.5　创建一个基于列表的导航栏

浮动特性不仅可用于图片的文字环绕以及创建栏区，还可以创建导航栏。接下来将创建一个基于列表的导航栏，列表的每一项是一个指向其他页面的超链接。

第1步：在设计窗口内选中navigation Div里的占位符文字，再单击"属性"面板内的"HTML"按钮。单击"属性"面板内"项目列表"图标，占位符文字将变成项目列表的第一项。

第2步：输入文字"首页"并按下回车键，这将新建一个列表项。用类似的方法输入其他4个列表项：产品、服务、关于我们、联系我们，如图12.10所示。当添加列表项时，navigation Div的布局被破坏，不用担心，将使用浮动属性把列表变成一个水平的导航栏。

图12.10　添加将用于导航的列表项

现在为这5个条目设置超链接。由于链接的目标页面尚未创建，所以将为每个条目使用占位符链接。

第3步：选中"首页"条目，在"属性"面板的"链接"文本框内输入"♯"并按回车键，符号"♯"创建一个占位符链接。为其他的每个条目重复这个步骤，这样共创建5个超链接。接下来你将应用浮动属性把这个垂直的列表变成水平的列表。

第4步：在导航区列表的任一条目内单击鼠标，再单击设计窗口左下角的"<li>"标签选择器以选中导航区的条目元素，如图12.11所示。

图12.11　单击"<li>"标签选择器

在"CSS样式"面板的右下角单击"新建CSS规则"图标，之后在弹出的"新建CSS规则"对话框内单击"不太具体"按钮，使得"选择器名称"输入框内容变成"♯navigation ul li"，最后单击"确定"按钮。

第 5 步：在弹出的 CSS 规则定义对话框内单击"方框"分类，在"Float"下拉列表中选择"left"，单击"应用"按钮。你将看到列表条目变成水平排列，不再是垂直排列。通过应用浮动属性你修改了列表条目的默认排列方式。

第 6 步：在 CSS 规则定义对话框内单击"列表"分类，在"List-style-type"下拉列表中选择"none"，这将使得浏览器不会在每个条目前面显示项目符号。之后单击"确定"按钮。可以看到链接前后相连，接下来你将为链接的外观和位置设定样式。

第 7 步：在导航区的任一链接内单击，可以看到设计窗口左下角的标签选择器最后一个标签为"＜a＞"。再单击"CSS 样式"面板右下角的"新建 CSS 规则"图标，将弹出"新建CSS 规则"对话框，如图 12.12 所示。在对话框内单击"不太具体"按钮，使得"选择器名称"输入框内容变成"♯navigation ul li a"，最后单击"确定"按钮。

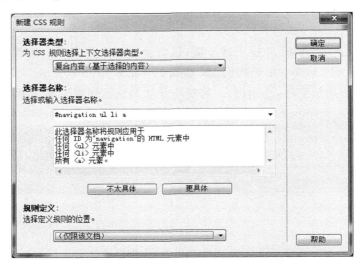

图 12.12　为导航区的超链接新建一条 CSS 规则

第 8 步：在弹出的 CSS 规则定义对话框内单击"类型"分类，在"Text-decoration"复选框列表选中"none"复选框，并单击"Color"样本图标选中白色。

第 9 步：在 CSS 规则定义对话框内单击"方框"分类，取消选中"Padding"组内的"全部相同"复选框，在该组的"Top"框及"Bottom"框内均输入"10"，单位为"px"，在该组的"Left"框及"Right"框内均输入"15"，单位为"px"，如图 12.13 所示。之后单击"应用"按钮，可以看到超链接之间增加了空白区。

第 10 步：在 CSS 规则定义对话框内单击"区块"分类，在"Display"下拉列表中选择"block"项，这个属性使得不单是文本，而且列表条目也是可点击的。最后单击"确定"按钮。可以看到导航区的超链接现在与绿色导航栏的下边界重叠，这是列表这个页面元素默认的边距造成的。

第 11 步：在导航区的任一超链接内单击，再单击设计窗口左下角的"＜ul＞"标签选择器以选中导航区的整个项目列表，之后单击"CSS 样式"面板右下角的"新建 CSS 规则"图标以打开"新建 CSS 规则"对话框。在对话框内单击"不太具体"按钮，使得"选择器名称"输入

图 12.13　为导航区超链接的 CSS 规则设定属性

框的内容变成"♯navigation ul",最后单击"确定"按钮。

　　第 12 步:在弹出的 CSS 规则定义对话框内单击"方框"分类,选中"Padding"组内的"全部相同"复选框,在该组的"Top"框内输入"0",单位为"px";选中"Margin"组内的"全部相同"复选框,在该组的"Top"框内输入"0",单位为"px"。最后单击"确定"按钮。现在超链接在导航区内垂直居中,如图 12.14 所示。

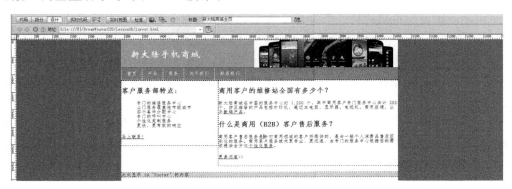

图 12.14　设置项目列表的边距改变导航区外观

　　第 13 步:接下来将进一步增加导航超链接的易用性。当用户把鼠标移至任一导航超链接上时,该链接将改变颜色,用户就知道当前位置是可点击的。将使用超链接的 hover 属性实现这个功能。在导航区的任一超链接内单击,再单击"CSS 样式"面板右下角的"新建CSS 规则"图标。在弹出的"新建 CSS 规则"对话框内从"选择器名称"下拉列表中选择"a:hover"项,之后在"选择器名称"输入框中单击并把光标移至"a:hover"的前面,手工输入"♯navigation"以创建一条上下文 CSS 规则,最终的选择器名称为"♯navigation a:hover",如图 12.15 所示。再单击"确定"按钮。

　　第 14 步:在弹出的 CSS 规则定义对话框内单击"背景"分类,在"Background-color"输入框内输入"♯9FCC55",这是与标题背景类似的颜色,再单击"确定"按钮。

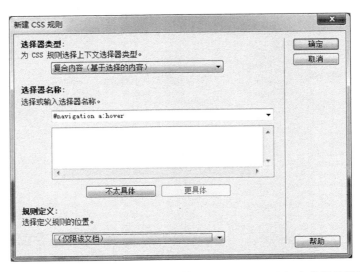

图 12.15　新建一条上下文 CSS 规则，该规则作用于 navigation Div 内的超链接的悬浮状态

第 15 步：选择菜单"文件"→"保存"命令，保存所做的修改。在浏览器中预览页面，让鼠标滑过导航超链接，查看超链接的变化。

12.6　改变栏区的布局和大小

使用浮动作页面布局的另一个好处是改变起来很容易。例如，可以很方便地把侧栏区放在右边，或者可以方便地改变整个容器的宽度。这些只需要对样式稍加更改就可实现。

第 1 步：在"CSS 样式"面板内双击 #main 规则，在弹出的规则定义对话框内单击"方框"分类，把"Float"的值改成"left"，然后单击"确定"按钮。这样，主栏区移至容器的左边而侧栏区则滑至右边。

第 2 步：在"CSS 样式"面板内双击 #sidebar 规则，在弹出的规则定义对话框内单击"方框"分类，把"Float"的值改成"right"，然后单击"确定"按钮。这样确保侧栏区在右侧与容器齐平，如图 12.16 所示。只需要改变两个简单的属性就创建了一个完全不同的布局。

第 3 步：接下来将通过修改 container Div 的宽度改变页面布局的总体宽度。在"CSS 样式"面板内双击 #container 规则，在弹出的规则定义对话框内单击"方框"分类，把"Width"的值从 770 改成 840，然后单击"应用"按钮。这样容器变得更宽，并且因为栏区是浮动的，它们各自对齐容器的边界。之后把"Height"的值删除让"Height"输入框的内容为空。为容器设定一个固定的高度是一个有用的开端，但是为了让容器可以更好地适应所容纳的内容，就应该删除"Height"属性值。最后单击"确定"按钮。

第 4 步：修改标题区的宽度使之与 container Div 的宽度一致。在"CSS 样式"面板内双击 #header 规则，在弹出的规则定义对话框内单击"方框"分类，把"Width"的值从 770 改成 840，然后单击"确定"按钮。接下来将修改主栏区的宽度。

第 5 步：在"CSS 样式"面板内双击 #main 规则，在弹出的规则定义对话框内单击"方框"分类，把"Width"的值改成 520，然后单击"确定"按钮。记住侧栏区与主栏区的宽度之和

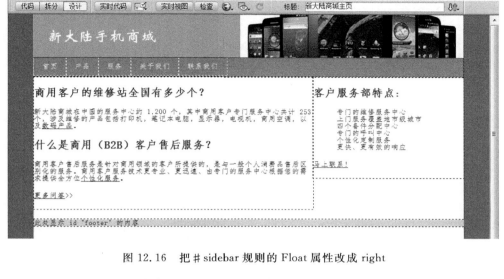

图 12.16　把♯sidebar 规则的 Float 属性改成 right

不能超过容器的宽度（840 像素）。在本例中，侧栏区是 270，主栏区是 520，加起来是 790，这样在两个栏区之间留下一个 50 像素宽的间隔。如果两个栏区的宽度之和超过 840，其中一栏就会滑至另一栏的下方而破坏页面布局。

12.7　创建相同高度的栏区

由于页脚区已经位于容器的底部，现在需要关注布局的另一方面：栏区高度。Div 的高度是由其内容的数量决定的，因此主栏区比侧栏区更长。现在由于两个栏区均没有背景色，所以栏区高度不同似乎不是一个大问题。将为侧栏区添加背景色使得该问题更加突出，然后我们将提供一种解决方法。

第 1 步：在"CSS 样式"面板，双击♯sidebar 规则，在弹出的规则定义对话框内单击"背景"分类，然后在"Background-color"输入框内输入"♯C9D9B9"。

第 2 步：单击"边框"分类，在"Style"组内取消选中"全部相同"复选框，在该组的"Left"下拉列表中选择"solid"；在"Width"组内取消选中"全部相同"复选框，在该组的"Left"输入框内输入"2"，单位为"px"；在"Color"组内取消选中"全部相同"复选框，在该组的"Left"输入框内输入"♯060"；如图 12.17 所示。最后单击"确定"按钮。

第 3 步：为了解决左右栏区高度不等的问题，将为 container Div 添加一幅背景图像，用来模拟出从顶至底的栏区效果。在"CSS 样式"面板内双击♯container 规则，在弹出的规则定义对话框内单击"背景"分类，然后单击"Background-image"输入框右侧的"浏览…"按钮并定位至 images 文件夹下的 container_bg.gif 文件，再单击"确定"按钮。图像 container_bg.gif 的宽度是 840 像素，正好与页面中容器的宽度匹配，但是它的高度只有 2 个像素。本质上它是一条细长的水平线，包含侧栏区的颜色及绿色边界。

第 4 步：在"Background-repeat"下拉列表中选择"repeat-y"项，这保证了背景图像只会从顶至底平铺。最后单击"确定"按钮。将看到侧栏区被填充颜色，而且不论栏区的内容有多少，颜色总会到达页面的底部。

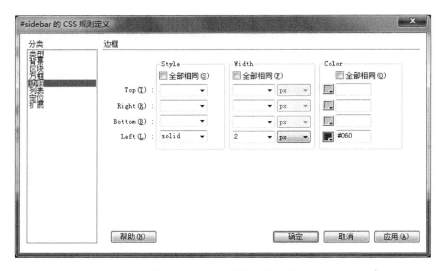

图 12.17　设置侧栏区的边框

　　虽然这种添加背景图像的方法很有用,但是它依赖于容器及栏区的固定宽度。如果容器的宽度或者栏区的位置发生改变,必须改变背景图像。另外,其他诸如栏区的颜色、留白的调整等变化也要求你修改背景图像。因此,应该等到布局方面小的改变及调整都完成才能设置一个模拟栏区效果的背景图像。

　　第 5 步:选择菜单"文件"→"保存"命令,保存所做的修改。

12.8　对布局作最后完善

　　为栏区设置留白,把目前的样式表移至外部样式表,以便其他页面使用。

　　第 1 步:在"CSS 样式"面板内双击 ♯main 规则,在弹出的规则定义对话框内单击"方框"分类,在"Padding"组内取消选中"全部相同"复选框。

　　第 2 步:在"Padding"组的"Left"输入框内输入"20",单位为"px",再单击"确定"按钮。可以看到主栏区内有更多的空白。

　　注意,增加 Div 的留白属性值将自动增加 Div 的总体宽度,这有可能会导致布局问题。如果把上述第 2 步的左留白改成"60",主栏区将把侧栏区推至下方,破坏了页面布局。因为这个缘故,设计者更倾向于为 Div 内部的元素,如段落、列表等添加边距,而不是使用 Div 的留白。

　　到目前为止所创建的样式均位于内部样式表中,它们仅能作用于当前网页。接下来将把这些样式移至一个外部样式表,以便其他的网页也能使用这些样式。

　　第 3 步:在"CSS 样式"面板内单击"全部"按钮,然后单击第一个样式(名称为 body),再把滚动条移到底部,按下 Shift 键,再单击最后一个样式,这样就选中了全部的样式。

　　第 4 步:在"CSS 样式"面板的右上角单击,选中"移动 CSS 规则"菜单项,如图 12.18 所示。

　　第 5 步:在弹出的对话框内选中"新样式表…"单选框并单击"确定"按钮,弹出"将样式表文件另存为"对话框,在对话框的"文件名"文本框内输入"mystyles",如图 12.19 所示。再单击"保存"按钮。

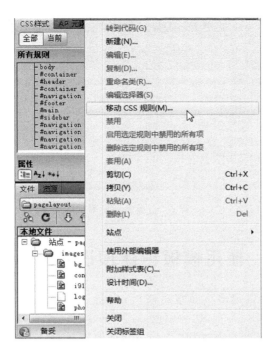

图 12.18　选择"移动 CSS 规则"菜单项

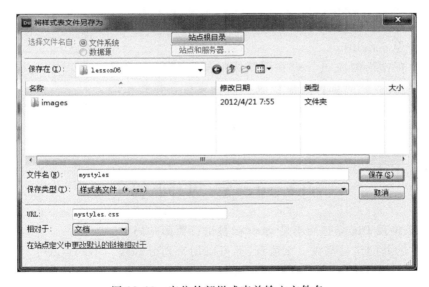

图 12.19　定位外部样式表并输入文件名

第 6 步：现在有一个外部样式表，它可以附加至站点的新页面或者已有的页面。在"CSS 样式"面板内可以看到新增了一个"mystyles.css"节点，如图 12.20 所示。节点的".css"后缀名暗示了这是一个外部样式表。

第 7 步：选择菜单"文件"→"保存全部"，保存所做的修改及 CSS 文件。

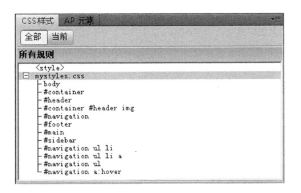

图 12.20 "CSS 样式"面板显示所附加的外部样式表

12.9 使用模板创建预设布局的网页

Dreamweaver CS5 提供很多页面布局模板,当新建一个网页时,可以从布局模板列表中选择。

第 1 步:选择菜单"文件"→"新建"命令,在"页面类型"列表中单击"HTML"项,在"布局"列表中单击"2 列液态,左侧栏、标题和脚注"项,预览布局如图 12.21 所示,再单击"创建"按钮。

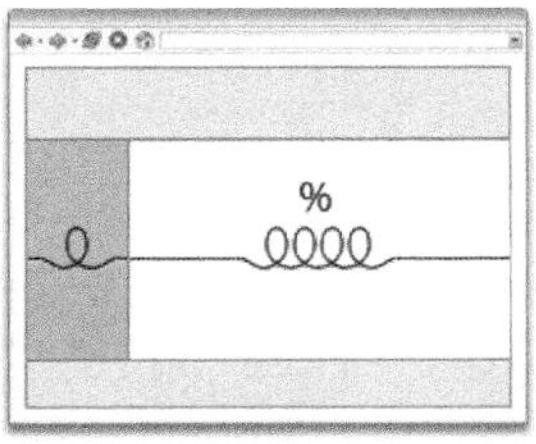

第 2 步:单击菜单"文件"→"保存"命令,在站点的根文件夹下把文件保存为 test.html。

第 3 步:单击菜单"文件"→"在浏览器中预览"命令。调整浏览器的宽度,将看到页面的宽度以及栏区的宽度也作相应的调整。这一点与之前创建的布局不同,之前创建的网页不能随着浏览器的宽度自动地调整页面及栏区宽度。

图 12.21 所选布局的预览

第 4 步:单击菜单"文件"→"全部关闭"命令。关闭所有打开的文件。

12.10 常见问答

1. 为什么使用 Div 标签而不是 span 标签进行页面布局?

两种标签的共同点是都没什么语意,都可以用来划分区块。不同点在于<span>标签是行内元素,两个相邻的 span 在一起不会换行;<div>是块级元素,浏览器通常会在 Div 元素前后放置一个换行符,因此两个相邻的 Div 在一起就会换行。

2. 判断题:浮动属性允许你把一个元素浮动至左边、右边或中央。

错。浮动属性只有 3 个值:left、right 或 none。不能把一个元素浮动至中央。

3. 在一个网页中可以应用一个 ID 选择器多少次?

只能应用一次。不论两个页面元素是否属于相同的类型,一个网页不能出现 id 属性值相同的两个页面元素,所以 CSS 的一个 ID 选择器在一个网页中只能应用一次。

4. clear 属性的 3 种可能的值是什么？说出你可能使用这种属性的一种情况。

clear 属性有 3 种可能的值：left、right 或 both。具有 clear 属性的元素不允许浮动元素位于属性值所指定的侧面。一种可能使用这种属性的情况是当你需要把页脚元素放在页面的任何浮动栏区的下方时。

5. 如果要为一个 Div 内的段落指定样式，该 Div 的 id 属性值为"student"，那么复合选择器该如何书写？

复合选择器可以是 div ♯ student p 或者 ♯ student p。

6. 留白和间距有什么不同？

留白是在内容和边框之间的空隙，而间距是在两个相邻页面元素的边框之间的空隙。此外，留白区将呈现内容的背景色，而间距区总是透明的。

7. 要如何为浮动栏区使用留白属性？

在"CSS 样式"面板内双击作用于该浮动栏区的样式，在弹出的对话框内单击"方框"分类，然后为留白设定值。

12.11　动手实践

1. 在 about.html 页面的一行内添加 5 至 6 次 i9100.jpg 图片，并为这些图片应用"floatimage"类规则，使得页面显示一个水平的图片画廊。

2. 选择菜单"插入"→"布局对象"→"Div 标签"命令，插入一个空的 Div，然后在该 Div 内输入内容；先在页面输入内容，选中这些内容，再单击菜单"插入"→"布局对象"→"Div 标签"命令，这样将把所选内容装入新增的 Div。比较这两种方法的差异。

3. 单击菜单"文件"→"新建"→"空白页"命令，在"布局"中选择 Dreamweaver CS5 提供的不同布局模板来创建 HTML 页面，查看各个页面的代码，比较各种布局在 Div 使用上的差异。

页面布局高级技术

第13章 | 使 用 表 格

学习目标

◆ 新建和修改表格

◆ 用 CSS 设定表格样式

◆ 导入数据

◆ 对表格数据排序

表格是用于显示网格状数据的理想工具。虽然在网站设计的早期,表格是进行页面布局的最佳工具,但是现在,网站设计者更关注用 CSS 进行页面布局。因此,表格回到它最初的用途:显示网格状数据。通过这一章,将学习如何把已有的数据导入一个表格,还将学习如何修改表格的行与列,如何用 CSS 设定表格样式,以及如何从零开始新建表格。

准备工作

在开始之前,请单击菜单"窗口"→"工作区布局"→"经典"命令,以重置工作区。在这一课将使用教材素材文件夹 chapter13\material 里的若干文件。请确认你已经把该文件夹内容复制到硬盘上,假设在硬盘上新文件夹的位置为 E:\DreamweaverCS5\lesson07,表示 Dreamweaver CS5 的第 7 课。之后需要创建一个站点,它的根文件夹就是上述硬盘上这个文件夹,站点名称命名为"tableweb",可以参阅第 8 章"创建一个新站点"了解创建站点的细节。

13.1　导入表格数据

绝大多数表格数据来自 .csv 格式的电子数据表或者 .txt 格式的文本文件。这些文件内的数值是通过逗号、制表符等分隔。虽然 Dreamweaver CS5 可以直接打开这些文件,但是它并不能直接以网格状显示它们。以一个用逗号分隔各列数据的文件为例,Dreamweaver CS5 可以显示原始的 .csv 文件,每一列的数值用逗号分隔,每一行的数值则另起一行。在"文件"面板中单击文件"phone_zones.csv"选中该文件,单击鼠标右键在上下文菜单选择"打开方式"→"Dreamweaver CS5"命令,则在代码窗口显示该文件,如图 13.1 所示。

当把这个文件导入 Dreamweaver CS5 时,文件内的数据将相应地转成新表格的行和列。

第 1 步:在"文件"面板内,双击 phone_tips.html 文件打开其设计窗口。这是一个设定了样式的网页。将在文字下方插入一个 .csv 文件的数据。

第 2 步:在文字最后单击鼠标让光标位于"。"的后面,然后按回车键使得光标位于文字下方。选择菜单"文件"→"导入"→"表格式数据"命令,将弹出"导入表格式数据"对话框。

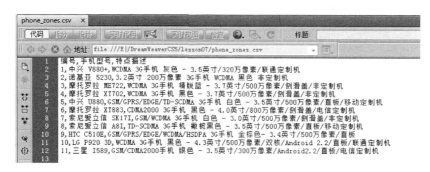

图 13.1　代码窗口直接显示.csv 格式的文件内容

第 3 步：在对话框内单击"浏览…"按钮，定位至站点根文件夹内，再单击 phone_zones.csv 文件，最后单击"打开"按钮。

第 4 步：在对话框内单击"定界符"下拉列表，可以看到有多种选项。选择"逗点"，之后把"表格宽度"选项设定为"匹配内容"，如图 13.2 所示，使得 Dreamweaver CS5 将根据数据行的长度自动地构建表格。也可为即将产生的表格设定确切的宽度。

图 13.2　在"导入表格式数据"对话框的设置决定了表格的构建方式

第 5 步：在对话框内单击"确定"按钮，则设计窗口内文字的下方新增一个 12 行 3 列的表格，如图 13.3 所示。默认情况下该表格外边框被选中，并且在"属性"面板中可以看到"行"、"列"等与表格相关的属性字段。

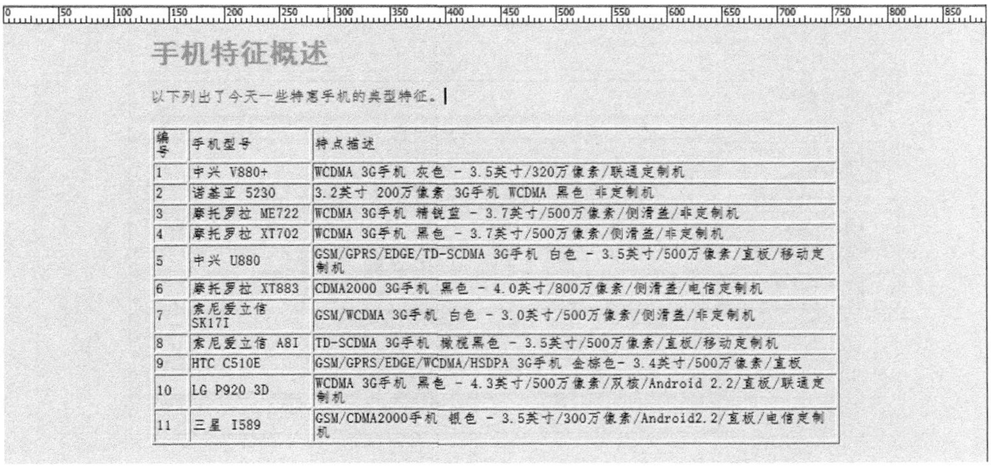

图 13.3　Dreamweaver CS5 从.csv 文件产生一个 12 行 3 列的表格

第 6 步：选择菜单“文件”→“保存”命令，保存所作的修改。

13.2 选中表格元素

接下来学习选中表格不同组成部分的多种方法。表格的组成部分包括行、列、单元格以及标题、脚注等。选中表格的不同元素便于之后对其进行修改。

第 1 步：打开文件 phone_tips.html 的设计窗口，沿着表格的左边框或上边框缓慢地移动光标而不点击鼠标，注意到表格的不同区域将出现一个加亮的红色边界，而光标也转变成一个向右或向下的黑色箭头。红色边界指明了此时若单击鼠标将选中的区域，而黑色箭头则指明了被选中的行或列的方向。

第 2 步：表格边框共有 4 个角，把光标移至表格的任意一个角上，当光标右下方出现一个 2 行 3 列的小格子时，整个表格的边框变成红色，如图 13.4 所示，此时单击鼠标，将选中整个表格。

以下列出了今天一些特惠手机的典型特征。

编号	手机型号	特点描述
1	中兴 V880+	WCDMA 3G手机 灰色 - 3.5英寸/320万像素/联通定制机
2	诺基亚 5230	3.2英寸 200万像素 3G手机 WCDMA 黑色 非定制机

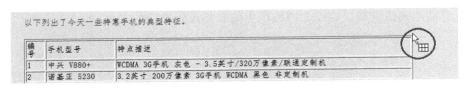

图 13.4　光标右下方出现一个 2 行 3 列的小格子

第 3 步：把光标放在表格第 2 行的左侧，当光标变成向右的箭头并且第 2 行出现加亮的红色边界时单击鼠标，就选中第 2 行。

第 4 步：一直按住 Ctrl 键，把光标移至第 5 行的左侧，当光标变成向右的箭头并且第 5 行出现加亮的红色边界时单击鼠标，就选中第 5 行。按住 Ctrl 键，用同样的方法选中第 7 行。依然按住 Ctrl 键，用类似的方法选中第 3 列。最后释放 Ctrl 键。这时所选中的表格区域是不规则的，如图 13.5 所示。

手机特征概述

编号	手机型号	特点描述
1	中兴 V880+	WCDMA 3G手机 灰色 - 3.5英寸/320万像素/联通定制机
2	诺基亚 5230	3.2英寸 200万像素 3G手机 WCDMA 黑色 非定制机
3	摩托罗拉 ME722	WCDMA 3G手机 精锐蓝 - 3.7英寸/500万像素/侧滑盖/非定制机
4	摩托罗拉 XT702	WCDMA 3G手机 黑色 - 3.7英寸/500万像素/侧滑盖/非定制机
5	中兴 U880	GSM/GPRS/EDGE/TD-SCDMA 3G手机 白色 - 3.5英寸/500万像素/直板/移动定制机
6	摩托罗拉 XT883	CDMA2000 3G手机 黑色 - 4.0英寸/800万像素/侧滑盖/电信定制机
7	索尼爱立信 SK17I	GSM/WCDMA 3G手机 白色 - 3.0英寸/500万像素/侧滑盖/非定制机
8	索尼爱立信 A8I	TD-SCDMA 3G手机 橄榄黑色 - 3.5英寸/500万像素/直板/移动定制机
9	HTC C510E	GSM/GPRS/EDGE/WCDMA/HSDPA 3G手机 金棕色- 3.4英寸/500万像素/直板
10	LG P920 3D	WCDMA 3G手机 黑色 - 4.3英寸/500万像素/双核/Android 2.2/直板/联通定制机
11	三星 I589	GSM/CDMA2000手机 银色 - 3.5英寸/300万像素/Android2.2/直板/电信定制机

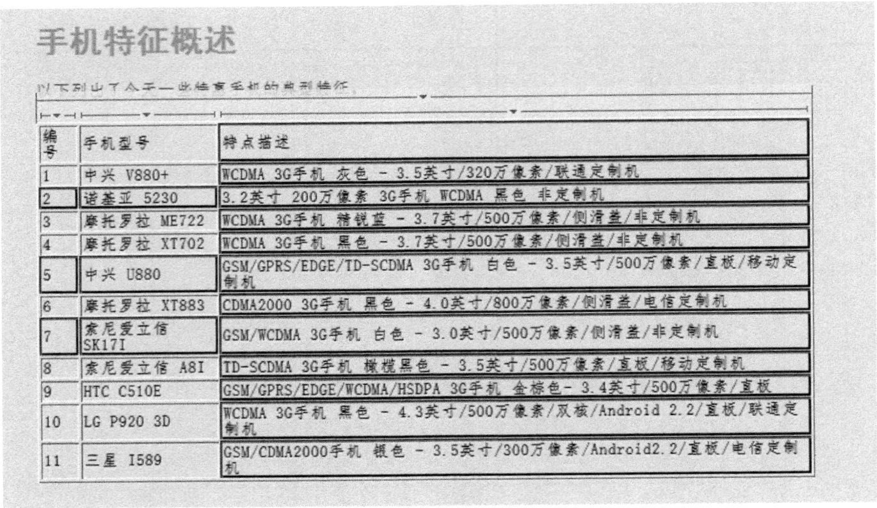

图 13.5　通过按住 Ctrl 键可以选中表格的不规则区域

第 5 步：按住 Ctrl 键，在表格的边框内移动光标，注意到光标所在的单元格将出现一个加亮的红色边界，而光标的右下方出现一个白色的小格子。此时单击鼠标，则选中具有红色边界的单元格。若按住 Ctrl 键不放并继续单击其他单元格，则多个单元格被同时选中，如图 13.6 所示。最后释放 Ctrl 键。

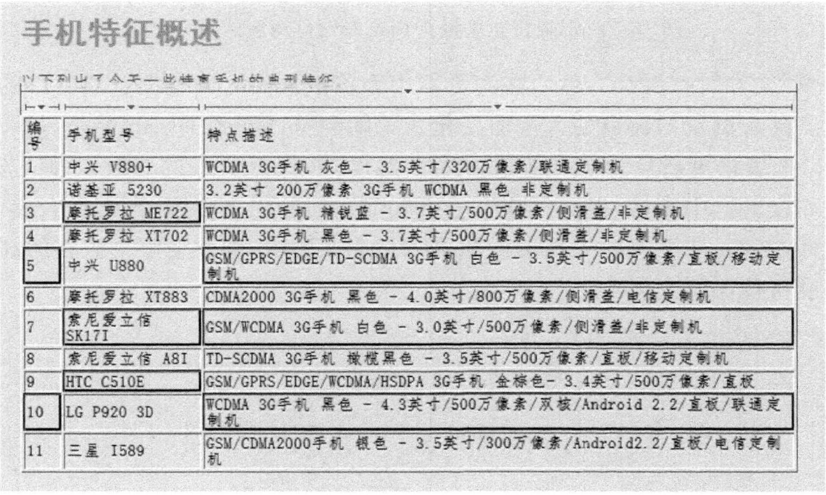

手机特征概述

编号	手机型号	特点描述
1	中兴 V880+	WCDMA 3G手机 灰色 - 3.5英寸/320万像素/联通定制机
2	诺基亚 5230	3.2英寸 200万像素 3G手机 WCDMA 黑色 非定制机
3	摩托罗拉 ME722	WCDMA 3G手机 精锐蓝 - 3.7英寸/500万像素/侧滑盖/非定制机
4	摩托罗拉 XT702	WCDMA 3G手机 黑色 - 3.7英寸/500万像素/侧滑盖/非定制机
5	中兴 U880	GSM/GPRS/EDGE/TD-SCDMA 3G手机 白色 - 3.5英寸/500万像素/直板/移动定制机
6	摩托罗拉 XT883	CDMA2000 3G手机 黑色 - 4.0英寸/800万像素/侧滑盖/电信定制机
7	索尼爱立信 SK17I	GSM/WCDMA 3G手机 白色 - 3.0英寸/500万像素/侧滑盖/非定制机
8	索尼爱立信 A8I	TD-SCDMA 3G手机 橄榄黑色 - 3.5英寸/500万像素/直板/移动定制机
9	HTC C510E	GSM/GPRS/EDGE/WCDMA/HSDPA 3G手机 金棕色- 3.4英寸/500万像素/直板
10	LG P920 3D	WCDMA 3G手机 黑色 - 4.3英寸/500万像素/双核/Android 2.2/直板/联通定制机
11	三星 I589	GSM/CDMA2000手机 银色 - 3.5英寸/300万像素/Android2.2/直板/电信定制机

图 13.6　按住 Ctrl 键用鼠标连续单击单元格可以同时选中任意单元格

第 6 步：在表格任一单元格内单击，选择菜单“修改”→“表格”→“选择表格”命令，将选中整个表格，这是选中整个表格的另一种方法。也可以在表格任一单元格内单击，再单击鼠标右键，在弹出的上下文菜单中选择“表格”→“选择表格”命令，这是选中整个表格的第 3 种方法。

13.3　修改表格大小

虽然在导入表格时，可以设定“表格宽度”为“匹配内容”，但是 Dreamweaver CS5 的计算方法并不总能精确地反映内容的宽度；而导入阶段由于没有看到表格结果，设计者并不清楚应该把“表格宽度”设为多大的宽度，好在 Dreamweaver CS5 可以方便地改变表格的大小。接下来将首先为表格设定固定的宽度。

第 1 步：在设计窗口内选中表格。在“属性”面板的“宽”文本框内输入“660”，单位为“像素”，之后按回车键。表格的宽度扩展为 660 像素。在表格的顶部有绿色的轮廓，显示表格的宽度及每一列的宽度。这个向导便于你创建精确尺寸的表格。你可以选择菜单“查看”→“可视化助理”→“表格宽度”命令，关闭该向导。

第 2 步：选择菜单“文件”→“保存”命令，然后在浏览器中预览该页面。调整浏览器窗口的大小，由于表格的宽度固定为 660 像素，所以浏览器窗口的大小并不能影响表格的宽度。关闭浏览器回到 Dreamweaver CS5。

第 3 步：在设计窗口内选中表格。在“属性”面板的“宽”文本框内输入“80”，单位为“%”，如图 13.7 所示。之后按回车键。

图 13.7 把表格宽度设为浏览器窗口宽度的百分比

选择菜单"文件"→"保存",然后在浏览器中预览该页面。调整浏览器窗口的大小,注意到表格的宽度随着浏览器窗口的大小而变化。关闭浏览器回到 Dreamweaver CS5。

第 4 步:把表格重新设为 660 像素的固定宽度,并保存所作的修改。接下来你将修改整个表格的高度。选中表格,把光标移至表格底部边框的中央位置,当光标变成一个双向箭头时按住鼠标左键并向下或向上拖动鼠标,如图 13.8 所示,则改变整个表格的高度,而表格每一行的高度将按比例变化。

图 13.8 当光标变成双向箭头时按住鼠标左键并拖动

类似地,可以选中表格后左右拖动表格右侧边框的中央位置来手工调整表格的宽度。

第 5 步:除了改变整个表格的大小,还可以调整某一列的宽度或者调整某一行的高度。把光标放在第 1 列与第 2 列之间的垂直网格线上,当光标变成一个双向箭头时,单击并缓慢地向右拖动以扩展第 1 列的宽度。注意到拖动鼠标时表格第 1 列与第 2 列上方的蓝色数字在不断地变化,显示出列的当前宽度值。第 1 列宽度的扩展造成第 2 列宽度的压缩,但不影响第 3 列的宽度。把第 1 列的宽度扩展为 50 像素。

第 6 步:把光标放在第 2 列与第 3 列之间的垂直网格线上,当光标变成一个双向箭头时,单击并缓慢地向右拖动以压缩第 3 列的宽度(并因此扩展第 2 列的宽度)。第 2 列的宽度改成 140 像素,而第 3 列的宽度改成 448 像素。注意到这 3 列的宽度值加起来为 638 像素,没有达到表格的宽度 660 像素,这是因为你还要考虑单元格填充、单元格间距以及边框等因素。

第 7 步:把光标放在第 6 行与第 7 行之间的水平网格线上,当光标变成一个双向箭头时,单击并缓慢地向下拖动以增加第 6 行的高度。

除了手工近似地调整某一列的宽度或某一行的高度,还可以在"属性"面板精确地设定列宽或行高。

第 8 步:选中表格的第 1 列,单击"属性"面板右下角的三角形图标展开面板的下半部分,如图 13.9 所示。

图 13.9 单击三角形图标展开"属性"面板的下半部分

在"属性"面板的"宽"文本框内输入"40"并按回车键,如图 13.10 所示。再选中表格的第 2 列,在"属性"面板的"宽"文本框内输入"145"并按回车键。再选中表格的第 3 列,在"属性"面板的"宽"文本框内输入"440"并按回车键。这样就精确地设定了表格各列的宽度。

图 13.10　在"属性"面板中设定第 1 列的宽度为 40 像素

第 9 步:选中表格的第 5 行,在"属性"面板的"高"文本框内输入"50"并按回车键。这样就精确地设定了表格第 5 行的高度。

第 10 步:选择菜单"文件"→"保存"命令,保存所作的修改。

13.4　修改表格结构

除了表格的尺寸需要修改,通常表格结构也需要修改,如添加、删除表格的行或列,合并相邻的单元格等。接下来你将在表格顶部添加新行并把它变成标题行。Dreamweaver CS5 提供多个添加行或列的方法,将首先采用菜单"修改"→"表格"。

第 1 步:在设计窗口打开文件 phone_tips.html,在表格第一行的任一单元格内单击。当添加新行时 Dreamweaver CS5 需要一个参考位置。

第 2 步:选择菜单"修改"→"表格"→"插入行或列"命令,将弹出"插入行或列"对话框,如图 13.11 所示。

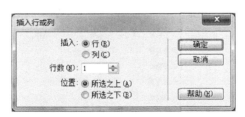

图 13.11　使用"插入行或列"对话框给现存的表格添加行或列

在对话框内选中"插入行"单选框,"行数"使用默认的"1","位置"应为"所选之上",再单击"确定"按钮,则在表格顶部新增一行。

第 3 步:选中表格顶部刚才新增的一行,在"属性"面板下半部选中"标题"复选框,这样就把表格的第 1 行指明为标题行。这将有助于表格设定样式。

第 4 步:依然选中表格的第 1 行,单击鼠标右键弹出一个上下文菜单,选择"表格"→"合并单元格",则把第一行的 3 个单元格合并为 1 个。

第 5 步:在这个合并的单元格内单击,输入"特惠手机典型特征",如图 13.12 所示。把表格的行指定为标题行使得文本包含于 HTML 的 th 标签内,th 标签默认的样式是居中并字体加粗。

第 6 步:选择菜单"文件"→"保存",保存所作的修改。

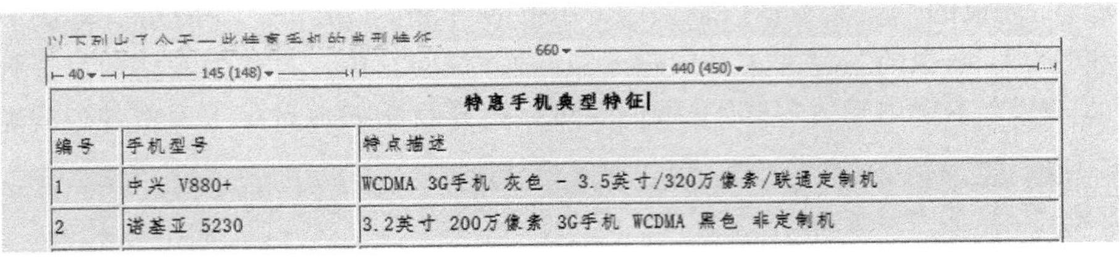

660
40
145 (148)
440 (450)
特惠手机典型特征
编号
手机型号
特点描述
1
中兴 V880+
WCDMA 3G手机 灰色 - 3.5英寸/320万像素/联通定制机
2
诺基亚 5230
3.2英寸 200万像素 3G手机 WCDMA 黑色 非定制机

图 13.12　把多个单元格合并为一个，之后添加标题文本

13.5　新建表格

除了从网格型数据新建表格，还可以使用 Dreamweaver CS5 的插入表格命令从零开始创建一个表格。

第 1 步：打开 phone_tips.html 的设计窗口，在已有表格的右侧单击并按回车键两次。将在这个位置安放新表格。

第 2 步：单击菜单“插入”→“表格”命令，弹出“表格”对话框，如图 13.13 所示。在“行数”文本框内输入“12”；在“列”文本框内输入“2”；在“表格宽度”文本框内输入“560”并且单位为“像素”；把“边框粗细”设为“1”；在“标题”区选择第 3 项“顶部”，这样就把表格第 1 行指明为标题行；在“辅助功能”区的“标题”文本框内输入“特惠手机型号及厂商”，这样就设定了表格标题(注意，不是表格的标题行)，表格标题是对表格内容的简短描述，表格标题包含于 HTML 的 caption 标签内，表格标题默认显示于表格之上并居中。最后单击“确定”按钮就在指定的位置插入新的表格。

表格
表格大小
行数: 12
列: 2
表格宽度: 560
像素
边框粗细: 1
像素
单元格边距:
单元格间距:
标题
无
左
顶部
两者
辅助功能
标题: 特惠手机型号及厂商
摘要:
帮助
确定
取消

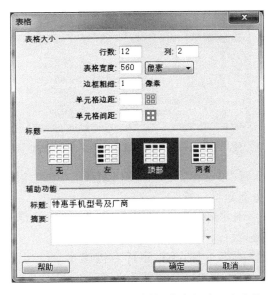

图 13.13　用“插入”→“表格”命令新建一个表格

第 3 步：在表格的第 1 行第 1 列单元格内输入“厂商”，在第 1 行第 2 列单元格内输入“型号”。输入时列宽可能发生变化，为了调整列表，单击两列之间的垂直网格线并拖动，使

得两列的宽度大致相等。

第 4 步：在"厂商"列的第 2 行输入"摩托罗拉"，在第 6 行输入"中兴"，在第 9 行输入"索尼爱立信"。

第 5 步：在"型号"列的第 2 行输入"ME722"，再按键盘上向下的方向键把光标移至下一行。重复这个过程，依次在第 3 行至第 10 行输入"XT702"、"XT883"、"V880＋"、"U880"、"SK17I"、"A8I"，注意跳过第 5 行和第 8 行，如图 13.14 所示。

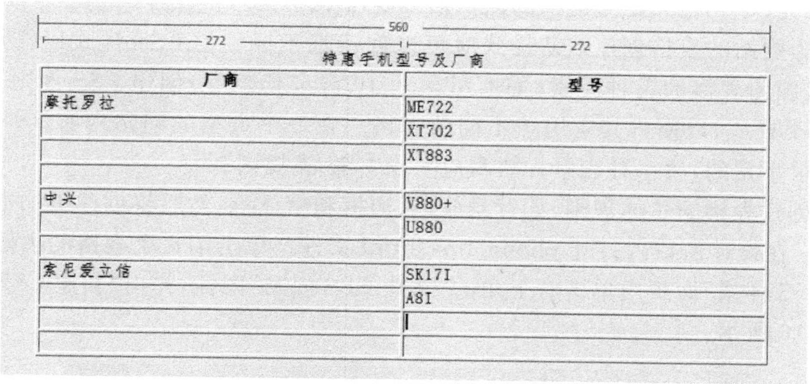

图 13.14　当输入文本时按向下方向键可以快速地从一个单元格移至下一个单元格

第 6 步：为了删除表格底部额外的两行，在第 11 行第 1 列单元格内单击，之后按住鼠标左键向右下方拖动，选中表格底部的 4 个单元格。再按 Delete 键删除选中的行。

第 7 步：在这个表格的文字"摩托罗拉"之前单击鼠标，之后按住鼠标左键向下拖动 3 行，选中表格第 1 列的第 2 行至第 4 行，再选择菜单"修改"→"表格"→"合并单元格"命令，使得"摩托罗拉"位于三个单元格合并后的格子内。用类似的方法使得"中兴"和"索尼爱立信"均位于两个单元格合并后的格子内。

第 8 步：选择菜单"文件"→"保存"命令，保存所作的修改。之后在浏览器中预览 phone_tips.html 页面，查看表格的效果，如图 13.15 所示。

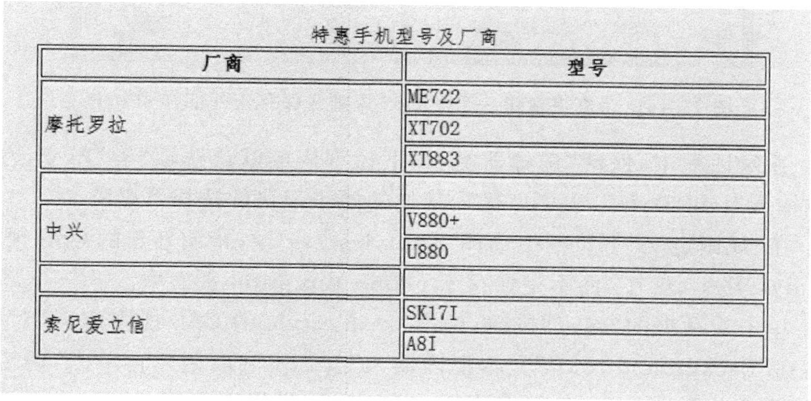

图 13.15　表格在浏览器中的效果

13.6　用 CSS 设定表格样式

本节将学习用 CSS 设定表格样式。首先明确两个概念，单元格填充与单元格间距。前者指单元格边框与其内容之间的空白间隔，用像素衡量；后者指相邻单元格之间的空白间隔，也是用像素衡量。此外，表格具有"边框"属性，它指明表格边框的粗细，用像素衡量。注意，单元格填充、单元格间距与边框的默认值不等于 0。

当需要为网站的表格创建默认样式时可以创建基于标签的 CSS 样式以作用于网站内所有的表格，即为表格的各种元素（如<td>、<tr>、<th>等）创建 CSS 规则。本次练习将创建 CSS 类样式，以便将其应用于不同的表格。在一个大型的网站内有 3～4 种不同的表格样式是很平常的，每一种表格样式对应一个 CSS 类规则。

首先将创建表格的总体规则，如背景颜色、边框和字体等，然后将创建更加细节的规则。

第 1 步：在设计窗口内打开 phone_tips.html 文件。单击第一个表格的边框，选中整个表格。在"CSS 样式"面板内单击右下角的"新建 CSS 规则"图标，弹出"新建 CSS 规则"对话框，如图 13.16 所示。

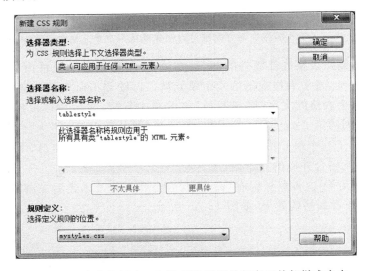

图 13.16　为表格新建一个类 CSS 规则并保存于外部样式表中

第 2 步：在对话框中，保留"选择器类型"下拉列表的默认选项"类"不变，在"选择器名称"输入框内输入"tablestyle"，也可以输入其他的便于记忆的选择器名称。

第 3 步：在"规则定义"下拉框中选择"mystyles.css"项，指明新建的 CSS 规则将保存在外部样式表 mystyles.css 中，而不是保存于 phone_tips.html 页面中。

第 4 步：单击对话框的"确定"按钮，弹出".tablestyle 的 CSS 规则定义"对话框。单击"背景"分类，在"Background-color"文本框内输入"＃FFF"（白色），再单击"确定"按钮。注意到设计窗口内表格没有变化，你还需要把.tablestyle 类规则应用于第一个表格。

第 5 步：依然选中第一个表格，在"属性"面板的"类"下拉列表中选择"tablestyle"项，如图 13.17 所示。注意到第一个表格的背景颜色变成白色。

图 13.17　通过在"属性"面板选择类名为表格指定类 CSS 规则

第 6 步：现在将添加或修改 tablestyle 类规则的属性值。也可以先设定一个规则的全部属性值，然后再把该规则应用于某个表格。但是这次练习所采用的方式（即先把一个规则应用于某个表格，再逐个修改该规则的属性值）允许即时地预览样式效果。将为整个表格添加一些边框并改变表格文字的字体。

第 7 步：在"CSS 样式"面板内双击.tablestyle 规则，重新打开".tablestyle 的 CSS 规则定义"对话框。单击"类型"分类，在"Font-family"下拉列表中选择"华文新魏"；在"Font-size"输入框内输入"15"，单位为"px"；在"Color"文本框内输入"♯00B"（蓝黑色），也可以单击颜色样本图标打开颜色样本窗口从中选择；最后单击"应用"按钮查看表格的变化。接下来将为整个表格添加一道细边框。

第 8 步：单击"边框"分类，在"Style"组内选中"全部相同"复选框，并在该组的"Top"下拉列表中选择"solid"项；在"Width"组内选中"全部相同"复选框，并在该组的"Top"输入框内输入"1"，单位为"px"；在"Color"组内选中"全部相同"复选框，并在该组的"Top"输入框内输入"♯00B"，即与文本颜色相同的蓝黑色；最后单击"确定"按钮。

接下来为.tablestyle 规则添加的属性不能在"CSS 规则定义对话框"内设置。必须认识到 CSS 语言的内容很丰富，一些 CSS 属性虽然不常用（所以没有在 CSS 规则定义对话框内显示），但是很有用。将用半自动的方式添加一个名为"border-collapse"的属性，该属性可以去除相邻单元格之间的空隙。

第 9 步：在"CSS 样式"面板内单击".tablestyle"规则，则在面板的下半部会列出该规则所设置的属性及值。单击蓝色且有下划线的"添加属性"文字，然后输入"border-collapse"并按回车键，最后在该属性右侧的下拉列表中选择"collapse"，如图 13.18 所示。

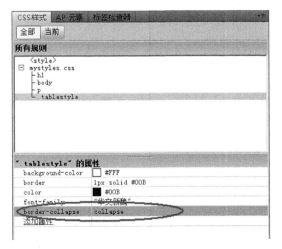

图 13.18　添加属性 border-collapse 及其值

使用表格

第 10 步：选择菜单"文件"→"保存全部"命令。之后在浏览器中预览 phone_tips.html 页面。

13.7　设定表格的高级 CSS 样式

已经为这个表格设定了基本的样式，接下来将为表格设定更加复杂的一些样式，如为标题行添加背景图像。

第 1 步：在设计窗口内打开 phone_tips.html 文件，按住 Ctrl 键，在第一个表格的第一行内单击，之后释放 Ctrl 键，这样就选中该表格的标题行。

第 2 步：在"CSS 样式"面板内单击右下角的"新建 CSS 规则"图标，弹出"新建 CSS 规则"对话框，如图 13.19 所示。

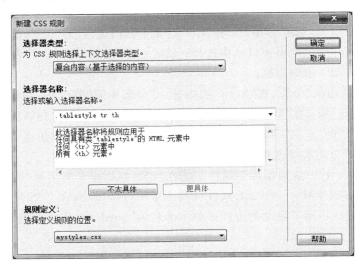

图 13.19　为 tablestyle 类中的所有标题行创建上下文 CSS 规则

在对话框中，保留"选择器类型"下拉列表的默认选项"复合内容"不变，因为正在专门为 HTML 的 th 标签创建一条规则，并且只针对那些应用了 tablestyle 类的表格的标题行；在"选择器名称"输入框内已经自动地填入". tablestyle tr th"，保留这个名称不变；在"规则定义"下拉框中已经自动选择"mystyles. css"项，指明新建的 CSS 规则将保存于外部样式表 mystyles. css 中；你只需要单击"确定"按钮将弹出"CSS 规则定义"对话框。

第 3 步：在规则定义对话框内，单击"背景"分类，然后单击"Background-image"输入框右侧的"浏览…"按钮。在弹出的"选择图像源文件"对话框内，定位至站点根文件夹下，单击文件 bg_header.jpg，再单击"确定"按钮关闭"选择图像源文件"对话框。

第 4 步：在规则定义对话框内，在"Background-repeat"下拉列表中选择"repeat-x"项，如图 13.20 所示，这个选项使得背景图像将沿水平方向平铺。单击"应用"按钮可以在设计窗口预览页面效果。

第 5 步：在规则定义对话框内单击"边框"分类，在"Style"组内取消选中"全部相同"复选框并在该组的"Bottom"下拉列表中选择"solid"；在"Width"组内取消选中"全部相同"复

图 13.20　选择背景图像并把它沿水平方向平铺

选框并在该组的"Bottom"输入框内输入"2",单位为"px";在"Color"组内取消选中"全部相同"复选框并在该组的"Bottom"输入框内输入"♯00B",与之前设定的表格文本颜色相同,如图 13.21 所示。

图 13.21　为表格标题行设定 2 像素宽的蓝色实心底边框

第 6 步:在规则定义对话框内单击"类型"分类,在"Font-size"输入框内输入"25",单位为"px",最后单击规则定义对话框的"确定"按钮。

第 7 步:在设计窗口内查看标题行的样式效果。如果有必要,你可以单击标题行底边框并向下拖动鼠标,手动调整标题行的高度。

第 8 步:选择菜单"文件"→"保存全部"命令。之后在浏览器中预览 phone_tips.html 页面。

13.8　用 CSS 控制单元格的对齐、填充及边框

本次练习将学习设定单元格文本对齐方式及填充,并创建单元格的边框。

第 1 步:在设计窗口打开 phone_tips.html 页面,单击第一个表格的边框,选中整个表格。注意到"属性"面板内的"填充"和"间距"的值均为空,这表明它们取默认值,而不是 0。依次在"填充"、"间距"及"边框"文本框内输入 0 并按回车键,如图 13.22 所示。这样就消除了表格内单元格之间的空隙。

图 13.22　在"填充"、"间距"及"边框"文本框内均输入 0 以消除单元格之间的空隙

第 2 步:按住 Ctrl 键,单击表格的任一单元,之后释放 Ctrl 键,这样就选中一个单元格。

第 3 步:在"CSS 样式"面板内单击右下角的"新建 CSS 规则"图标,弹出"新建 CSS 规则"对话框。在对话框中,保留"选择器类型"下拉列表的默认选项"复合内容"不变;在"选择器名称"输入框内已经自动地填入".tablestyle tr td",保留这个名称不变;在"规则定义"下拉框中已经自动选择"mystyles.css"项,指明新建的 CSS 规则将保存于外部样式表 mystyles.css 中;你只需要单击"确定"按钮弹出"CSS 规则定义"对话框。

第 4 步:在规则定义对话框内单击"区块"分类,在"Vertical-align"下拉列表中选择"middle",在"Text-align"下拉列表中选择"center",如图 13.23 所示。之后单击"应用"按钮,可以查看样式效果。

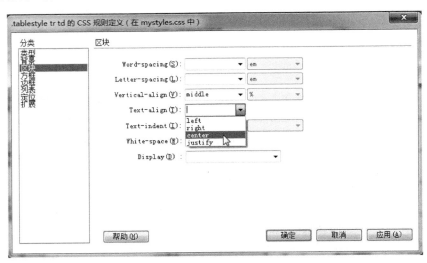

图 13.23　表格中所有单元格的文本都居中

第 5 步：在规则定义对话框内单击“方框”分类，在“Height”输入框内输入“30”，单位为“px”，这个选项使得表格的所有单元格具有相同的高度；在“Padding”组内选中“全部相同”复选框并在该组的“Top”输入框内输入“10”，单位为“px”，你也可以取消选中“Padding”组内的“全部相同”复选框，然后为单元格四边（上、下、左、右）的填充分别设置不同的值。

第 6 步：在规则定义对话框内单击“边框”分类，在“Style”组内选中“全部相同”复选框并在该组的“Top”下拉列表中选择“dashed”项；在“Width”组内选中“全部相同”复选框并在该组的“Top”输入框内输入“1”，单位为“px”；在“Color”组内选中“全部相同”复选框并在该组的“Top”输入框内输入“#AAAABB”（一种蓝灰色）；最后单击“确定”按钮关闭规则定义对话框。

第 7 步：选中表格的第 2 行，即标题行下面的一行，在“属性”面板内单击 HTML 按钮，之后单击“粗体”图标[B]，使得表格第 2 行的文本变粗。

第 8 步：选择菜单“文件”→“保存全部”命令。之后在浏览器中预览 phone_tips.html 页面，查看表格的效果，如图 13.24 所示。

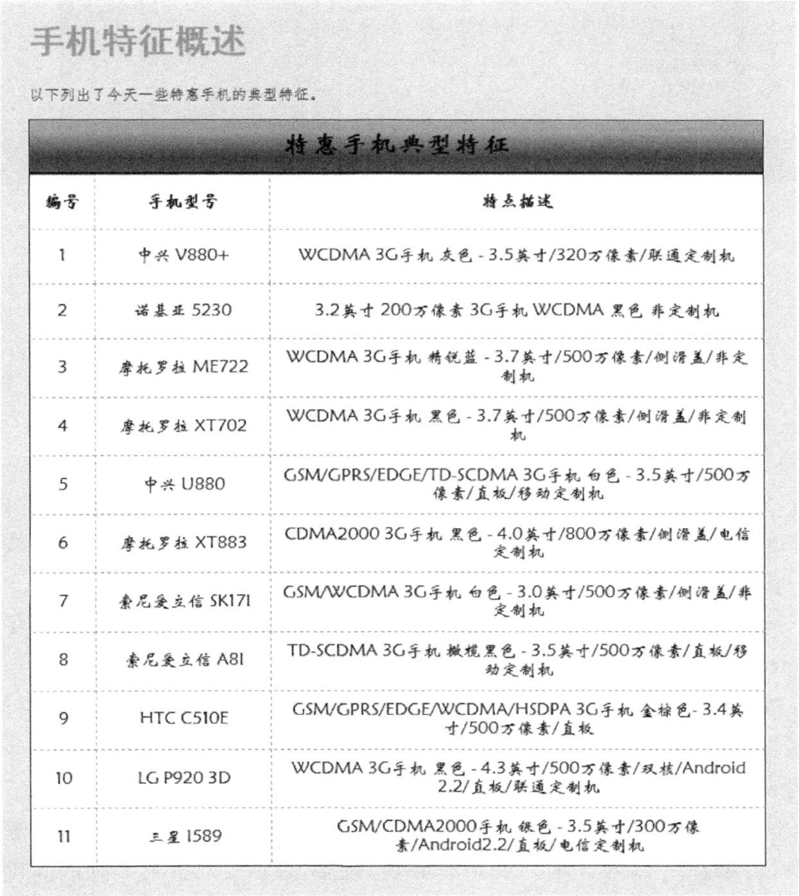

编号	手机型号	特点描述
1	中兴 V880+	WCDMA 3G手机 灰色 - 3.5英寸/320万像素/联通定制机
2	诺基亚 5230	3.2英寸 200万像素 3G手机 WCDMA 黑色 非定制机
3	摩托罗拉 ME722	WCDMA 3G手机 精锐蓝 - 3.7英寸/500万像素/侧滑盖/非定制机
4	摩托罗拉 XT702	WCDMA 3G手机 黑色 - 3.7英寸/500万像素/侧滑盖/非定制机
5	中兴 U880	GSM/GPRS/EDGE/TD-SCDMA 3G手机 白色 - 3.5英寸/500万像素/直板/移动定制机
6	摩托罗拉 XT883	CDMA2000 3G手机 黑色 - 4.0英寸/800万像素/侧滑盖/电信定制机
7	索尼爱立信 SK17I	GSM/WCDMA 3G手机 白色 - 3.0英寸/500万像素/侧滑盖/非定制机
8	索尼爱立信 A8I	TD-SCDMA 3G手机 橄榄黑色 - 3.5英寸/500万像素/直板/移动定制机
9	HTC C510E	GSM/GPRS/EDGE/WCDMA/HSDPA 3G手机 金棕色- 3.4英寸/500万像素/直板
10	LG P920 3D	WCDMA 3G手机 黑色 - 4.3英寸/500万像素/双核/Android 2.2/直板/联通定制机
11	三星 I589	GSM/CDMA2000手机 银色 - 3.5英寸/300万像素/Android2.2/直板/电信定制机

图 13.24　表格在浏览器中的效果

13.9　用 CSS 创建交替的行样式

很多表格的共同特点是表格行交替使用不同的颜色,这便于用户区分不同的行。使用 CSS 可以很方便地实现这一点,只需新建一种针对表格背景颜色的类规则。

第 1 步:在设计窗口内打开文件 phone_tips. html,选中"编号"为 1 的行,之后在"CSS 样式"面板内单击右下角的"新建 CSS 规则"图标,则弹出"新建 CSS 规则"对话框。

第 2 步:在对话框的"选择器类型"下拉列表中选择"类",这是因为你将把这条规则作用于间隔的行。在你创建这个类规则后,必须手工地为每一行设定样式。

第 3 步:在对话框的"选择器名称"输入框内输入"oddrow",在"规则定义"下拉列表中选择"mystyles. css"项,如图 13.25 所示。最后单击"确定"按钮。

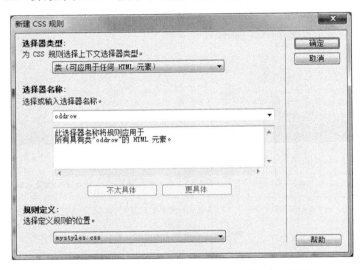

图 13.25　新建一个名为"oddrow"的类 CSS 规则

第 4 步:在弹出的".oddrow 的 CSS 规则定义"对话框内单击"背景"分类,在"Background-color"输入框内输入"♯EEFFFF"(一种淡蓝色),再单击"确定"按钮。接下来你将把这个.oddrow 类规则作用于编号为奇数的行。

第 5 步:选中"编号"为 1 的行,在"属性"面板中单击 HTML 按钮,然后在"类"下拉列表中选择"oddrow"项,可以看到设计窗口内选中的行变成淡蓝色的背景。

第 6 步:按住 Ctrl 键,在行的左侧单击,依次选中编号为 3、5、7、9、11 的行后释放 Ctrl 键,之后在"属性"面板中单击 HTML 按钮,并在"类"下拉列表中选择"oddrow"项,可以看到所有编号为奇数的行都变成淡蓝色背景。

第 7 步:选中整个表格,单击表格右边框并向右拖动,调整表格的宽度,使得第 3 列的内容不发生换行,都在一行内显示。如果有必要,还需要手工调整第 2 列的宽度。

第 8 步:选择菜单"文件"→"保存全部"命令。之后在浏览器中预览 phone_tips. html 页面,查看表格的效果,如图 13.26 所示。

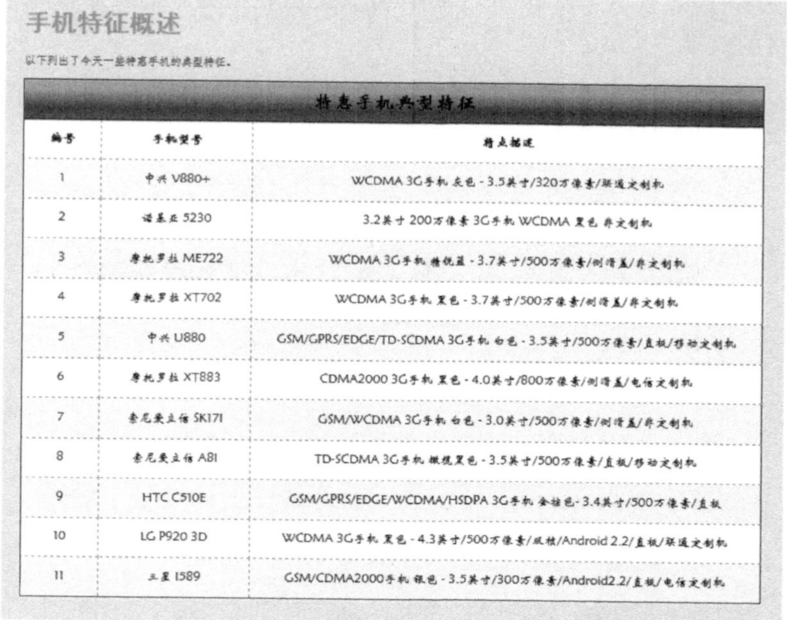

手机特征概述

以下列出了今天一些特惠手机的典型特征。

特惠手机典型特征		
编号	手机型号	特点描述
1	中兴 V880+	WCDMA 3G手机 灰色 - 3.5英寸/320万像素/联通定制机
2	诺基亚 5230	3.2英寸 200万像素 3G手机 WCDMA 黑色 非定制机
3	摩托罗拉 ME722	WCDMA 3G手机 精锐蓝 - 3.7英寸/500万像素/侧滑盖/非定制机
4	摩托罗拉 XT702	WCDMA 3G手机 黑色 - 3.7英寸/500万像素/侧滑盖/非定制机
5	中兴 U880	GSM/GPRS/EDGE/TD-SCDMA 3G手机 白色 - 3.5英寸/500万像素/直板/移动定制机
6	摩托罗拉 XT883	CDMA2000 3G手机 黑色 - 4.0英寸/800万像素/侧滑盖/电信定制机
7	索尼爱立信 SK17I	GSM/WCDMA 3G手机 白色 - 3.0英寸/500万像素/侧滑盖/非定制机
8	索尼爱立信 A8I	TD-SCDMA 3G手机 橄榄黑色 - 3.5英寸/500万像素/直板/移动定制机
9	HTC C510E	GSM/GPRS/EDGE/WCDMA/HSDPA 3G手机 金棕色- 3.4英寸/500万像素/直板
10	LG P920 3D	WCDMA 3G手机 黑色 - 4.3英寸/500万像素/双核/Android 2.2/直板/联通定制机
11	三星 I589	GSM/CDMA2000手机 银色 - 3.5英寸/300万像素/Android2.2/直板/电信定制机

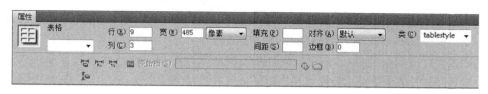

图 13.26　表格在浏览器中的效果

13.10　对其他的表格重用已有的 CSS 样式

与作用于文本及页面布局的 CSS 样式一样，作用于表格的 CSS 样式也可以复用。这样可以提高工作效率并降低维护成本。

第 1 步：在“文件”面板双击 price_change. html 文件，在设计窗口打开它。这个页面使用的 CSS 样式文件与 phone_tips. html 的相同，也是 mystyles. css。这一点可以从页面的代码窗口了解到，或者在打开 price_change. html 后查看“CSS 样式”面板，里面列出了 mystyles. css。接下来你要做的是把名为“. tablestyle”的类 CSS 规则作用于页面中的表格。

第 2 步：在设计窗口内选中整个表格，之后在“属性”面板的“类”下拉列表中选择“tablestyle”项，如图 13.27 所示，则表格被应用这个样式，可以看到表格的外观发生变化。虽然表格的第 1 行有 3 个单元格，依然采用了标题行的样式。

图 13.27　把 tablestyle 类样式作用于之前无样式的表格

第 3 步：为了给表格的行添加颜色交替变化的效果，按住 Ctrl 键，在行的左侧单击，依次选中表格的第 2、4、6、8 行后释放 Ctrl 键，之后在“属性”面板中单击 HTML 按钮，并在“类”下拉列表中选择“oddrow”项，可以看到所有奇数行都变成淡蓝色背景。

第 4 步：选择菜单"文件"→"保存全部"命令。之后在浏览器中预览 price_change.html 页面,查看表格的效果。

手机调价清单

由于市场等诸如因素的影响,一些手机的价格已经作了调整,个别手机的降价幅度很大,当然,也有个别手机的提价幅度很大。请顾客挑选自己心仪的手机。

型号	价格(元)	调价幅度
HTC 纵横 S610d	1829.00	-8%
酷派 D539	929.00	+3%
三星 S5838	1729.00	-5%
夏普 SH8268U	1259.00	-12%
索尼爱立信 WT18i	1089.00	+7%
诺基亚 N9	2699.00	-4%
华为 U8800+	1299.00	-5%
摩托罗拉 ME525+	1799.00	+11%

图 13.28　表格在浏览器中的效果

13.11　对表格排序

本节将练习如何交换表格的两列位置,之后把表格按某一列的数值顺序重新排列。

第 1 步：在"文件"面板双击 price_change.html 文件,在设计窗口打开它。将交换这个表格的"价格"列与"调价幅度"列的位置。选中"调价幅度"整列,之后选择菜单"编辑"→"剪切",则"调价幅度"列消失。

第 2 步：在"价格"列的标题文字"价格(元)"之前单击鼠标,使光标位于"价"字的左边,之后选择菜单"编辑"→"粘贴",则在"价格"列的左边出现"调价幅度"列。这样就交换了两列的位置。采用鼠标单击垂直网格线并向右拖动的方法,手工调整表格各列的宽度,使得单元格的文字不会出现自动换行。接下来你将把表格各行按"价格"从低到高重新排列。

第 3 步：选中整个表格,选择菜单"命令"→"排序表格"命令,弹出"排序表格"对话框。在对话框的"排序按"下拉列表中选择"列 3",因为"价格"列处于第 3 列;在"顺序"下拉列表中选择"按数字顺序",使得排列按照数值大小而非字母顺序;在其右侧的下拉列表中选择"升序",使得排列按照从小到大的顺序。如图 13.29 所示。

第 4 步：单击"排序表格"对话框的"确定"按钮,则设计窗口内的表格发生重新排列,按照"价格"列数值从小到大排列。

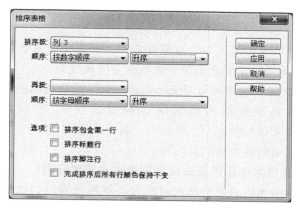

图 13.29　按表格第 3 列的数值从小到大重新排列

第 5 步：选择菜单"文件"→"保存全部"命令。之后在浏览器中预览 price_change.html 页面，查看表格的效果，如图 13.30 所示。

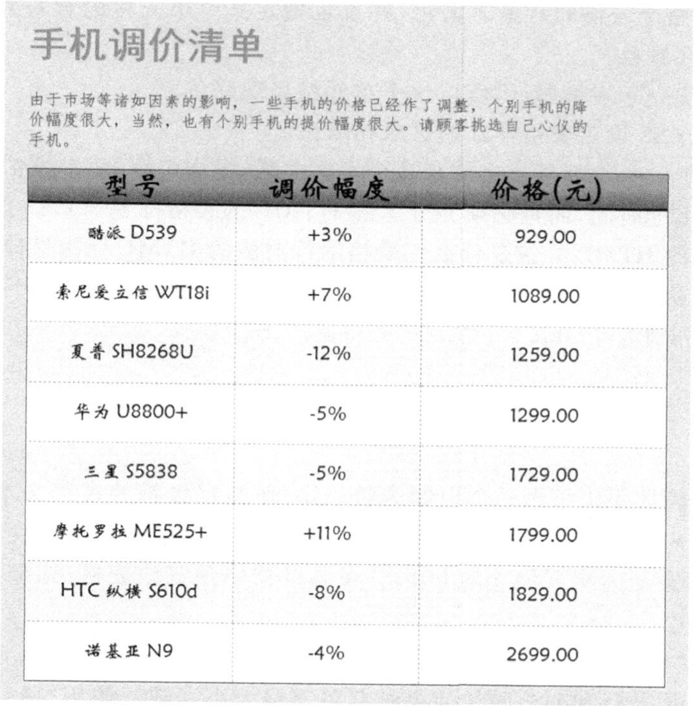

手机调价清单

由于市场等诸如因素的影响，一些手机的价格已经作了调整，个别手机的降价幅度很大，当然，也有个别手机的提价幅度很大。请顾客挑选自己心仪的手机。

型号	调价幅度	价格(元)
晤派 D539	+3%	929.00
索尼爱立信 WT18i	+7%	1089.00
夏普 SH8268U	-12%	1259.00
华为 U8800+	-5%	1299.00
三星 S5838	-5%	1729.00
摩托罗拉 ME525+	+11%	1799.00
HTC 纵横 S610d	-8%	1829.00
诺基亚 N9	-4%	2699.00

图 13.30　表格在浏览器中的效果

13.12　常见问答

1. 百分比宽度的表格与固定宽度的表格有什么不同？

百分比宽度的表格会自动伸缩以适应浏览器窗口的大小，而固定宽度的表格不会自动调整宽度。

2. 当表格某列的宽度被设为一个值(如 **60** 像素),为什么在浏览器中该列呈现的宽度不是这个设定的值呢?

检查一下整个表格的宽度是否为各列宽度之和。如果前者大于后者,那么表格会自动伸展每列的宽度,使得各列的宽度之和等于表格的宽度属性值。

3. 什么是网格型数据? 它如何与 **Dreamweaver CS5** 的表格相关联?

网格型数据通常是从数据库或者电子数据表导入,是以定界符分隔的文本。Dreamweaver CS5 通过菜单"文件"→"导入"→"表格式数据"命令,从这些文件创建表格,并且根据文本内容自动地创建表格的行与列。

4. 用像素值设定表格宽度比用百分比设定表格宽度要好吗?

看情况。如果你希望表格总是呈现相同的大小就用像素值。这样一来,当浏览器窗口比表格要窄时,浏览器必须使用水平滚动条以便用户查看整个表格。如果你使用百分比设定表格宽度,表格的宽度将随浏览器窗口的大小而变化,这样一来就很难预测表格最终在浏览器中将呈现什么模样。如果你使用像素值设定表格宽度,需要建议用户选择某种屏幕分辨率才能看到表格的最佳效果。

5. 如果指定整个表格的背景为蓝色,并且也指定某个单元格的背景为红色,那么这个单元格将呈现什么颜色?

单元格属性优先于表格属性,所以这个单元格呈现红色。

6. 说出使用 **CSS** 设定表格样式的优点和缺点。

优点是可以把一个外部样式文件与多个表格关联,提高效率,便于维护;缺点是初始设定样式时需要较多的时间,而且必须充分了解 HTML 的表格标签与 CSS 选择器。

7. 表格对应的 **HTML** 标签是什么? 表格的行对应的 **HTML** 标签是什么? 表格的单元格对应的 **HTML** 标签是什么? 表格的标题单元格对应的 **HTML** 标签是什么?

对应的标签分别为<table>、<tr>、<td>、<th>。

13.13 动 手 实 践

1. 用文本编辑器手工编辑一个以制表符(tab)作为定界符的多行文本文件,使用菜单"文件"→"导入"→"表格式数据"将其导入。导入时设置表格的固定宽度,导入后通过"属性"面板修改表格宽度为网页尺寸的 50%。在浏览器中预览该表格,调整浏览器窗口大小并观察表格的变化。

2. 使用菜单"插入"→"表格"创建另一个表格,为它添加标题。在单元格内输入文本,之后使文本居中,拖动行和列分隔线使得所有单元格大小一致。使用"属性"面板为该表格添加背景颜色及边框,之后切换至"代码"视图查看 HTML 代码的变化。

3. 新建网页,创建一个两列的表格,第 1 列输入文本,第 2 列输入数值。将表格各行按第 1 列的升序以及第 2 列的降序重新排列。

4. 为本章最后保存的 phone_tips. html 文件中第二个表格应用. tablestyle 类 CSS 规则,并用规则. oddrow 为该表格设定颜色交替变化的行。

5. 在 Dreamweaver CS5 中创建一个表格,输入一些数据,之后选择菜单"文件"→"导出"→"表格",把这个表格的数据导出至某个文件。用文本编辑器,如记事本,打开上述所保存的文件,手工输入若干行记录,注意使用相同的定界符。最后选择菜单"文件"→"导入"→"表格式数据",把这个外部文件的数据导入网页。

6. 往网页内插入一个表格,使用菜单"修改"→"表格"→"合并单元格"(或"拆分单元格")尝试着对表格中相邻单元格进行合并(或拆分单个单元格)。之后在标准模式下往表格的一个单元格内插入一个嵌套的表格。

第 14 章 添加动画、视频和声音

学习目标

◆ 插入动画内容

◆ 使用"资源"面板

◆ 理解插件

◆ 为网页添加视频和声音

由于互联网连接速度的提高,用户期待更多的动态在线内容。为了满足这些需求,越来越多的设计者开始使用动画、声音及视频来增强网站内容的说服力和吸引力。

准备工作

在开始之前,请单击菜单"窗口"→"工作区布局"→"经典"命令,以重置工作区。本章将使用教材素材文件夹 chapter14\material 里的若干文件。请确认你已经把该文件夹内容复制到硬盘上,假设在硬盘上新文件夹的位置为 E:\DreamweaverCS5\lesson08,表示 Dreamweaver CS5 的第 8 课。之后需要创建一个站点,它的根文件夹就是上述硬盘上这个文件夹,站点名称命名为"mediaweb",可以参阅第 8 章"创建一个新站点"了解创建站点的细节。

14.1 插入 Flash 动画

Adobe 公司的 Flash CS5 软件主要用于创建动画及交互式应用。网页上的动画可以是广告横幅、按钮、幻灯片展示等。为网页添加 Flash 动画使得原本静态的网页充满活力。在这次练习中,你将在网页的侧栏区添加一个相当于广告的 flash 动画。

第 1 步:在"文件"面板内双击文件 insertswf.html,在设计视图打开它。将删除侧栏区的"咨询导购"列表,并在该位置添加一个 flash 动画。

第 2 步:用鼠标拖曳的方式选中"咨询导购"列表,之后按 Delete 键,这样就删除了刚才选中的列表。把光标位于侧栏区的"降价信息!"上面一行。

第 3 步:单击"文件"面板右侧的"资源"标签,打开"资源"面板。单击面板左侧第 4 个图标"SWF",面板将列出站点内所有的.swf 文件。单击要添加的.swf 文件 sidebar_ad.swf,最后单击面板下方的"插入"按钮。如图 14.1 所示。

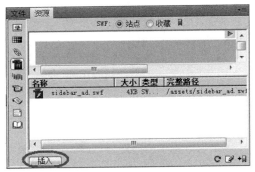

图 14.1 在"资源"面板内选中要添加的.swf 文件再单击"插入"按钮

第 4 步：单击按钮后，Dreamweaver CS5 弹出"对象标签辅助功能属性"对话框，在对话框的"标题"文本框内输入"侧栏广告"，再单击"确定"按钮。因此，往页面添加 Flash 动画与添加图像非常类似。所添加的 flash 动画根据 .swf 的宽度和高度自动设置其尺寸，这一点也与添加 .jpg 或 .gif 一致。

第 5 步：所添加的 .swf 文件在页面上显示为一个中央是 Flash 图标的灰色图像。单击这个灰色图像以选中该动画，在"属性"面板内单击"播放"按钮可以在设计窗口预览此动画，同时该按钮名称变成"停止"，再次单击则停止预览。如图 14.2 所示。

图 14.2　单击"播放"按钮则预览此动画

为了观看 .swf 动画，必须安装 Flash 播放器，可以访问 Adobe.com/products/flashplayer 免费下载并安装。如果有必要，可以把这个下载地址显示在页面内以便访问者可以下载 Flash 播放器再安装到自己的计算机上。

第 6 步：通常 .swf 的尺寸并不与页面布局所需的尺寸一致。在本次练习中，添加的 Flash 动画尺寸过大而破坏了页面原有的布局，因此需要手工调整或设定 Flash 动画的宽度和高度。在 Flash 动画的右下角单击鼠标并向上或向左拖动，以这种方法把 Flash 动画手工调整至合适的大小，使之位于页面的左侧栏内且没有破坏页面布局，如图 14.3 所示。也可以选中 Flash 动画后直接在"属性"面板内设定动画的"宽"度和"高"度使之不会破坏页面布局。

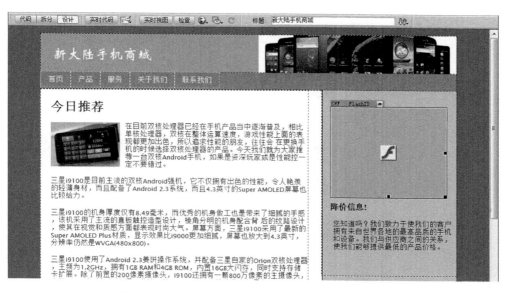

图 14.3　手工调整动画的尺寸使之与页面布局一致

第 7 步：选择菜单"文件"→"保存"命令。之后在浏览器中预览 insertswf.html 页面。

添加动画、视频和声音

14.2 添加 Flash 视频

在本次练习中将学习如何把.flv 格式的视频集成至网页,并添加简单的播放器控件以便用户控制视频的播放。

第 1 步:在"文件"面板内双击文件 insertflv.html,在设计视图打开它。将用一个 flash 视频取代主栏区内的图片。

第 2 步:在设计窗口内单击主栏区的手机图片选中它。查看"属性"面板,可以了解该图片的"ID"为"recommend";再查看"CSS 样式"面板,可以了解存在一条名为"♯recommend"的 ID CSS 规则;因此可以推断这条 CSS 规则作用于之前选中的手机图片,使之具有文字环绕的样式。记住"recommend"这个 ID 名称,因为随后还需要用到这个名称。

第 3 步:按 Delete 键从设计窗口删除手机图片,让光标位于段落文字的前面。之后选择菜单"插入"→"媒体"→"FLV"命令,则弹出"插入 FLV"对话框,如图 14.4 所示。在对话框的"视频类型"下拉列表中选择"累进式下载视频","视频类型"下拉列表包含两个选项:累进式下载视频和流视频,后者需要站点服务器有流服务的支持;再单击"URL"文本框右侧的"浏览…"按钮,在弹出的"选择 FLV"对话框内导航至站点根文件夹下的 assets 文件夹内,单击 phone1.flv 文件,然后单击"确定"按钮以关闭"选择 FLV"对话框,可以看到"URL"文本框内填充了 flv 文件的相对路径;接下来你需要选择"外观","外观"是将显示于视频底部的控件面板,便于用户控制视频的播放,在"外观"下拉列表中选择"Corona Skin 3(最小宽度:258)";再选中"限制高宽比"复选框,使得页面内视频显示的长宽比始终与实际视频的长宽比一致,这样播放时不会造成原始视频的扭曲;然后单击"检测大小"按钮,使

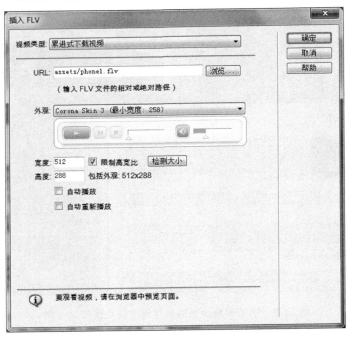

图 14.4 设定 Flash 视频的播放属性

得"宽度"和"高度"文本框内自动填充视频的实际尺寸,即页面内将按视频的实际大小显示,此时也可以通过在"宽度"和"高度"文本框内手工输入像素值指定页面内视频的显示尺寸。

最后单击"确定"按钮完成 Flash 视频的播放属性设置。可以看到主栏区内添加了一个灰色的区域。

第 4 步:单击主栏区内的灰色按钮选中该区域。之后在"属性"面板进行设置,如图 14.5 所示。"FLV"文本框内输入"recommend"(即第 2 步提到了 ID 名称);选中"限制高宽比"复选框使得视频显示的长宽比与原始视频的长宽比相同;根据页面内容,修改"W"文本框为"300"并按回车键;可以看到主栏区内灰色区域按比例缩小,并且被文字环绕,这是因为"♯recommend"规则作用于 ID 为"recommend"的页面元素。

图 14.5 修改所添加视频的属性

第 5 步:选择菜单"文件"→"保存"命令。之后在浏览器中预览 insertflv. html 页面,当鼠标移至视频区域内时,视频下方显现播放控制面板,用户可以进行暂停、重放等操作。

14.3 插入影片视频

在本次练习中将学习如何把 mpg 格式的影片集成至网页,其他格式,如 mov、wmv 的添加方法与之类似。

第 1 步:在"文件"面板内双击文件 insertvideo. html,在设计视图打开它。将用一个 mpg 格式的视频取代主栏区内的图片。

第 2 步:在设计窗口内单击主栏区的手机图片选中它。查看"属性"面板,可以了解该图片的"ID"为"recommend";再查看"CSS 样式"面板,可以了解存在一条名为"♯recommend"的 ID CSS 规则;因此你可以推断这条 CSS 规则作用于之前选中的手机图片,使之具有文字环绕的样式。记住"recommend"这个 ID 名称,因为随后你还需要用到这个名称。

第 3 步:按 Delete 键从设计窗口删除手机图片,让光标位于段落文字的前面。单击"文件"面板右侧的"资源"标签,打开"资源"面板。再单击面板左侧第 6 个图标"影片",面板将列出站点内所有的视频文件,可能包含多种格式,如 flv、wmv、mov、mpg 等。单击选中要添加的 mpg 文件 phone2. mpg,最后单击鼠标右键从上下文菜单选择"插入"命令把所选中的视频插入光标所在的位置。将在光标的位置看到一个插件图标,如图 14.6 所示。暗示需要一个插件才能打开这个视频文件。

第 4 步:当插入一个需要插件才能打开的文件时,需要手工指定文件的显示尺寸,而且还需要额外添加 20 像素的高度以便给插件内置的播放控制面板留出位置。所插入的视频原始大小为 352×288(可以从操作系统的"Windows 资源管理器"得知),所以选中该插件后在"属性"面板的"宽"文本框内输入"352",在"高"文本框内输入"308"($=288+20$)并按回车

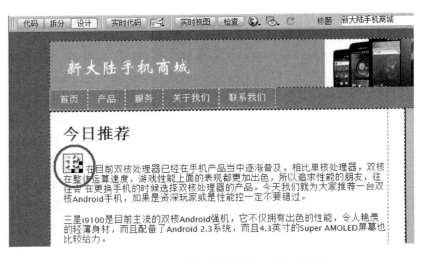

图 14.6　插入影片视频将创建一个插件图标

键,则页面内插件图标变大。

　　第 5 步:依然选中该插件,在"属性"面板的"插件"文本框内输入"recommend"(即第 2 步提到了 ID 名称)并按回车键;可以看到主栏区内插件区域被文字环绕,如图 14.7 所示。这是因为"＃recommend"规则作用于 ID 为"recommend"的页面元素。

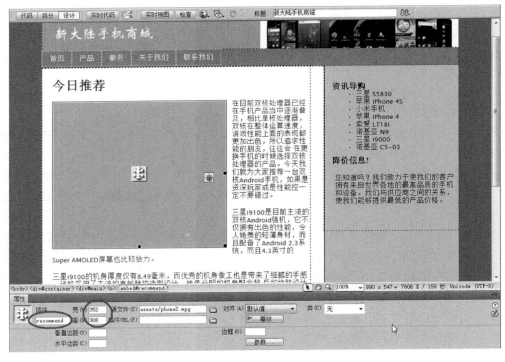

图 14.7　在"属性"面板设置插件的尺寸及 ID 名称

　　第 6 步:选择菜单"文件"→"保存"。之后在浏览器中预览 insertvideo. html 页面,可以在播放控制面板上进行暂停、重放等操作。如果页面不能正常播放视频,则需要从 http://

windows. microsoft. com/zh-cn/windows/windows-media-player 下载并安装 Windows Media 播放器,或者从 http://www. apple. com/quicktime/download 下载并安装 QuickTime 播放器。

14.4 插 入 声 音

声音是另一个用于增强网站效果的元素,常用的声音格式为 mp3。与处理视频相同,浏览器需要一段时间进行下载,并且也需要一个插件,如 QuickTime 或 Windows Media 播放器,才能播放出声音。在本次练习中将给页面添加一个 mp3 文件。

第 1 步:在"文件"面板内双击文件 sound. html,在设计视图打开它。将在第二段文字之后添加一个音频插件。

第 2 步:在第二段文字末尾单击鼠标,让光标位于第二段文字末尾。再按回车键另起一行。

第 3 步:选择菜单"插入"→"媒体"→"插件"命令,在弹出的"选择文件"对话框内选中 assets 文件夹下的 ring. mp3 文件再单击"确定"按钮关闭"选择文件"对话框。可以看到页面内第二段文字下方出现一个插件图标。

第 4 步:单击插件图标的右边框并向右拖动,使得插件图标大约有 180 像素宽,这样页面浏览时音频播放控制面板才有足够的显示空间。

第 5 步:选择菜单"文件"→"保存"命令。之后在浏览器中预览 sound. html 页面,如图 14.8 所示。当浏览器打开页面时,声音被自动播放。接下来你将修改插件的参数使得页面在用户单击 play 按钮之后才开始播放声音。

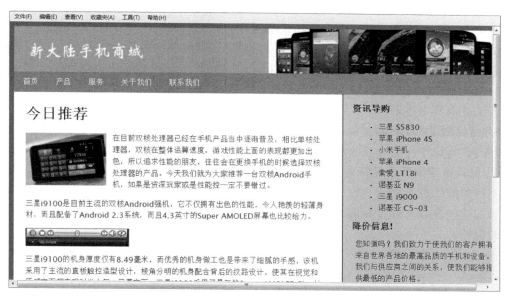

图 14.8 页面显示音频播放控制面板

第 6 步:在设计窗口内单击选中插件图标,之后单击"属性"面板的"参数…"按钮,则弹出"参数"对话框。单击面板内"+"按钮,随后在"参数"列输入"autoplay",并在"值"列输入"false",如图 14.9 所示。最后单击"确定"按钮以关闭对话框。

添加动画、视频和声音

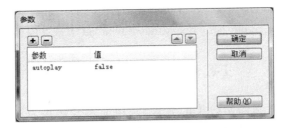

图 14.9　在"参数"对话框内输入参数及值

第 7 步：选择菜单"文件"→"保存"命令。之后在浏览器中预览 sound.html 页面，注意到需要单击插件的 Play 按钮才能听到声音。

14.5　常见问答

1. 什么是插件？插件有什么作用？

插件是由第 3 方开发且安装于浏览器内部的软件程序，插件可以为浏览器添加新功能。当用户为浏览器安装插件后，可能需要重新启动浏览器才能让插件正常运行。虽然网页不限于显示文本和图像，但是网页中多媒体内容需要浏览器预先安装播放器插件才能显示或播放。

2. 当添加 Flash 动画时，要往页面中插入什么类型的文件？

swf 格式的文件。

3. 向页面内添加一个插件，然后在"属性"面板设置这个插件的边框值为一个非零值，但是在页面预览时这个插件四周没有出现边框，这是怎么回事？

页面中一些插件会对"边框"属性有反应，而另一些插件对"边框"属性没有反应，是否有反应是由插件自身决定的，这一点与 HTML 元素不同。

4. 要在网页中显示 .flv 文件，需要安装什么插件？

为了在网页中显示 .flv 文件，需要安装 Flash 播放器。

5. 当说到 Flash 视频文件，"外观"指什么？

"外观"指位于视频底部的一组用于控制视频播放的按钮。

6. 网页中控制声音循环播放的参数和值是什么？

不同的插件有不同的参数。下表列出一些常见的声音控制参数，你可以在"参数"对话框内添加这些参数并设置其值。注意，这些适用于声音的参数可能（也可能不）适用于其他格式的媒体。

参　　数	可　设　的　值
loop	true，false，n（循环播放的次数）
autostart	true，false
hidden	true，false
volume	1—100
playcount	n（播放的次数）

14.6　动　手　实　践

1. 从互联网下载格式为 wmv 或 mov 的文件,将其插入 insertvideo.html 页面。

2. 从互联网下载格式为 pdf 的文件并保存于站点的根文件夹内。在站点的页面内添加一个指向该 PDF 文件的超链接。进行页面预览时单击该超链接,查看所发生的情况。

3. 往页面中插入站点内的一个声音文件,另外创建一个超链接指向同一个声音文件。通过网页预览对网页中嵌入式声音与链接式声音的不同播放方式进行比较。

4. 往页面中插入站点内的一个视频文件,另外创建一个超链接指向同一个视频文件。通过网页预览对网页中嵌入式视频与链接式视频的不同播放方式进行比较。

添加动画、视频和声音

第15章 使用模块化技术加速网页制作

学习目标

◆ 添加代码片断

◆ 使用库重用一些常用项

◆ 新建和修改页面模板

◆ 新建和复制模板内可编辑区

可以充分使用 Dreamweaver CS5 强大的管理和维护工具,重用、复制及维护诸如菜单、商标、代码甚至整个页面布局等一些公用项。Dreamweaver CS5 特有的代码片断、库和网页模板是使得站点的全部网页具有一致的外观必不可少的工具,并且可以在站点范围完成快速更新。

Dreamweaver CS5 提供 3 类模块:代码片断、库项、模板。它们分别代表从一小段代码至整个页面不同层次的可重用模块。

准备工作

在开始之前,请单击菜单"窗口"→"工作区布局"→"经典"命令,以重置工作区。本章将使用教材素材文件夹 chapter15\material 里的若干文件。请确认你已经把该文件夹内容复制到硬盘上,假设在硬盘上新文件夹的位置为 E:\DreamweaverCS5\lesson09,表示 Dreamweaver CS5 的第 9 课。之后需要创建一个站点,它的根文件夹就是上述硬盘上这个文件夹,站点名称命名为"modularweb",可以参阅第 8 章"创建一个新站点"了解创建站点的细节。

15.1 代码片断的介绍

当构建网站网页时,会发现需要创建很多相似的条目。无论是一个两列的布局表格,还是一个联系表单,Dreamweaver CS5 代码片断功能允许把任意一段代码添加至一个公用库成为库元件,之后只需简单地拖放库元件至网页就能实现代码重用。实际上可以把页面内任何元素存储为库元件。

Dreamweaver CS5 提供一个包含了导航栏、表单元素、表格,甚至 Javascript 的扩展代码片断库。代码片断库是 Dreamweaver CS5 软件的一部分,并不仅仅限于某个站点。可以直接往 Dreamweaver CS5 代码片断库里添加自己的代码片断,之后可以在任何时间任何站点内使用库内的代码片断。

通过"代码片断"面板来管理代码片断库。"代码片断"面板就像一个超级剪贴板,而使用一个代码片断就类似于复制一个页面元素并粘贴至另一个网页。在"代码片断"面板修改一个代码片断不会改变之前在页面内已经使用的该代码片断。因此，代码片断库是用于存储公用的且不需要做全局管理的网页元素的地方。

15.2　使用代码片断

　　"代码片断"面板按类显示 Dreamweaver CS5 内可用的代码片断。可以从"代码片断"面板添加和编辑代码片断，也可以添加和编辑类别。使用代码片断时只需要在"代码片断"面板中选择代码片断并拖至页面内。

　　Dreamweaver CS5 提供很多现成的代码片断，这些代码片断可以作为表单、列表及导航栏等的起点，很多时候只需要对文本稍作改变并添加一些基本的样式。

　　第 1 步：在"文件"面板内双击文件 main.html 在设计窗口打开它。之后选择菜单"窗口"→"代码片断"命令，以打开"代码片断"面板（你也可以单击"代码片断"标签）。在分类列表中双击"文本"类以展开该类，如图 15.1 所示。将用"服务标志"代码片断为页面添加服务标志符号。

图 15.1　"代码片断"面板

　　第 2 步：在设计窗口内标题"今日推荐"的右侧单击鼠标，之后在"代码片断"面板的"文本"文件夹下双击"服务标志"代码片断，则一个上标"sm"出现于标题右上角。

　　第 3 步：在"代码片断"面板内选中某个代码片断时，面板的上半部显示的是当前代码片断的预览（设计或代码）。经过第 2 步，已经选中"服务标志"代码片断，因此面板上半部显示的是"服务标志"的代码。单击面板右上角的菜单图标，选择"编辑"，则弹出"代码片断"对话框，这个对话框显示了当前代码片断的相关信息，包括名称、描述、代码片断类型、插入代码以及预览类型，如图 15.2 所示。从对话框可知"服务标志"代码片断使用的是 sup 这个 HTML 标签。

　　第 4 步：单击"取消"按钮，因为这次你不需要做什么改动。

　　第 5 步：选择菜单"文件"→"保存全部"命令。

图 15.2 "代码片断"对话框

15.3 新建代码片断

当页面上有你要重用的东西，新建一个代码片断是好办法。可以从"代码片断"面板直接创建新的代码片断，也可以用页面上被选中的页面元素创建代码片断。本次练习将把一个已有的表格转变成代码片断。

第1步：在"文件"面板内双击文件 phonetips.html 在设计窗口打开它。这个页面有一个已经设定样式的表格。接下来将把这个表格转变成代码片断。

第2步：单击表格的边框选中该表格。之后单击"代码片断"面板右下角的"新建代码片断"图标则弹出"代码片断"对话框，并且被选表格的全部 HTML 代码自动地出现在对话框的"前插入"文本框内。

第3步：在对话框的"名称"框内输入"phoneparam"；在"描述"框内输入"手机参数概要描述"；"代码片断类型"选择"插入块"选项；"预览类型"则选择"设计"选项；如图 15.3 所示。最后单击"确定"按钮关闭该对话框。

注意，"插入块"选项使得该表格将作为独立元素被插入，而"设计"选项使得你在"代码片断"面板上半部看到的是该表格的预览效果而非 HTML 代码。

在对话框被关闭后，你在"代码片断"面板内可以看到新增的代码片断。默认情况下，一个新增的代码片断将位于"代码片断"面板中上一次使用的文件夹，本次练习中是"文本"文件夹。可以重新组织"代码片断"面板内的文件夹。

第4步：在"代码片断"面板的右下角单击"新建代码片断文件夹"图标，则出现一个新文件夹，把该文件夹重命名为"新大陆手机商城"再按回车键。单击"phoneparam"代码片断并把它拖到新文件夹上再释放鼠标。

代码片断实际上是后缀名为.csn 的外部文件，它们保存于操作系统中。如果之前有人已经用这台计算机做相同的练习，会发现"phoneparam"代码片断早已存在。可以在"代码片断"面板中先单击该代码片断再单击位于面板右下角的"删除"图标将此代码片断删除。

第5步：单击选中"phoneparam"代码片断，在面板上半部出现表格的设计预览效果。

可以单击并拖动面板上半部下方的分割线以扩展预览窗口，如图15.4所示。

图15.3　在"代码片断"对话框内设置选项

型号	适用网络	像素(万)
中兴 V880+	WCDMA 3G	320
诺基亚 5230	WCDMA 3G	200
摩托罗拉 ME722	WCDMA 3G	500
摩托罗拉 XT702	WCDMA 3G	500
中兴 U880	GSM/GPRS/EDGE/TD-SCDMA 3G	500
摩托罗拉 XT883	CDMA2000 3G	800
索尼爱立信 SK17I	GSM/WCDMA 3G	500
索尼爱立信 A8I	TD-SCDMA 3G	500
HTC C510E	GSM/GPRS/EDGE/WCDMA/HSDPA 3G	500
LG P920 3D	WCDMA 3G	500

名称　　　　　　　　　　　　　　描述
⊞ 📁 JavaScript
⊞ 📁 META
⊞ 📁 旧版
⊞ 📁 导航
⊞ 📁 文本
⊟ 📁 新大陆手机商城
　　 § phoneparam　　　　　　　手机参数概要描述
⊞ 📁 注释
⊞ 📁 表单元素
⊞ 📁 页脚

图15.4　单击并拖动面板的分割线以扩展预览窗口

　　第6步：在"文件"面板内双击文件main.html在设计窗口打开它。在标题"手机参数清单"下方单击鼠标，让光标位于该标题下方。之后在"代码片断"面板内双击"phoneparam"代码片断，这样它被添加至main.html页面，如图15.5所示。

　　在很多情况下，代码片断只是一种更快的"复制＋粘贴"方式，但是，必须明白代码片断只是复制HTML代码，并不复制相关的CSS。正如在"代码片断"面板的上半部所看到的，"phoneparam"代码片断是一个没有样式的表格。但是，当把"phoneparam"代码片断添加至

使用模块化技术加速网页制作

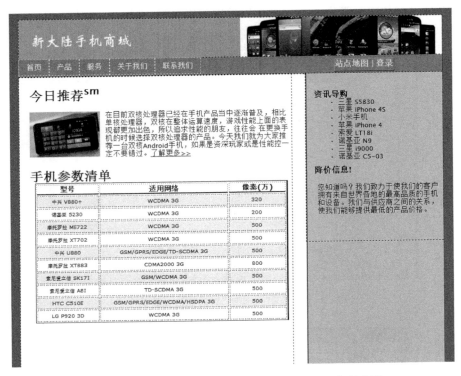

图 15.5   在 main.html 页面内插入 phoneparam 代码片断

main.html 页面时,这个表格展现出样式。这是因为"代码片断"面板仅仅以设计视图预览 HTML 代码,而作用于表格的 CSS 规则保存于一个外部样式表并且该站点所有的页面都已经引用了这个外部样式表。因此,如果把"phoneparam"代码片断插入一个新的空白网页,则表格将不会呈现样式,除非把外部样式表关联至这个网页。

第 7 步:在"代码片断"面板中单击面板右上角的菜单图标,选择"编辑",则弹出"代码

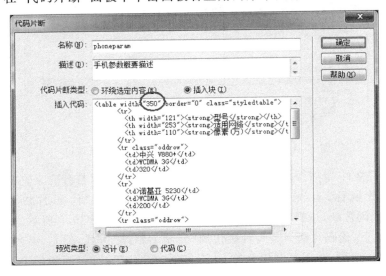

图 15.6   改变代码片断的表格宽度值

片断"对话框。如图 15.6 所示,在对话框的第一行 HTML 代码中把表格宽度值改成"350"再单击"确定"按钮。这对 main.html 页面上的表格宽度没有任何影响,因为在"代码片断"面板内的代码与网页内的代码已经没有任何联系。但是,此后在网页中通过"phoneparam"代码片断插入的表格将使用新的宽度值。

第 8 步:选择菜单"文件"→"保存全部"命令。

15.4 新建并插入库项

库是 Dreamweaver CS5 的另一种模块化技术。可以把任何要公用的页面元素放入库成为库项,之后可以把 Dreamweaver CS5 的一个库项添加至多个网页,网页上所添加的项称为实例,一个库项的多个实例保持与原始库项的联系。对库项所作的任何修改将自动地更新站点内该库项的所有实例。

与代码片断不同,库项仅仅限于特定的站点,即每个站点有自己专有的库,库项保存于站点的 Library 文件夹内,每个库项单独地保存为一个文件,后缀名为.lbi。

第 1 步:选择菜单"窗口"→"资源"命令,打开"资源"面板,再单击面板左侧底部的"库"图标,如图 15.7 所示。

在这个面板内,可以直接新增、编辑、管理当前站点的库项。接下来将把页面中全局导航菜单转变成一个库项。

第 2 步:在"文件"面板内双击文件 main.html 在设计窗口打开它。单击页面右上角的"apDiv1"Div 元素的边框以选中该 Div(即包含文本"站点地图|登录"的小方框)。

第 3 步:在"资源"面板内单击左侧最后一个图标"库",之后在面板下半部单击鼠标右键,从上下文菜单选择"新建库项",则弹出一条警告信息的对话框,如图 15.8 所示,告知样式表信息不会被复制。

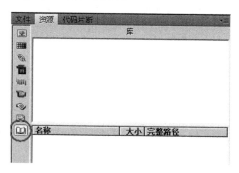

图 15.7 "资源"面板的"库"图标

图 15.8 新建库项时的警告信息

单击警告对话框的"确定"按钮,则所选中的菜单作为新的库项被添加,把它命名为"GNav"。此时 main.html 页面内用于全局导航的"apDiv1"Div 成为 GNav 这个库项的一个实例。注意到页面内的库项实例以高亮的黄色显示,如图 15.9 所示。

接下来你将把 GNav 库项添加至其他的页面。

第 4 步:在"文件"面板内双击文件 phonetips.html 在设计窗口打开它。之后在"资源"面板内单击"GNav"库项并拖至页面内,则 phonetips.html 页面内放置了一个 GNav 库项的

使用模块化技术加速网页制作

图 15.9 "apDiv1"Div 呈现高亮黄色,这是因为它是库项的一个实例

实例。

第 5 步:在"文件"面板内双击文件 recommend. html 在设计窗口打开它。之后在"资源"面板内单击"GNav"库项,再单击面板底部的"插入"按钮,则 recommend. html 页面内放置了一个 GNav 库项的实例。

随后,将修改 GNav 库项,这样一来,上述 3 个页面将同时发生改变。

15.5　修 改 库 项

由于库项的所有实例均与原始库项保持联系,一旦原始库项发生改变,该库项的所有实例均发生改变。可以从"资源"面板编辑库项,也可以在页面内选中库项的一个实例,之后在"属性"面板单击"打开"按钮来编辑库项。

第 1 步:在"资源"面板的库项列表中双击名为"GNav"的库项,则在设计窗口打开 GNav. lbi 文件可供编辑,如图 15.10 所示。注意,没有样式信息与这个文件关联,正如新建库项时的警告信息。

图 15.10　GNav 库项作为一个单独的文件被打开,而且没有样式

第 2 步:在设计窗口中把页面内的文字"登录"改成"账号"。接下来你要为文字添加超链接。在 GNav. lbi 的设计窗口选中文本"账号",之后在"属性"面板内单击 HTML 按钮,再单击"属性"面板中"浏览文件"图标,在弹出的"选择文件"对话框内选择文件 login. html 并单击"确定"按钮,这样就为文本"账号"添加了超链接。

第 3 步:在 GNav. lbi 的设计窗口选中文本"站点地图",之后在"属性"面板内单击 HTML 按钮,再单击"属性"面板中"浏览文件"图标,在弹出的"选择文件"对话框内选择文件 sitemap. html 并单击"确定"按钮,这样就为文本"站点地图"添加了超链接。

第 4 步:选择菜单"文件"→"保存"命令,则弹出"更新库项目"对话框,如图 15.11 所示。对话框列出了 3 个文件。当修改并保存一个库项时,将显示一个使用了该库项的文件列表,可以选择"更新"或"不更新"来决定是否要把库项的改动反映到该库项的实例。

第 5 步:单击"更新"按钮,列表中的文件均被更新,并弹出"更新页面"对话框,如图 15.12 所示。选中"显示记录"复选框,则显示文件列表的更新状态,可以了解更新时是否发生错误。最后单击"关闭"按钮。

图 15.11　当保存库项时,此对话框列出了
所有受影响的页面

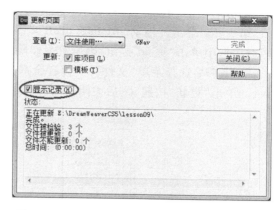

图 15.12　在对话框内显示文件列表的更新状态

第 6 步:打开上述文件列表中的 3 个文件,注意到 3 个页面中该库项的实例均发生了变化。站点越大,库项就越有用。库项对超链接导航尤其有用,因为库项可以防止错误的链接。

例如,现在有 3 个文件(main. html、phonetips、recommend. html)使用了库项 GNav,该库项包含指向 login. html 和 sitemap. html 的超链接。如果把 login. html 与 sitemap. html 移到一个新文件夹内会发生什么情况? 接下来将检验这种情况。

第 7 步:打开"文件"面板,单击文件列表的根文件夹(即节点"站点—modularweb"),之后右击鼠标打开一个上下文菜单,如图 15.13 所示,选择"新建文件夹",把新文件夹改名为"GlobalNavigation"并按回车键。

第 8 步:在"文件"面板内单击文件 login. html 并拖动至 GlobalNavigation 文件夹上,当释放鼠标时,弹出"更新文件"对话框,如图 15.14 所示。该对话框列出了所有需要更新的文件。

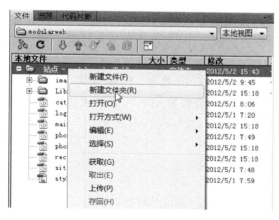

图 15.13　在根文件夹上右击鼠标打开
一个上下文菜单

图 15.14　当移动文件时,此对话框列出了超链
接受到影响的所有页面

使用模块化技术加速网页制作

这是非常节省时间的一项功能,不必检查每个页面并修改指向被移动页面的超链接,只要单击对话框的"更新"按钮,每个页面中受影响的超链接将立刻进行更新。

第9步:单击并拖动 sitemap.html 文件至 GlobalNavigation 文件夹,在弹出的"更新文件"对话框中单击"更新"按钮,则所有受影响的文件被更新。

第10步:选择菜单"文件"→"保存全部"命令,则弹出"更新库项目"对话框,如图 15.15 所示。单击"更新"按钮,之后关闭所有打开的文件。

图 15.15 当保存库项时,此对话框列出了所有受影响的页面

少数情况下,可能需要解除库项与其某个实例的关联。为了做到这一点,必须在页面内选中库项实例,之后在"属性"面板单击"从源文件中分离"按钮。必须清楚的是,一旦一个库项实例解除了与库项的关联,之后对该页面库项的修改必须手工进行。另外,有时候在代码视图选中页面库项比在设计视图要容易。

15.6 模板的介绍

如果要创建多个有相同外观和布局的网页,最好采用 Dreamweaver CS5 的模板。Dreamweaver CS5 的模板是用于创建其他网页的母版,这些被创建的网页继承了模板的全部元素,你可以修改每个网页使之包含特有的内容和元素。与库项相同,修改一个模板后,所有基于此模板的网页会更新以反映模板的改动。

创建一个模板时,需要指定可编辑区或者允许修改的网页内容。默认情况下,从模板创建的网页的所有元素被锁定,是不能修改、编辑的,只能改动原始的母版。但是可以设定模板的某个或某些区域是可编辑的,这样当用该模板创建网页后,可以单独地对新网页添加或修改内容,避免破坏原始的母版布局。

模板仅仅限于特定的站点,即每个站点有自己专有的模板,模板保存于站点的 Templates 文件夹内,每个模板单独地保存为一个文件,后缀名为.dwt。可以通过"资源"面板内的模板列表打开、编辑及新建当前站点的模板。

15.7 新 建 模 板

对于新大陆手机商城站点,需要复制 category 和 phone_detail 网页以便显示多个产品类型及产品细节。为了实现这一点,将为这两个网页分别创建模板,这样可以快速地创建布局相同的网页。

第1步:在"文件"面板内双击文件 phone_detail.html 在设计窗口打开它。这个页面包含一般的文本以及图像占位符。

第 2 步：在"资源"面板内单击"库"图标，之后在库项列表中单击 GNav 按钮并拖动至 phone_detail. html 页面。因为 phone_detail. html 将用作模板，所以添加一个库项，使页面充分发挥模板的作用。

第 3 步：接下来把 phone_detail. html 保存为模板。单击菜单"文件"→"另存为模板"命令，则弹出"另存模板"对话框，如图 15. 16 所示。

图 15.16　为新模板命名

第 4 步：保留对话框的默认设置，单击"保存"按钮。弹出一个询问对话框，询问"要更新链接吗？"，单击"是"按钮以允许更新任何链接。之后关闭所有打开的文件。

15.8　设置模板的可编辑区

通过定义模板的可编辑区，就可以修改任何用该模板创建的页面。从模板创建新的 HTML 页面时，页面的某些区域可能需要修改，而另外一些区域不需要修改。

第 1 步：单击"资源"面板的"模板"图标，可以看到面板的模板列表中没有列出新增的"phone_detail"模板。在模板列表中右击鼠标，在上下文菜单中选择"刷新站点列表"，则模板列表中列出了新增的"phone_detail"模板。双击此模板，在设计窗口打开它。

第 2 步：在 phone_detail 模板内选中标题"智能手机"，再选择菜单"插入"→"模板对象"→"可编辑区域"命令，弹出"新建可编辑区域"对话框。在"名称"文本框内输入"PhoneCategory"，之后单击"确定"按钮，则 phone_detail 模板中文字"智能手机"就位于蓝色的方框内并且方框上方出现一个名为"PhoneCategory"的蓝色标签。这表明用该模板创建的任何网页的这个部分是可编辑的。

第 3 步：在 phone_detail 模板内选中文字"诺基亚 N9"，再选择菜单"插入"→"模板对象"→"可编辑区域"命令，弹出"新建可编辑区域"对话框。在"名称"文本框内输入"PhoneName"，之后单击"确定"按钮。

第 4 步：phone_detail 模板内选中图像占位符"Phone_image"，再选择菜单"插入"→"模板对象"→"可编辑区域"命令，弹出"新建可编辑区域"对话框，如图 15. 17 所示。在"名称"文本框内输入"PhoneImage"，之后单击"确定"按钮。

第 5 步：最后，选择菜单"文件"→"保存"命令，将弹出一个警告信息窗口，如图 15. 18 所示，警告将可编辑区放入块标签内，单击"确定"按钮。

图 15.17　为图像占位符的可编辑区命名　　　　图 15.18　保存模板时弹出的警告窗口

　　至此,可以用这个模板创建任意多个网页,并对它们进行管理。可以修改用模板创建的网页的可编辑区的内容,但是这些网页的主要布局和页面元素不能被改变。

15.9　用模板新建网页

　　现在将用 phone_detail 模板创建两个不同的手机页面。

　　第 1 步:单击"资源"面板的"模板"图标,在模板列表中单击选中 phone_detail 模板。再单击面板右上角的菜单图标,选择"从模板新建"。这将在设计窗口打开一个基于所选模板的未命名的新页面,之后选择菜单"文件"→"保存"命令,把新页面保存于站点根文件夹下,取名为"phone1.html",最后单击"保存"按钮。注意,如果在"资源"面板的模板列表中找不到你所添加的模板,可以单击面板下方"刷新站点列表"图标,这将更新列表。

　　第 2 步:在 phone1.html 的设计窗口内单击右侧栏的文字,无法选中或移动任何元素,因为这个区域是不可编辑的。注意到设计窗口右上角有一个黄色的高亮方框,显示"模板:phone_detail"。用黄色高亮来标示当前页面是基于一个模板,这一点与库项类似。

　　第 3 步:在 phone1.html 的设计窗口内选中"PhoneCategory"可编辑区内的文字并输入"三星手机";再选中"PhoneName"可编辑区内的文字并输入"Champ Deluxe Duos";选中"Phone_image"图像占位符,在"属性"面板内单击"源文件"右侧的"浏览文件"按钮,如图 15.19 所示。

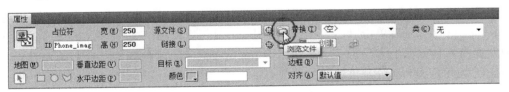

图 15.19　单击文件夹图标以定位 phone1.jpg 文件

　　在弹出的对话框内导航至站点根文件夹下的 images 文件夹内,再单击文件 phone1.jpg,最后单击"确定"按钮以关闭对话框。可以看到设计窗口内图像占位符已经被一个手机图像取代。

　　第 4 步:选择菜单"文件"→"保存"命令,保存对 phone1.html 所做的修改。另一种使用模板新建网页的方法是使用菜单"文件"→"新建"命令。

　　第 5 步:选择菜单"文件"→"新建"命令,在弹出的"新建文档"对话框中单击"模板中的页"选项,则对话框的第一栏列出你所定义的全部站点,在第一栏内单击选中"modularweb"

站点；之后在第二栏将自动列出所选站点所包含的全部模板，在第二栏内单击选中"phone_detail"模板，则对话框右端的小窗口显示该模板缩略图，如图 15.20 所示。最后单击"创建"按钮，则新建了一个页面。

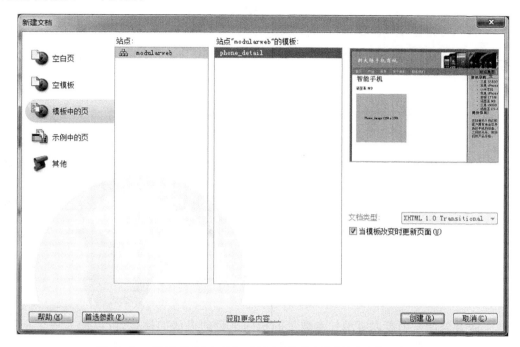

图 15.20　选择菜单"文件"→"新建"所弹出的"新建文档"对话框

第 6 步：选择菜单"文件"→"保存"命令，在站点根文件夹内把新建的文件保存为"phone2. html"。之后把"PhoneCategory"可编辑区的文字改为"HTC"；把"PhoneName"可编辑区的文字改为"新渴望 V/T328w"；通过单击"属性"面板内文件夹图标把"PhoneImage"可编辑区的图像占位符的源文件设为"images/phone2. jpg"。

第 7 步：选择菜单"文件"→"保存"命令，保存对 phone2. html 所做的修改。

15.10　修　改　模　板

与库项相似，当修改原始的模板时，之前用该模板创建的所有网页将自动更新。

第 1 步：在"资源"面板的模板列表中双击 phone_detail 模板将在设计窗口打开它。

第 2 步：在设计窗口内，把光标放在图像占位符 Phone_image 的右侧并按回车键，然后输入"这是合约机"，如图 15.21 所示。

如果现在就保存，那么新增的文本将自动添加至 phone1. html 与 phone2. html。除非希望这两个页面中这行文字是不可修改的，否则需要把这行文字改成可编辑区。

第 3 步：在设计窗口内选中文本"这是合约机"，再选择菜单"插入"→"模板对象"→"可编辑区域"，在弹出的对话框内把这个区域命名为"contract"并单击"确定"按钮。

第 4 步：选择菜单"文件"→"保存"命令，则弹出"更新模板文件"对话框，如图 15.22 所示。该对话框列出了修改此模板所影响到的全部网页文件。

使用模块化技术加速网页制作

图 15.21 在图像占位符
下方插入文本

图 15.22 当保存模板时，此对话框列出了所有
受影响的页面

单击"更新"按钮，则弹出"更新页面"对话框，显示文件的更新状态，最后单击"关闭"按钮。

第 5 步：在"文件"面板内双击 phone2.html 文件打开它，注意到文件已经被自动更新。在页面的"contract"可编辑区内把文本修改为"这不是合约机"。

第 6 步：选择菜单"文件"→"保存"命令，然后关闭所有打开的文档。

15.11 新建模板的重复区域

如果需要添加一个可以容纳任意数量的相同条目的灵活的模板，可以插入一个重复区域。重复区域允许把模板的一个区域定义为可重复的，当基于该模板创建一个网页时，可以多次添加或重复这个区域来显示信息，也可以随时把网页的重复区域重新排序而不必移动内容。在模板中把诸如表格行、段落或者小型表格等页面元素设为重复区域，然后在网页中按需要的次数重复该区域。

一个重复区域并非自动就是可编辑的，因此，为了在网页中可以添加或编辑重复区域的内容，需要在重复区域内设置可编辑区域。

在 category.html 页面中添加一个重复区域然后把页面转换成模板，以便可以用这个模板显示任意数量的某类型的手机。

第 1 步：在"文件"面板双击 category.html 文件打开它。位于主栏区内的表格包含一行两列，每个单元格包含一个图像占位符和一个名称占位符。单击表格的边框以选中它。

第 2 步：选择菜单"插入"→"模板对象"→"重复区域"命令，由于还没有把这个网页保存为模板，所以弹出一个消息框告知你"Dreamweaver CS5 会自动将此文档转换为模板"，单击消息框的"确定"按钮。

第 3 步：消息框关闭后弹出"新建重复区域"对话框，如图 15.23 所示。在"名称"文本框内输入"Phones"，并单击"确定"按钮。

第 4 步：选择菜单"文件"→"另存为模板"命令，为新模板取名为"category_template"再单击"保存"按钮，之后如果询问是否要更新链接，就单击"是"按钮。

图 15.23 新建重复区域对话框

第 5 步：在左边的单元格内高亮选中文本"{Phone}"，再选择菜单"插入"→"模板对象"→"可编辑区域"命令，把新增的区域命名为"PhoneName"并单击"确定"按钮。

第 6 步：在左边的单元格内选中图像占位符，再选择菜单"插入"→"模板对象"→"可编辑区域"命令，把新增的区域命名为"PhoneImage"并单击"确定"按钮。

第 7 步：在右边的单元格内高亮选中文本"{Phone}"，再选择菜单"插入"→"模板对象"→"可编辑区域"命令，把新增的区域命名为"PhoneName2"并单击"确定"按钮。

第 8 步：在右边的单元格内选中图像占位符，再选择菜单"插入"→"模板对象"→"可编辑区域"命令，把新增的区域命名为"PhoneImage2"并单击"确定"按钮。

第 9 步：选择菜单"文件"→"保存"命令，把这个模板保存。

注意：一个模板内不能包含相同的区域名称。如果把两个可编辑区域设为相同的名称，Dreamweaver CS5 将报错。

15.12　使用模板的重复区域

用 category_template 模板创建网页，再重复网页的某个区域。

第 1 步：打开"资源"面板，在模板列表中单击选中 category_template 模板，之后从"资源"面板右上角的菜单选择"从模板新建"，则新建了一个网页。

第 2 步：在站点根文件夹内把新增的网页保存为"category_phones.html"。注意页面主栏区内的重复区域，其名称为"Phones"，名称右侧有 4 个按钮，如图 15.24 所示。通过这些按钮，可以添加、删除或者上下移动重复区域。

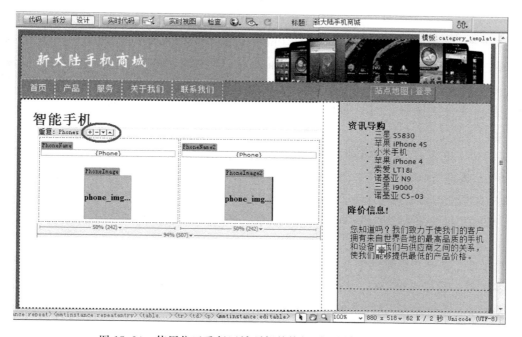

图 15.24　使用位于重复区域顶部的按钮可以添加新的表格行

使用模块化技术加速网页制作

第 3 步：单击位于重复区域顶部的"＋"(加号)按钮,则重复区域增加一次,在这个练习中即新增一行。单击位于重复区域顶部的"－"(减号)按钮,则重复区域减少一次,在这个练习中即减少一行。多次单击"＋"按钮再多次单击"－"按钮,以体会重复区域的增加和减少,最后让页面保留两个表格行,如图 15.25 所示。

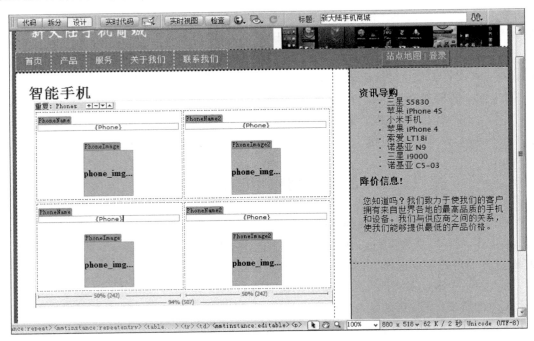

图 15.25　通过单击"＋"按钮把重复区域增加一次

第 4 步：在重复区域的第 1 行内,把"PhoneName"可编辑区的文字改为"三星 galaxy";通过单击"属性"面板内文件夹图标把"PhoneImage"可编辑区的图像占位符的源文件设为"images/galaxy.jpg";把"PhoneName2"可编辑区的文字改为"三星 i929";通过单击"属性"面板内文件夹图标把"PhoneImage2"可编辑区的图像占位符的源文件设为"images/i929.jpg"。

第 5 步：在重复区域的第 2 行内,把"PhoneName"可编辑区的文字改为"三星 i9220";通过单击"属性"面板内文件夹图标把"PhoneImage"可编辑区的图像占位符的源文件设为"images/i9220.jpg";把"PhoneName2"可编辑区的文字改为"三星 w899";通过单击"属性"面板内文件夹图标把"PhoneImage2"可编辑区的图像占位符的源文件设为"images/w899.jpg"。如图 15.26 所示。

第 6 步：在重复区域的第 2 行内单击,之后单击重复区域顶部的"向上"按钮,则第 2 行的内容上移一行成为第 1 行。当重复区域发生多次重复时,这个上下移动的功能尤其有用。

第 7 步：选择菜单"文件"→"保存全部"命令。之后在浏览器中预览 category_phones.html 页面,如图 15.27 所示。

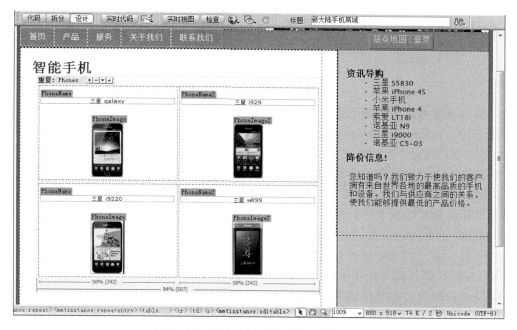

图 15.26　修改重复区域内的可编辑区域

图 15.27　页面在浏览器中的效果

15.13　把网页从模板中分离

如果想修改一个基于模板的网页中可编辑区域之外的内容,可以在设计窗口打开这个
网页,再选择菜单"修改"→"模板"→"从模板中分离"命令,把这个网页从其模板中分离出

使用模块化技术加速网页制作

来,解除了这个网页与其模板的关联,这样就可以随意地修改这个网页。注意,如果解除了一个网页与其模板的关联,那么之后再对原始模板所做的任何改变不会再更新这个网页。

15.14　常见问答

1. 代码片断与库项的两个主要区别是什么?

代码片断存储为 Dreamweaver CS5 软件的一部分,不论当前是哪个文档或哪个站点,都可以使用代码片断;库项则仅限于某个站点,不同的站点其库项是不同的。当原始的代码片断被修改后,之前在网页中使用的该代码片断不会更新;而库项被修改后,之前在站点的网页中使用的库项实例都会更新。

2. 库项与模板的主要区别是什么?

库项用作页面的一部分,而模板包含整个页面的结构;此外,模板可以定义某些区域为可编辑的,这样便于开发者更改使用模板所创建的网页,而开发者不能更改网页中的库项内容。库项与模板的相似之处在于两者都能自动地更新所有与之关联的网页。

3. 网页内哪种对象适合放入库中?

适合放入库中的网页对象包括公司商标(包括替换文本和超链接),用于搜索的文本输入框(小表单),标准的页脚文本(包括版权信息)等诸如此类的信息。

4. 如何添加一个代码片断至页面?

可以把一个代码片断从"代码片断"面板拖至页面上,或者先把光标定位于页面内,再双击"代码片断"面板内的代码片断。

5. 库项与网页模板存储于何处? 你用什么面板可以管理它们?

库项与网页模板分别存储于本地站点的 Library 文件夹与 Templates 文件夹内(所以库项与网页模板仅限于某个站点)。你可以使用"资源"面板上专门的类(分别是"库"与"模板")来管理它们。

6. 库项文件的扩展名是什么? 模板文件的扩展名是什么?

库项文件的扩展名是.lbi,模板文件的扩展名是.dwt。

7. 在修改原始的模板后,基于该模板的网页会发生什么?

Dreamweaver CS5 更新站点内所有基于该模板的网页以反映原始模板的变化。

8. 对或错:网页使用的重复区域自动是可编辑的。

错。必须在模板的重复区域内设置可编辑区域,这样在基于该模板的网页内你就可以在这些可编辑区域内添加、修改内容,以实现对重复区域的内容编辑。

15.15　动手实践

1. 基于 main.html 页面创建一个模板,然后使用该模板创建以下页面:products.html、services.html、about.html 和 contact.html。然后修改模板,为模板内的导航栏创建指向这些页面的超链接。注意哪些区域需要是可编辑的而哪些区域不需要?

2. 打开 phone1.html 页面,把它从模板 phone_detail 中分离。之后可以随意编辑该网页的页面元素,在这个分离出来的页面上做一些变化:调整布局,修改名称及图片的位置,为右侧栏设定新的样式等。最后使用"资源"面板（"模板"类）从这个网页新建一个模板。

3. 创建一个库项并将其添加至页面。在"资源"面板再次打开该库项进行编辑，之后更新与该库项关联的页面。

4. 创建一个模板，插入多种网页对象，如文字、图像、视频、表单，之后选中一个对象，选择右键快捷菜单"模板"→"新建可编辑区域"命令，将全部对象依次标记为可编辑的。应用该模板创建一个网页，在"设计视图"检查一下，能编辑这些网页对象的哪些属性？

使用模块化技术加速网页制作

第16章 构建网页表单

学习目标

◆ 创建表单

◆ 添加多种表单元素

◆ 用 CSS 设定表单样式

◆ 验证表单

HTML 表单允许从网站访问者收集信息并发送至网站服务器。HTML 表单通常用于调查表、旅馆预订、订货单、数据录入等多种应用,用户通过输入文本、选择条目等方式提供信息并将其提交至网站服务器。本章将讲解如何为页面添加诸如本文框、单选按钮等表单元素,从而使网站更具交互性。

准备工作

在开始之前,请单击菜单"窗口"→"工作区布局"→"经典"命令,以重置工作区。本章将使用教材素材文件夹 chapter16\material 里的若干文件。请确认你已经把该文件夹内容复制到硬盘上,假设在硬盘上新文件夹的位置为 E:\DreamweaverCS5\lesson10,表示 Dreamweaver CS5 的第 10 课。之后需要创建一个站点,它的根文件夹就是上述硬盘上这个文件夹,站点名称命名为"formweb",可以参阅第 8 章"创建一个新站点"了解创建站点的细节。

16.1 插入一个空的 HTML 表单

一个 HTML 表单是页面的一个区域,它可以包含文本、图像、链接等普通内容,更多情况下它包含称为控件(如复选框、单选按钮、列表框、按钮等)的特殊元素以及这些控件的标签文字。这些控件也称为表单域,因为它们是用户向服务器提交信息所需的输入域。

本节将在网页上创建一个用于商城客户填写其联系信息的单据。通过该单据,客户可以填写通信地址等相关信息。

接下来将在页面上创建一个空的 HTML 表单,它用作将添加的多个表单域(即控件)的容器。HTML 表单对应 HTML 代码的<form>标签,因此在页面上表单自身也是一个页面元素。

第 1 步:在"文件"面板双击文件 index. html 则在设计窗口打开它。再把光标定位于页面内第二行文字"姓名"之前。

第 2 步:在"插入"面板的下拉菜单选择"表单"类,则显示可添加至表单的各种控件,如图 16.1 所示。

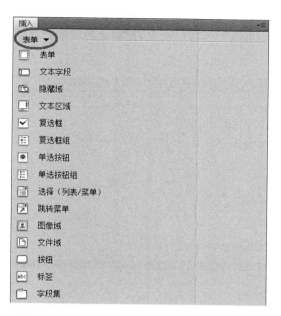

图 16.1　"插入"面板的"表单"类包含各种控件

第 3 步：在"插入"面板单击"表单"控件，将看到页面上添加了一个红色虚线轮廓，如图 16.2 所示。如果没有看到这个轮廓，选择菜单"查看"→"可视化助理"→"不可见元素"命令，页面就会显示这个红色轮廓。

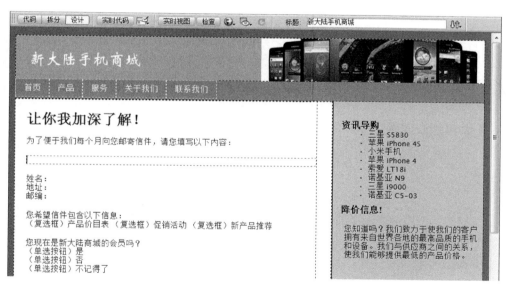

图 16.2　一个红色虚线轮廓指出页面上的表单

第 4 步：现在需要了解插入表单后 HTML 代码的变化。单击红色虚线轮廓的边缘选中这个表单，再单击工具栏上"代码"按钮切换至文档的代码视图，高亮显示的代码则对应在设计视图选中的表单，如图 16.3 所示。

第 5 步：单击工具栏上"设计"按钮返回文档的设计视图。通过单击再拖动的方式选中表单下方的所有文本，再按组合键 Ctrl＋X 剪切所选内容，之后在红色轮廓内单击鼠标，把光标定位于表单内部，之后按组合键 Ctrl＋V，把刚才剪切的内容粘贴至表单内。如图 16.4 所示。

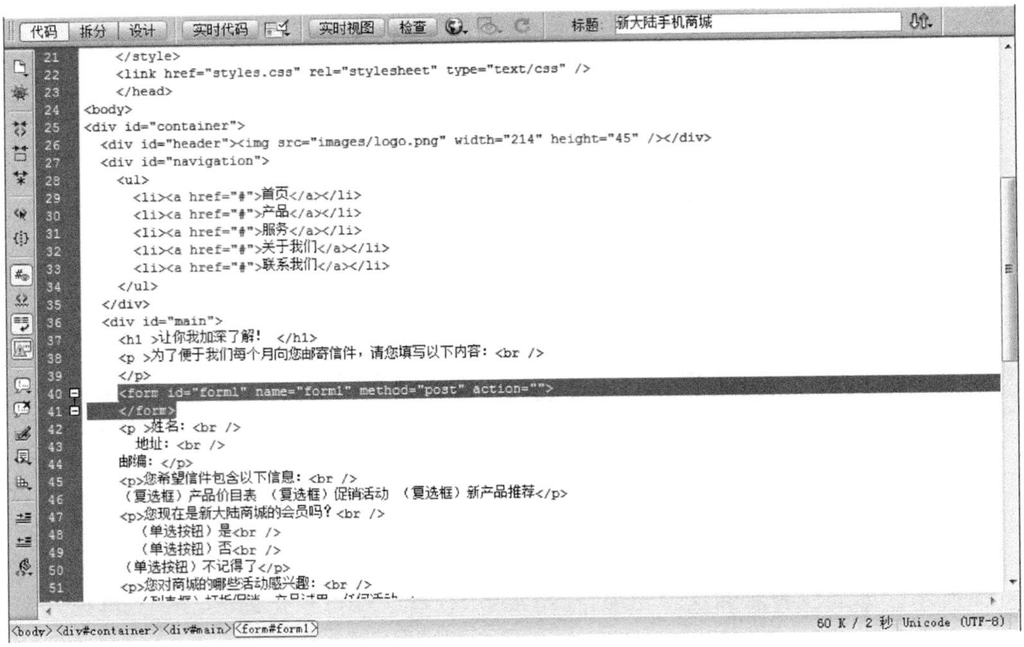

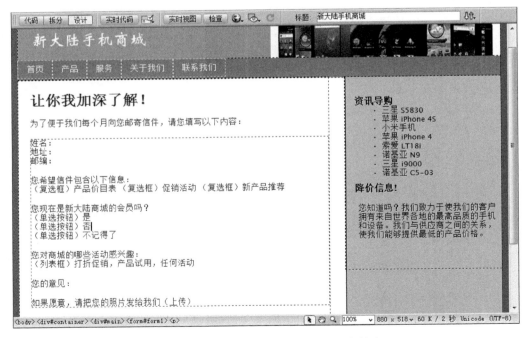

图 16.3　HTML 代码中，一个＜form＞标签对应一个表单

图 16.4　把页面原有的一些内容移至表单内

第 6 步：选择菜单"文件"→"保存"命令，保存所做的修改。

16.2　添加文本字段控件

最简单也最常用的表单域是文本字段。用户可以在文本字段输入任何数字和字符，如姓名、信用卡号、宠物昵称、密码等。可以使用"属性"面板或者 CSS 设置控件的格式。

第 1 步：在表单内单击鼠标，把光标定位于第一行文字"姓名："之后。

第 2 步：在"插入"面板中单击"表单"类的"文本字段"按钮，则弹出"输入标签辅助功能属性"对话框，如图 16.5 所示。此对话框允许设置表单域的属性。

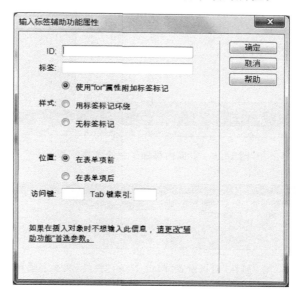

图 16.5　设置表单域属性的对话框

第 3 步：在对话框内进行如下属性设置：在"ID"文本框内输入"Mail_Name"；选择"样式"为"无标签标记"，因为页面上已经存在文字标签"姓名"。

第 4 步：单击"确定"按钮，可以看到表单内"姓名"右侧出现一个文本字段，如图 16.6 所示。

第 5 步：单击选中新增的文本字段，之后在"属性"面板进行设置。如图 16.7 所示，在"字符宽度"文本框内输入"10"，设定了文本字段的宽度；在"最多字符数"文本框内输入"5"，设定了这个文本字段允许输入的最多字符数；把"类型"选为"单行"。

第 6 步：重复第 1 步至第 5 步，分别为文本"地址"和"邮编"添加文本字段控件：针对文本"地址"的控件"ID"设为"Mail_Address"，"字符宽度"设为"30"，"最多字符数"设为"50"；针对文本"邮编"的控件"ID"设为"Mail_Zip"，"字符宽度"设为"6"，"最多字符数"设为"6"。

第 7 步：选择菜单"文件"→"保存"命令。之后在浏览器中预览 index.html 页面，如图 16.8 所示。

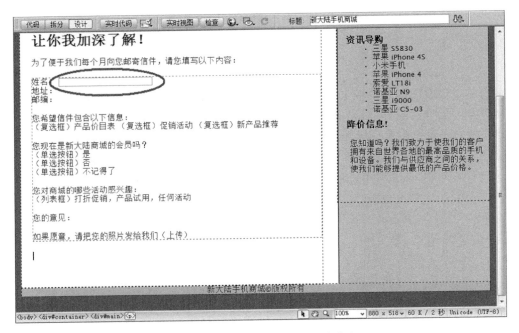

图 16.6　页面内添加了一个文本字段

图 16.7　在"属性"面板设置"Mail_Name"控件（文本字段）的属性

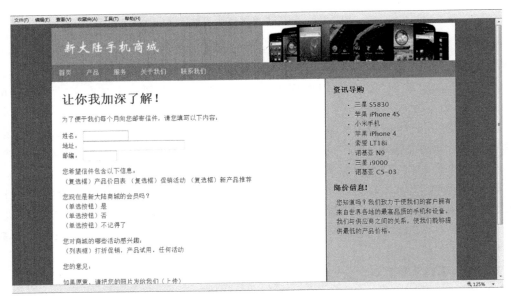

图 16.8　页面在浏览器中的效果

16.3　添加复选框控件

接下来,将为页面添加复选框控件。复选框控件的好处是限制了用户输入范围,使得用户只能选择,避免用户输入错误或者不合法的信息。

第 1 步:在 index. html 的设计窗口内删除文本"(复选框)产品价目表",把光标定位于这一行的开头。

第 2 步:在"插入"面板中单击"表单"类的"复选框"按钮,则弹出"输入标签辅助功能属性"对话框,在此对话框如下设置表单域的属性:在"ID"文本框内输入"Price_Info";在"标签"文本框内输入"产品价目表";"样式"设为"用标签标记环绕";"位置"设为"在表单项后",如图 16.9 所示。最后单击"确定"按钮。

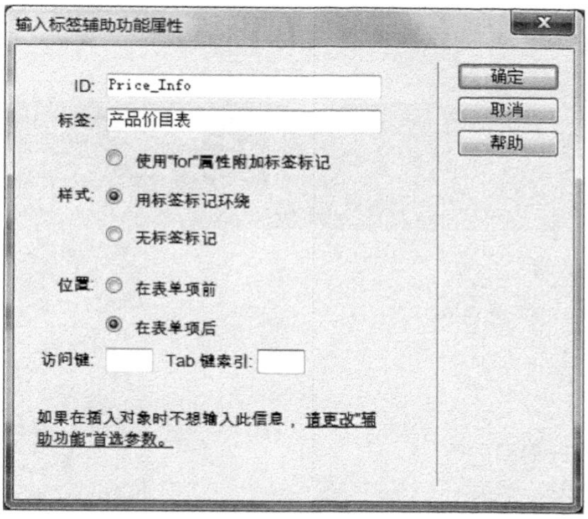

图 16.9　设置控件属性

第 3 步:在设计窗口选中新增的复选框,之后在"属性"面板左侧的"复选框名称"文本框内输入"ReceiveInfo"并按回车键。

注意,表单控件的名称不同于其 ID。表单控件的 ID 用于 CSS 设定该元素的样式,而表单控件的名称作为用户提交数据的一部分,将被发送给服务器。虽然 Dreamweaver CS5 自动地把控件名称设为与控件 ID 相同的值,但有时候这不是一个好的选择。在复选框的例子中,由于若干个复选框构成一组,而同一组内的复选框必须设定相同的名称,所以不能使用复选框的默认名称(即复选框的 ID 值)。

第 4 步:依然选中新增的复选框,在"属性"面板中设置"选定值"为"price",如图 16.10 所示。这表明当用户选中该复选框并提交时,值"price"被传给服务器的处理脚本,而处理脚本不属于本教材的涵盖范围。

第 5 步:重复第 1 步至第 4 步,用两个复选框分别代替文字"(复选框)促销活动"和"(复选框)新产品推荐"。用于代替文字"(复选框)促销活动"的复选框的"ID"设为"Event_Info","名称"改为"ReceiveInfo"(与之前的"产品价目表"复选框名称相同),"选定值"设为"event";用于代替文字"(复选框)新产品推荐"的复选框的"ID"设为"Recommend_Info",

图 16.10　修改复选框的名称,并设置复选框的选定值

"名称"改为"ReceiveInfo"（与之前的"产品价目表"复选框名称相同）,"选定值"设为
"recommend"。

第 6 步:选择菜单"文件"→"保存"命令。之后在浏览器中预览 index. html 页面,如
图 16.11 所示。当页面在浏览器中打开时,单击复选框的文本(而非复选框本身),注意到这
将选中或取消选中复选框,这是由于在设置控件属性时"样式"选为"用标签标记环绕"(即使
用了标签标记)的缘故。作为对比,你单击"姓名"、"地址"等文字会发现光标没有定位到相
应的文本字段内,因为这些文本字段没有使用标签标记。

图 16.11　页面在浏览器中的效果

还可以用类似于 16.4 节的方法选择菜单"插入"→"表单"→"复选框组"命令,完成本节
的工作。

16.4　添加单选按钮组控件

当添加单选按钮时,设置过程与上述复选框相同,而且同一组内的单选按钮虽然 ID 各
不相同,但是必须具有相同的名称。复选框与单选按钮的唯一区别在于在一组单选按钮内,
只能选中一个,而在一组复选框内,可以选中多个。

通过一个接一个地添加可以创建一组单选按钮,但是这比较费时。本节将学习一种更
快地添加单选按钮组的方法。

第 1 步：在页面内删除 3 个单选按钮的占位文本，让光标位于文字"您现在是新大陆商城的会员吗？"的下方。

第 2 步：在"插入"面板中单击"表单"类的"单选按钮组"按钮，则弹出"单选按钮组"对话框，如图 16.12 所示。

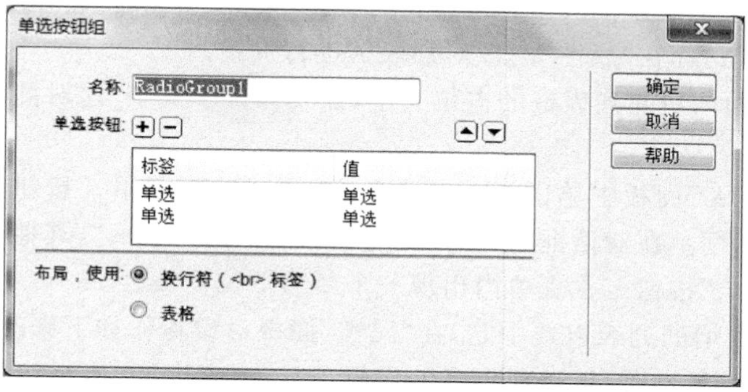

图 16.12　在"单选按钮组"对话框可以进行设置

第 3 步：在对话框的"名称"文本框内输入"membership"，这样这个单选按钮组的每个按钮的名称均为 membership。单击"标签"列的第 1 行，输入"会员"，之后在同一行的"值"列单击并输入"yes"，也可以输入其他值，由于本书并不涉及对用户提交内容的处理，所以控件"值"的设置并不重要。单击"标签"列的第 2 行，输入"不是会员"，之后在同一行的"值"列单击并输入"no"。单击"＋"按钮以增加列表的一行，在新增行的"标签"列输入"不记得了"，在同一行的"值"列输入"unknown"。你还可以单击"向上"或"向下"按钮改变各行的上下顺序。

第 4 步：在对话框内设定"布局，使用"为"换行符"，之后单击"确定"按钮。

第 5 步：选择菜单"文件"→"保存"命令。之后在浏览器中预览 index.html 页面，如图 16.13 所示。

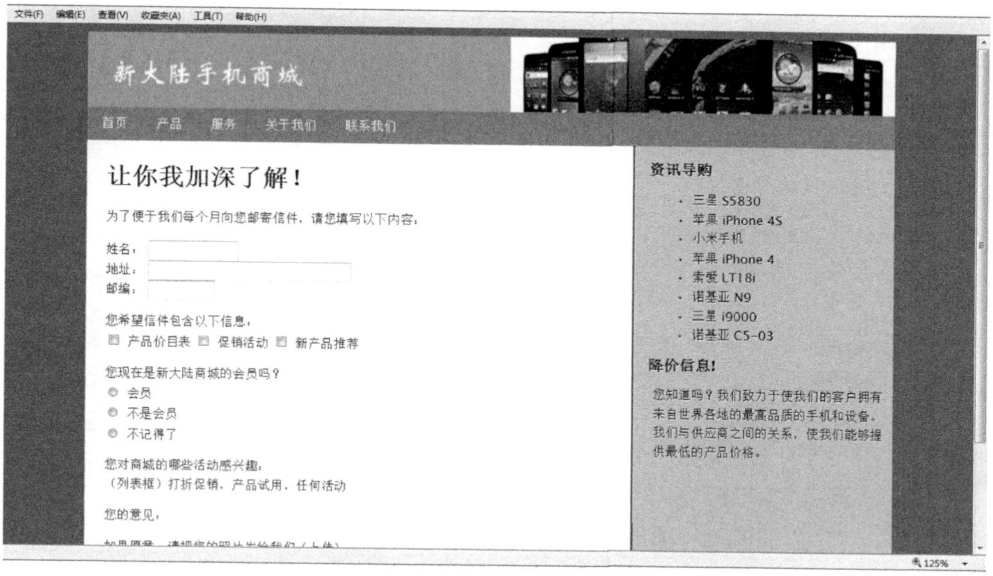

图 16.13　页面在浏览器中的效果

构建网页表单

16.5　添加列表框控件

列表框控件在一个列表内显示选项,允许用户作单选或多选。当列表框设为"列表"类型时它显示为一个上下滚动的列表;当列表框设为"菜单"类型时,它显示为一个下拉菜单。与大多数表单域类似,你在"属性"面板对列表框进行设置。

第1步:在页面内删除列表框的占位文本,让光标位于文字"您对商城的哪些活动感兴趣:"的下方。

第2步:在"插入"面板中单击"表单"类的"选择(列表/菜单)"按钮,则弹出"输入标签辅助功能属性"对话框。在对话框的"ID"文本框内输入"activities",其他的设置保留其默认设置不变,单击"确定"按钮。在表单内出现一个新的下拉列表。

第3步:单击新增的列表以选中它,在"属性"面板对设置作如下修改:首先把"类型"改为"列表",这样将在"属性"面板显现更多的设置项;在"高度"文本框内输入"4",这是列表框中可见的条目数,当列表框的总条目数超过这个数值时,将自动出现垂直滚动条;选中"允许多选"复选框,使得用户可以同时选中列表框的多个条目。

第4步:单击面板内"列表值"按钮,在弹出的"列表值"对话框内单击"+"按钮,在"项目标签"列输入"打折促销",在同一行的"值"列输入"discount",再单击"+"按钮,在第二行的两列分别输入"产品试用"和"trial",第3次单击"+"按钮,在第3行的两列分别输入"任何活动"和"anything"。最后单击"确定"按钮关闭"列表值"对话框。

第5步:选择菜单"文件"→"保存"命令。之后在浏览器中预览 index.html 页面,如图 16.14 所示。当页面在浏览器中打开时,单击列表框的条目可以选中单个条目,按住 Ctrl 键再单击多个条目则可以同时选中列表框的多个条目。

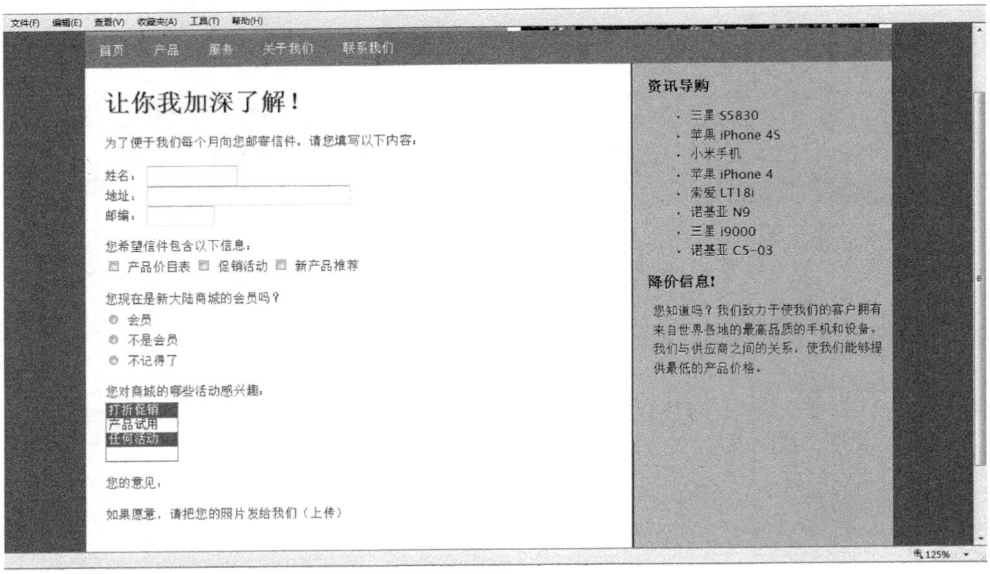

图 16.14　选中列表框的多个条目

16.6　添加文本区域控件

文本区域控件允许用户输入多行文字。当用户输入的行数超过文本区域的高度时，控件自动增加垂直滚动条。

第1步：把光标定位至文字"您的意见："右侧，再按快捷键 Shift＋Enter，使得光标位于文字"您的意见："下方。

第2步：在"插入"面板中单击"表单"类的"文本区域"按钮，则弹出"输入标签辅助功能属性"对话框。在对话框的"ID"文本框内输入"comments"；"标签"文本框为空；"样式"选为"无标签标记"；最后单击"确定"按钮，则页面内添加一个文本区域。

第3步：单击新增的文本区域以选中它，在"属性"面板对设置作如下修改："字符宽度"改为"50"；"行数"设为"5"；"类型"设为"多行"；其他设置不变。

第4步：选择菜单"文件"→"保存"命令。之后在浏览器中预览 index.html 页面，如图 16.15 所示，并尝试着在文本区域内输入文字。

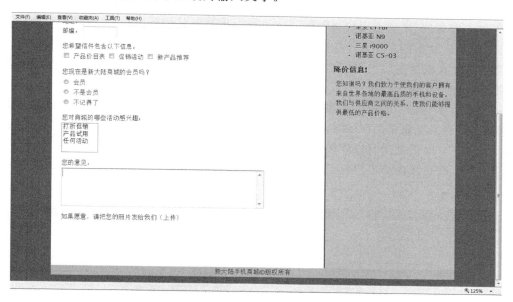

图 16.15　页面在浏览器中的效果

16.7　添加文件域控件

如果希望用户能够上传一个文件至服务器，需要添加文件域控件。

第1步：删除表单内最后一行文字，把光标定位于该处。

第2步：在"插入"面板中单击"表单"类的"文件域"按钮，则弹出"输入标签辅助功能属性"对话框。在对话框的"ID"文本框内输入"uploadimg"；在"标签"文本框内输入"如果愿意，请把您的照片发给我们"；"样式"选为"用标签标记环绕"；位置设为"在表单项前"；最后单击"确定"按钮，则页面内添加一个文件域控件，包含一个文本框及一个"浏览…"按钮。

第3步：在设计窗口内单击新增的文件域控件以选中它。在"属性"面板的"字符宽度"文本框内输入"30"，这设定了文本框的宽度；在"最多字符数"文本框内输入"50"，这设定了允许输入的最多的文件名字符数；在"类"下拉列表中选择"无"，即目前对这个表单域不应用 CSS 样式。如图 16.16 所示。

图 16.16　在"属性"面板设置文件上传控件的属性

第4步：选择菜单"文件"→"保存"命令。之后在浏览器中预览 index.html 页面。

16.8　添加提交和清空按钮控件

用户在页面的各个表单域输入文本或选择条目后，需要一种方法把用户在表单内所填信息发送至服务器，按钮提供这种功能。通过单击表单内的按钮，用户可以发送所填信息至服务器，也可以清空用户在各个表单域所填内容重新开始填写。

第1步：在设计窗口把光标定位于文件域控件之后，再按回车键。光标所在位置就是即将添加按钮的位置。

第2步：在"插入"面板中单击"表单"类的"按钮"按钮，则弹出"输入标签辅助功能属性"对话框。在对话框的"ID"文本框内输入"btn_submit"；"标签"文本框为空；"样式"选为"无标签标记"；最后单击"确定"按钮，则页面内添加一个"提交"按钮。

第3步：在页面内单击"提交"按钮以选中它，之后在"属性"面板查看或修改其属性，如图 16.17 所示。

图 16.17　在"属性"面板查看"提交"按钮的属性

第4步：在"属性"面板内，"按钮名称"显示为"btn_submit"，这是因为默认情况下控件名称与控件 ID 的值相同；"值"显示为"提交"，这是因为当面板内"动作"列表选中"提交表单"时按钮的"值"默认为"提交"，当"动作"列表选中"重设表单"时按钮的"值"默认为"重置"，当"动作"列表选中"无"时按钮的"值"默认为"按钮"，可以把"值"文本框的内容改成"发送"；"动作"列表选中"提交表单"项，表示用户单击这个按钮将把所填表单信息发送至服务器，如果"动作"列表选中的是"重设表单"项，则表示用户单击这个按钮将清空表单各项填写内容，如果"动作"列表选中的是"无"项，则表示可以为这个按钮设置某个 JavaScript 行为，当用户单击这个按钮将触发这个 JavaScript 行为；"属性"面板的"类"下拉列表选中"无"项，表示目前没有为这个按钮控件设定样式。

第5步：重复第2步至第3步，在"发送"按钮后面添加"重设"按钮和"验证"按钮。"重设"按钮的"ID"设为"btn_rst","值"设为"清空","动作"选为"重设表单";"验证"按钮的"ID"设为"validate","值"设为"验证","动作"选为"无"。

第6步：选择菜单"文件"→"保存"命令。之后在浏览器中预览 index.html 页面，如图 16.18 所示。可以在表单域输入值或选择值，再单击"清空"按钮以查看此按钮的功能。

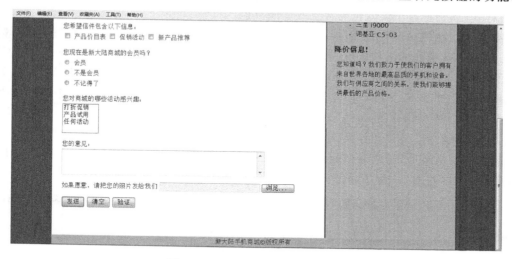

图 16.18　页面在浏览器中的效果

至此已经为页面添加了必需的表单域，接下来将用 CSS 设定表单及其元素的样式。

16.9　附加外部样式表

CSS 不仅可以作用于静态页面内容，还可以作用于动态页面内容，如表单域。接下来将附加一个已有的外部样式表至网页，以设定网页内表单域的样式。

第1步：在"文件"面板内双击文件 index.html 打开它。

第2步：在"CSS 样式"面板内单击右下角的"附加样式表"图标，弹出"链接外部样式表"对话框，如图 16.19 所示。单击对话框的"浏览…"按钮，之后选中站点根文件夹下的 formstyles.css 文件并单击"确定"按钮以关闭"选择样式表文件"对话框。

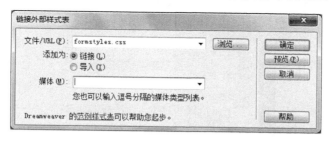

图 16.19　选择要附加的外部样式表

第3步：在依然打开的"链接外部样式表"对话框内，保留其他选项的默认设置，单击"确定"按钮则为页面附加了样式表。可以看到页面内表单域的样式发生了变化。

第4步：选择菜单"文件"→"保存"命令，保存所作的修改。

16.10 设置表单域的背景色

在 16.9 节练习中通过附加样式表把表单域的背景色改成淡蓝色。在本练习中将在"CSS 样式"面板把这个淡蓝色的背景改成浅灰色。

第 1 步：在"CSS 样式"面板，将看到"formstyles. css"节点下有一个标签 CSS 规则"input"（从其名称没有"."和"#"前缀可以看出该规则为标签规则）。单击该规则，在"CSS 样式"面板的下半部出现名为"'input'的属性"列表，单击"CSS 样式"面板左下角的"显示类别视图"图标，如图 16.20 所示。"'input'的属性"列表将以分类的形式展示各个属性及值。

第 2 步：在"'input'的属性"列表中展开"背景"类，注意到"background-color"属性名为蓝色，说明该属性已经被设置值，不再是其默认值。单击该属性所在行的第 2 列，出现一个颜色选择器及文本框，可以通过颜色选择器选择某个颜色，也可以在文本框内直接输入十六进制的颜色值，如图 16.21 所示。

图 16.20 在"CSS 样式"面板内直接查看和设置 CSS 规则的属性值

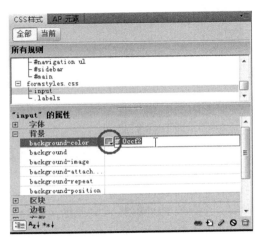

图 16.21 在"CSS 样式"面板中可直接 修改规则的属性值

在文本框内直接输入"#d8d8d8"（一种浅灰色）并按回车键以代替原有的颜色值，则在设计窗口内表单域的背景色发生变化，如图 16.22 所示。

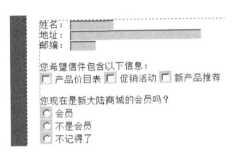

图 16.22 成功修改了表单域的背景色

第 3 步：选择菜单"文件"→"保存全部"命令，保存所作的修改。

16.11　设定表单元素的样式

本练习将为表单元素应用已有的类 CSS 规则。

第 1 步：在"CSS 样式"面板中，将看到"formstyles. css"节点下有一个类 CSS 规则"．label"（从其名称以"．"为前缀可以看出该规则为类规则）。单击该规则，在"CSS 样式"面板的下半部出现名为"'．labels'的属性"列表，单击"CSS 样式"面板左下角的"只显示设置属性"图标，如图 16.23 所示。"'．labels'的属性"列表将显示已设置值的属性，默认选中列表的第一项。也可以直接修改列表的各项属性值。

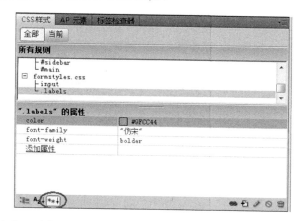

图 16.23　在"CSS 样式"面板内直接查看和设置 CSS 规则的属性值

第 2 步：在"文件"面板双击 index. html 文件打开它，在文字"姓名："中单击鼠标，让光标位于两个字中间。之后在"属性"面板的"类"下拉列表选中"labels"项，如图 16.24 所示。可以看到表单的前 3 行文字标签发生了样式变化。

图 16.24　通过"属性"面板指定文字标签的类 CSS 规则

第 3 步：在页面内选中列表框控件。之后在"属性"面板的"类"下拉列表选中"labels"项，如图 16.25 所示。可以看到列表框的各项列表值发生了样式变化。

图 16.25　通过"属性"面板指定列表框控件的类 CSS 规则

第4步：在页面内选中文字"您的意见"下方的文本区域控件。之后在"属性"面板的"类"下拉列表选中"labels"项，如图 16.26 所示。

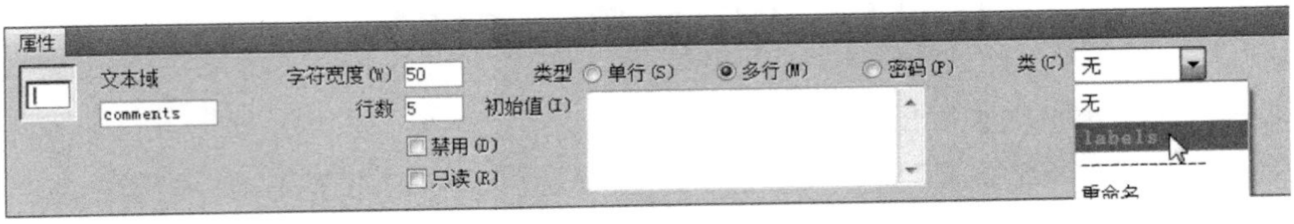

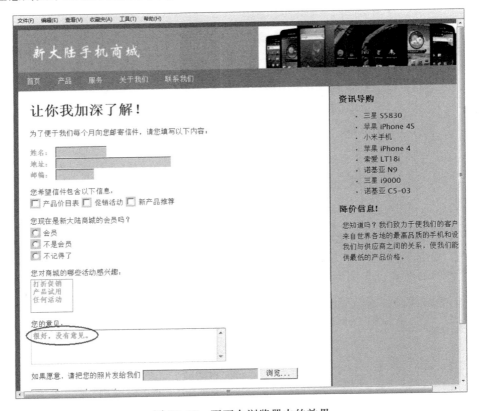

图 16.26　通过"属性"面板指定文本区域控件的类 CSS 规则

第5步：选择菜单"文件"→"保存"命令。之后在浏览器中预览 index.html 页面。当页面在浏览器中打开时，你在"您的意见："文本区域内输入"很好，没有意见。"，如图 16.27 所示。注意到文本区域内的文字具有 .label 类 CSS 规则指定的样式。

图 16.27　页面在浏览器中的效果

16.12　添 加 行 为

Dreamweaver CS5 可以为页面添加用于检查特定表单域内容的 JavaScript 代码。更一般地说，页面的 JavaScript 代码也称为"行为"，是通过"标签检查器"面板添加的。

第1步：选择菜单"窗口"→"行为"命令，打开"标签检查器"面板，再单击面板内"行为"按钮，所显示的面板也称为"行为"面板，如图 16.28 所示。

第 2 步：在"文件"面板双击 index.html 文件打开它，选中表单内的"验证"按钮。

第 3 步：单击"行为"面板中"行为"按钮下方的"添加行为"图标（＋号），弹出的菜单列出了可以为选中的页面元素添加的所有行为，如图 16.29 所示。如果菜单项为灰色禁用，说明不能为选中的页面元素添加这个行为。注意，行为总是与某个页面元素相关联的。

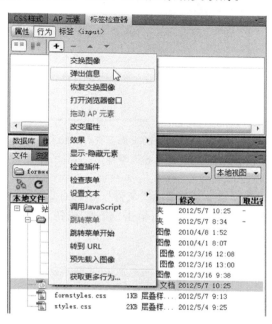

图 16.28　"标签检查器"面板

图 16.29　行为菜单只列出与按钮控件相关的行为

第 4 步：在行为菜单中单击"弹出信息"，则弹出"弹出信息"对话框。在对话框的"消息"文本区域输入"正在验证表单内容…"，如图 16.30 所示。再单击"确定"按钮。

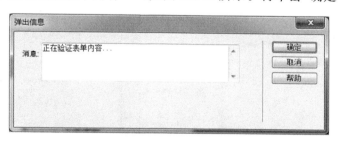

图 16.30　在对话框内输入消息文字

第 5 步：设置了行为，你还需要添加触发这个行为的事件。默认情况下，网页设计者为按钮设置的行为将由用户单击鼠标这样一个事件来触发。单击"行为"面板中"行为"按钮下方的"显示所有事件"图标，如图 16.31 所示。面板将列出与所选页面元素相关的全部事件，并且新增的"弹出信息"行为默认地与"onClick"事件相关联，表明当用户单击"验证"按钮时执行"弹出信息"这个行为，消息的内容在第 4 步已进行设置。

第 6 步：单击列表中"弹出信息"项的左栏"onClick"，则左栏变成一个下拉列表，列出了"行为"面板中列表的各项，可以从这个下拉列表中改选将触发"弹出信息"这个行为的事件，如图 16.32 所示。但是,在这个练习中,onClick 是一个好的选择,因此不用修改事件。

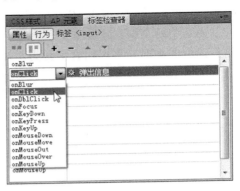

图 16.31　所选中的页面元素(按钮)　　　图 16.32　可以改选将触发"弹出消息"
　　　　　有多个相关事件　　　　　　　　　　这个行为的事件

第 7 步:选择菜单"文件"→"保存"命令。之后在浏览器中预览 index.html 页面。当页面在浏览器中打开时,单击"验证"按钮,弹出一个消息窗口,内容为"正在验证表单内容…",如图 16.33 所示。

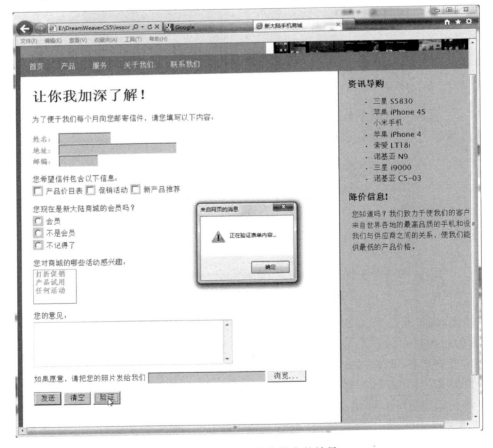

图 16.33　页面在浏览器中的效果

16.13　验证表单域

通常希望当用户提交表单时触发验证表单的行为,因此需要为提交表单的功能按钮指定验证表单的行为。在这个练习中将为"验证"按钮指定验证表单的行为。只需要在本练习中一开始改为选中"发送"按钮,则在向服务器提交表单时将进行数据验证。

第 1 步:在"文件"面板双击 index. html 文件打开它,选中表单内的"验证"按钮。再打开"行为"面板,注意到面板的事件列表中显示了在上次练习中添加的"弹出信息"行为。

第 2 步:单击"行为"面板中"添加行为"图标(+号),在弹出的行为菜单中单击"检查表单",则弹出"检查表单"对话框。对话框内的"域"列表列出了表单内控件类型及名称,注意该列表不包含表单内全部控件。

第 3 步:选中"域"列表的"input "Mail_Name""项,再选中"必需的"复选框(即用户必须在该文本字段输入内容),选中"任何东西"选项(即允许用户在该文本字段输入文字或数字),如图 16.34 所示;类似地,选中"域"列表的"input "Mail_Address""项,再选中"必需的"复选框,选中"任何东西"选项;选中"域"列表的"input "Mail_Zip""项,取消选中"必需的"复选框(即用户可以不在该文本字段输入内容),选中"数字"选项(即只允许用户在该文本字段输入数字)。最后单击"确定"按钮以关闭"检查表单"对话框。

第 4 步:选择菜单"文件"→"保存"命令。之后在浏览器中预览 index. html 页面。当页面在浏览器中打开时,直接单击"验证"按钮,页面会弹出消息窗口告知有两个必须输入内容的表单域没有内容,如图 16.35 所示。但是在这个消息窗口出现之前会弹出一个告知你"正在验证表单内容…"的消息窗口,这是因为"验证"按钮的"弹出消息"行为发生在该按钮的"检查表单"行为之前。接下来将改变同一按钮的多个行为的前后发生顺序。

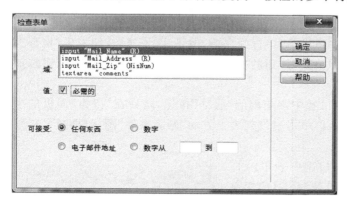

图 16.34　指定表单元素的验证条件

图 16.35　"检查表单"行为产生的提示消息

16.14　改变表单域的行为顺序

在"行为"面板中你可以改变同一表单控件的多个行为的发生顺序。

第 1 步:在"文件"面板双击 index. html 文件打开它,选中表单内的"验证"按钮。再打开"行为"面板,单击"属性"按钮下方的"显示设置事件"图标,如图16.36所示。注意到面板的事件列表显示了到目前为止已为该按钮添加的两项行为,"弹出信息"和"检查表单"。两项行为都是由onClick事件触发。"弹出信息"行为位于"检查表单"行为的上方,这就决定了在上次练习的第4步中消息窗口的出现顺序。

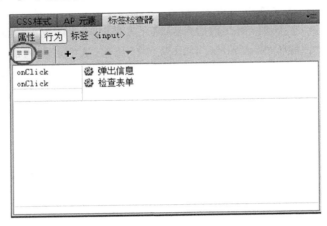

图16.36 "行为"面板列出了与当前页面元素相关的行为

第2步:在"行为"面板的事件列表中单击"检查表单"以选中该行,再单击事件列表上方的"增加事件值"图标(即向上三角形箭头),则"检查表单"这一行整体上移一行,位于"弹出信息"的上方。这样就修改了同一按钮的多个行为的发生顺序。

第3步:选择菜单"文件"→"保存"命令。

16.15　把行为指派至不同的页面元素

虽然现在"检查表单"行为发生在"弹出信息"行为之前,但是让"发送"按钮发生"检查表单"行为似乎更合理,因此你需要删除"验证"按钮的"检查表单"行为,再为"发送"按钮添加"检查表单"行为。

第1步:在index.html的设计窗口选中表单内的"验证"按钮,之后在"行为"面板的事件列表中单击"检查表单"以选中该行,再单击事件列表上方的"删除事件"图标(即减号),则删除了"验证"按钮的"检查表单"行为。

第2步:在index.html的设计窗口选中表单内的"发送"按钮,之后重复之前"验证表单域"练习的第2步至第3步,为"发送"按钮添加"检查表单"行为,并且该行为将由onClick事件触发。

第3步:选择菜单"文件"→"保存"命令。之后在浏览器中预览index.html页面。当页面在浏览器中打开时,直接单击"发送"按钮,页面会弹出消息窗口告知有两个必须输入内容的表单域没有内容,如图16.37所示。已经成功地为表单添加验证功能。

图16.37 "检查表单"行为产生的提示消息

16.16　常 见 问 答

1. 为什么当构建一个网页申请单时添加表单很重要？

表单是页面控件的容器。如果只是为页面添加控件，那么当用户单击"提交"按钮时浏览器将不知道如何处理用户输入的信息。

2. 为什么在页面预览时看不到表单元素？

如果表单元素没有显示，它们一定是位于＜form＞标签外面了。一些浏览器会隐藏不在表单里面的表单元素。

3. 应该什么时候在表单内使用单选按钮组，而不是一组复选框？

单选按钮组与复选框组的区别在于前者只能一个选项被选中，而后者允许同时选中多个选项。

4. CSS 如何增加表单创建过程的创造性与效率？

CSS 不但可以设定静态网页内容的样式，而且可以设定动态网页内容的样式，而这些只需要简单地点击鼠标就能完成。

5. 在哪里可以访问到能应用至按钮的不同 JavaScript 动作？

通过"行为"面板可以添加 JavaScript 代码至页面，而不必手工输入代码。所添加的 JavaScript 代码增加了站点的交互性，因为它是由用户的某些操作触发。例如，当用户单击或悬浮于一个超链接时，某个行为（即 JavaScript 动作）被触发。通过"行为"面板，可以添加、修改或重新排列行为。

6. 除了使用"行为"面板，还有其他的办法检查用户是否正确填写网页表单吗？

验证表单域通常是在客户端用 JavaScript 代码实现。幸运的是，集成于 Dreamweaver CS5 的 Spry 框架提供附加了 JavaScript 代码的 Spry 版本的文本域、文本区域、复选框、单选按钮、密码等表单域。单击菜单"插入"→"Spry"→"Spry 验证文本域/Spry 验证文本区域/Spry 验证复选框/Spry 验证选择/Spry 验证密码/Spry 验证确认/Spry 验证单选按钮组"命令，可以添加相应的表单域。之后在"属性"面板可以设置该表单域的验证条件。图 16.38 显示了一个 Spry 文本域的验证条件设置面板。

图 16.38　Spry 文本域的验证条件设置实例

16.17　动 手 实 践

1. 编辑练习中添加至"发送"按钮的"检查表单"行为，对表单中其他的文本域进行验证，如要求文本域必须填入特定的内容。之后在浏览器中检查验证的效果。

2. 创建一个针对＜input＞标签的内部 CSS，该 CSS 把每个表单域的背景色设为浅绿色。

3. 尝试使用"插入"面板中其他的表单域元素。如添加一个"隐藏域"；或者添加一个"图像域"，并用一个行为把图像域的图像变成按钮；或者使用"字段集"把表单域按标记区域分组。

4. 新建一个网页，选择菜单"插入"→"Spry"命令，往页面内插入 Spry 版本的各种表单元素，并在"属性"面板设置每个表单元素的验证条件，预览页面时输入不同的值进行测试。

第 17 章 　　　　使用 Spry 组件

学习目标

◆ 创建 Spry 菜单

◆ 创建 Spry 选项卡式面板

◆ 创建 Spry 折叠式面板

◆ 创建 Spry 可折叠面板

◆ 用 CSS 设定 Spry 组件样式

用户对网站的传统体验和感受已经发生显著变化。富因特网应用(RIA，Rich Internet Application)的出现极大地提高了网站的交互性，使得网站更像一个桌面应用。Dreamweaver CS5 包含的 Spry 组件和数据对象可以用于网页设计，让网页达到更高的水平。

使用 Spry 组件可以在页面内构建交互式的导航及内容展示功能。Spry 组件包括下拉菜单、折叠菜单、展开式面板、选项卡式面板。还可以对这些组件应用 CSS，使得它们的样式与页面的风格一致。可以在"插入"面板的"布局"类或"Spry"类菜单中找到这些 Spry 组件。

准备工作

在开始之前，请单击菜单"窗口"→"工作区布局"→"经典"命令，以重置工作区。本章将使用教材素材文件夹 chapter17\material 里的若干文件。请确认你已经把该文件夹内容复制到硬盘上，假设在硬盘上新文件夹的位置为 E：\ DreamweaverCS5 \ lesson11，表示 Dreamweaver CS5 的第 11 课。之后需要创建一个站点，它的根文件夹就是上述硬盘上这个文件夹，站点名称命名为"spryweb"，可以参阅第 8 章"创建一个新站点"了解创建站点的细节。

17.1 　构建 Spry 下拉菜单

本节将用 Spry 组件构建一个更具交互性的下拉菜单。"Spry 菜单栏"工具可以创建多级的水平或垂直菜单用作页面的主导航栏。从"插入"面板添加 Spry 菜单栏，并在"属性"面板和"CSS 样式"面板进行定制。

第 1 步：在"文件"面板双击文件 main. html 打开它。

第 2 步：在页面的上端，把光标定位于占位符文字"{下拉菜单的位置}"，选中并删除此占位符文字后，让光标停留在当前位置。

第 3 步：在"插入"面板的"Spry"类菜单中单击"Spry 菜单栏"按钮，弹出"Spry 菜单栏"

对话框,选中对话框的"水平"按钮再单击"确定"按钮,则在光标的位置添加了一个菜单栏,如图 17.1 所示。该菜单默认有 4 个导航条目,并且默认是浅灰色背景和黑色文字。菜单项右端的下拉箭头表明该菜单项存在下一级菜单。

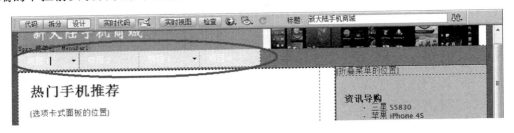

图 17.1　添加的 Spry 菜单栏

第 4 步:为了选中整个菜单组件并激活其"属性"面板,只需要单击位于菜单左上角的蓝色标签。这时候"属性"面板显示这个新增组件的全部选项。面板内 3 个列表框从左至右依次表示该菜单的一级、二级、三级菜单项。因此,通过修改最左边的列表框内容,可以定制菜单栏的顶级菜单项。

第 5 步:选中最左边列表框的"项目 1"条目,之后把光标定位于面板的"文本"输入框内,把文本框的内容修改为"首页"再按回车键,如图 17.2 所示。

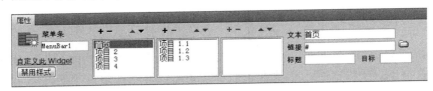

图 17.2　使用"属性"面板重新布置菜单各项目并修改菜单项的文本和链接

第 6 步:用第 5 步的方法,把第 1 个列表框的第二项至第四项分别重新命名为"产品"、"服务"、"关于我们"。

第 7 步:单击面板内第 1 个列表框上方的"添加菜单项"图标(即加号),则列表框内自动新增一项"无标题项目"。依然采用第 5 步的方法,把新增的项目改成"联系我们"。

第 8 步:单击第 1 个列表框的第 1 项"首页",则第 2 个列表框自动列出三项。将删除这三项。选中第 2 个列表框的第 1 项"项目 1.1",再单击第 2 个列表框上方的"删除菜单项"图标(即减号),如图 17.3 所示,就删除了"项目 1.1"项。之后,用相同的方法删除剩余的两项。

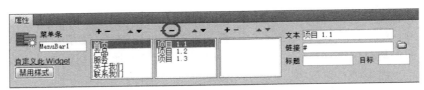

图 17.3　删除菜单项

第 9 步:单击第 1 个列表框的第 2 项"产品",这时第 2 个列表框为空。你将为该列表框添加两项内容。单击第 2 个列表框上方的"添加菜单项"图标(即加号),则列表框内自动新增一项"无标题项目"并自动被选中,手工修改面板中"文本"输入框的内容,改为"2G 手机"并按回车键。再用相同的方法为第 2 个列表框添加第二项"3G 手机"。

第 10 步:单击第 2 个列表框的第 1 项"2G 手机",这时第 3 个列表框为空。在选中"2G 手机"列表项的情况下,用与第 9 步相似的方法,为第 3 个列表框添加两项,依次为"CDMA"、"GSM"。

第 11 步:单击第 2 个列表框的第 2 项"3G 手机",这时第 3 个列表框为空。在选中"3G 手机"列表项的情况下,用与第 9 步相似的方法,为第 3 个列表框添加四项,依次为"WCDMA"、"TD-SCDMA"、"EDGE"、"HSDPA",如图 17.4 所示。

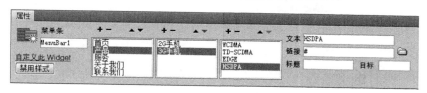

图 17.4　新增三级菜单项

第 12 步:单击第 1 个列表框的第 3 项"服务",这时第 2 个列表框自动列出 3 项。采用单击列表项再修改"文本"输入框的方式,把第 2 个列表框的 3 项依次改为"套餐系列"、"以旧换新"、"售后维修"。

第 13 步:单击第 2 个列表框的第 1 项"套餐系列",这时第 3 个列表框自动列出两项(如果此时第 3 个列表框为空,则单击此列表框上方的加号图标以添加两项)。之后采用单击列表项再修改"文本"输入框的方法,把第 3 个列表框的两项依次改为"套餐 A"、"套餐 B"。

第 14 步:单击第 1 个列表框的第 2 项"产品",再单击此列表框上方的"下移项"图标(即三角形的向下箭头),则"产品"项下移一行,成为第 3 项内容,这样就修改了菜单项的排列顺序。

第 15 步:选择菜单"文件"→"保存"命令,将弹出"复制相关文件"消息框,如图 17.5 所示。消息框告知某些文件将被复制到你的站点文件夹内以支持新增的菜单,单击"确定"按钮关闭此消息框,则保存成功。注意,当发布这个站点时,务必把站点根文件夹中的SpryAssets 文件夹也上传至服务器,否则网页上的 Spry 菜单将不能正常显示。

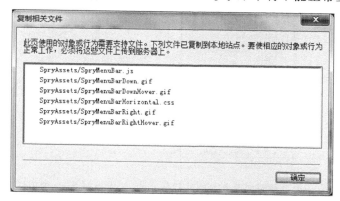

图 17.5　保存 Spry 菜单时 Dreamweaver CS5 会自动将某些文件复制到站点文件夹内

第 16 步：在浏览器中预览此页面，把鼠标悬浮在菜单项上，则下级菜单自动显示出来，如图 17.6 所示。

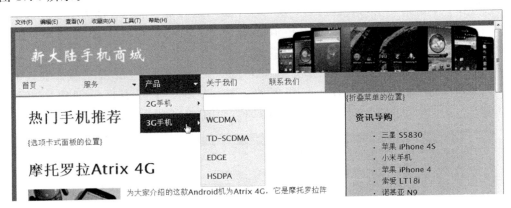

图 17.6　在浏览器中查看菜单的效果

17.2　用 CSS 设定 Spry 组件样式

已经添加一个 Spry 菜单栏并定制其内容，接下来需要设定其样式。页面内每个新增的 Spry 组件有自己的外部样式表，因此可以方便地修改样式使得 Spry 组件的外观与整个页面相匹配。可以在"CSS 样式"面板中管理所有的 CSS 规则。

第 1 步：在"文件"面板双击文件 main.html 打开它。之后打开"CSS 样式"面板，单击面板顶部的"全部"按钮，则面板的"所有规则"列表列出了当前页面所涉及的 CSS 样式，包括内部样式（即 <style> 节点）和外部样式表（即多个以 .css 为后缀的文件名节点），如图 17.7 所示。展开其中的"SpryMenuBarHorizontal.css"节点以查看该外部样式表中所有的规则。从样式表的名称可以猜出 SpryMenuBarHorizontal.css 是只针对 Spry 菜单栏的样式表。

图 17.7　一个自动附加至页面的外部样式表，用于控制 Spry 菜单栏的外观

第 2 步：选中"ul. MenuBarHorizontal"规则,则"CSS 样式"面板下半部显示该规则的属性。这条规则控制 Spry 菜单栏的整体外观和尺寸设置。单击"CSS 样式"面板底部的"只显示设置属性"图标,如图 17.8 所示,则在属性列表中可以修改已设置的属性,也可以添加新属性。

图 17.8　属性列表显示已设置的属性

第 3 步：在属性列表单击"添加属性"条目并从下拉列表中选择"font-family"项,之后在右侧的输入框内直接输入"仿宋"(也可以从下拉列表中选择),这样就把菜单栏的文字设为仿宋字体。

第 4 步：在属性列表双击已有的"font-size"属性,把属性值改为"17",单位为"px"。这样就修改了菜单栏文字的大小。

第 5 步：选中"ul. MenuBarHorizontal a"规则。之后在属性列表修改"background-color"属性的值,从"♯EEE"改成"♯88B036"(与 navigation Div 背景色相同,这个颜色值可以通过单击"颜色选择器"再用拾色器在 navigation Div 内单击自动获得)。依然在属性列表中,修改"color"属性的值,手工输入"♯FFF"(白色),这样就改变了每个菜单项上超链接文本的颜色。如图 17.9 所示。

第 6 步：在"所有规则"列表中单击名称最长的规则(名为"ul. MenuBarHorizontal a. MenuBarItemHover, … a. MenuBarSubmenuVisible"),这条规则控制当鼠标在菜单项上移动时菜单项的外观。之后在属性列表修改"background-color"属性的值,从"♯33C"改成"♯9FCC41"(与页面标题栏的背景色相同,这个颜色值可以通过单击"颜色选择器"再用拾色器在标题栏内单击自动获得)。这样就使得当鼠标在菜单项上移动时菜单项的背景色自动变成与标题栏相同的背景色。

第 7 步：选择菜单"文件"→"保存全部"命令。之后在浏览器中预览该页面,如图 17.10 所示。可以看到菜单的样式与页面总体风格相匹配。

图 17.9　修改规则的 background-color 和 color 属性的值以改变菜单项的外观

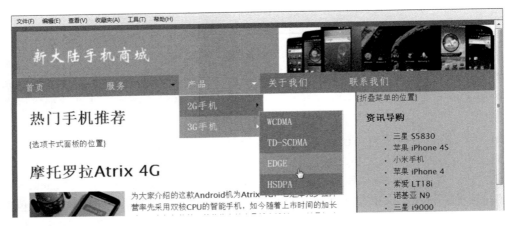

图 17.10　在浏览器中预览菜单效果

17.3　创建 Spry 选项卡式面板

Spry 选项卡式面板把页面内容组织成多个面板,可以单击不同的选项卡在面板间切换。这种方法可以节省页面空间,改善页面的易用性。

编辑选项卡式面板的内容比编辑菜单栏内容要更容易。不用使用"属性"面板来添加或修改内容,只需要在页面中直接修改卡式面板标签或者在卡式面板内直接输入内容。选项卡式面板几乎可以容纳任何类型的内容,如文本、图像、视频、Flash 影片等。

将在页面中添加一个 Spry 选项卡式面板来取代主栏区现有的内容。

第 1 步:在"文件"面板双击文件 main. html 打开它。在页面的主栏区,把光标定位于占位符文字"{选项卡式面板的位置}"，选中并删除此占位符文字后，让光标停留在当前位置。

第2步：在"插入"面板的"Spry"类菜单中单击"Spry 选项卡式面板"按钮，则在光标的位置添加了一个选项卡式面板，默认有 2 个选项卡，名称依次为"标签 1"和"标签 2"。接下来将通过"属性"面板再添加两个选项卡，并修改选项卡的名称。

第3步：为了选中整个 Spry 选项卡式面板组件并激活其"属性"面板，你只需要单击位于卡式面板左上角的蓝色标签。这时候"属性"面板内的列表框显示这个选项卡式面板组件的全部选项卡。在"属性"面板内单击列表框上方的"添加面板"图标（即加号）将在当前选项卡后面新增一个选项卡。类似地，单击列表框上方的"删除面板"图标（即减号）将删除当前选项卡。也可以选中列表框某项后单击列表框上方的"上移"或"下移"图标（即三角形向上或向下箭头），这样将改变页面内选项卡的前后排列顺序。因为主栏区原有 4 条手机信息，所以单击列表框上方的加号图标两次，使得页面内共有 4 个选项卡。列表框内当前选中的条目对应页面内当前显示的选项卡面板。

第4步：在页面内单击第一个选项卡，让光标位于第一个选项卡内，之后可以手工修改第一个选项卡的名称。删除选项卡原先的名称，输入"摩托罗拉 Atrix 4G"。用相同的方法把第二至第四个选项卡的名称依次改为"苹果 iPhone 4S"、"HTC Sensation XE"、"索尼 LT26i"。如图 17.11 所示。

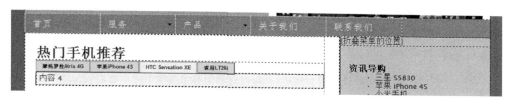

图 17.11　修改选项卡的名称

第5步：在页面内打开某个选项卡的面板有两种方法。第一种方法是在页面内单击蓝色选项卡标签以选中整个 Spry 选项卡式面板，之后在"属性"面板的列表框中单击某个选项卡名称条目，则页面内将显示这个选项卡面板的内容；第二种方法是在页面内把鼠标移至某个选项卡上，则选项卡右端会显示一个眼睛图标，如图 17.12 所示，单击该眼睛图标则显示这个选项卡面板的内容。

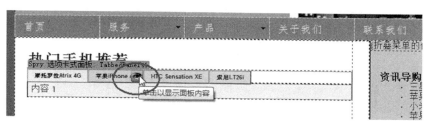

图 17.12　单击眼睛图标将显示这个选项卡面板的内容

第6步：在页面主栏区内用鼠标点击并拖动的方法选中"摩托罗拉 Atrix 4G"相关的标题、图片及文字，再按组合键 Ctrl＋X 以剪切选中的内容。

第7步：在页面内按第 5 步描述的方法之一打开第一个选项卡面板并在面板内单击，

让光标位于面板内。手工删除面板内原先的文字，再按组合键 Ctrl＋V，在弹出的"图像描述（Alt 文本）"对话框内直接单击"取消"按钮，则第 6 步剪切的内容被粘贴至第一个选项卡的面板内。如图 17.13 所示。

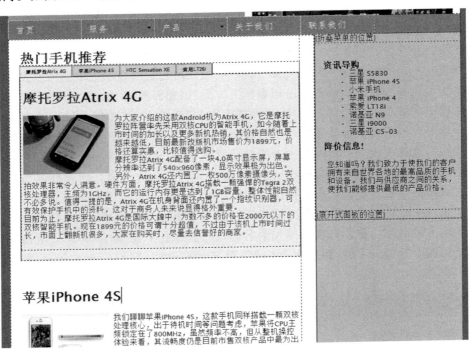

图 17.13　通过剪切和粘贴，页面内容被转移至选项卡的面板内

第 8 步：重复第 6 步至第 7 步，分别把页面内"苹果 iPhone 4S"、"HTC Sensation XE"、"索尼 LT26i"相关的信息转移到第二个、第三个、第四个选项卡的面板内。

第 9 步：删除页面主栏区底部多余的空行，之后选择菜单"文件"→"保存"。与添加 Spry 菜单栏类似，将弹出"复制相关文件"消息框，如图 17.14 所示。消息框告知你某些文件已复制到站点文件夹内以便页面的 Spry 选项卡式面板正常工作，单击对话框的"确定"按钮则完成保存。

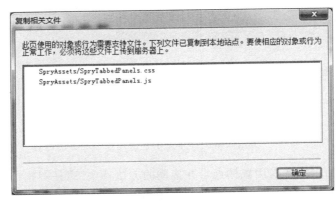

图 17.14　保存 Spry 选项卡式面板时 Dreamweaver CS5 会自动将某些文件复制到站点文件夹内

第 10 步：在浏览器中预览 main.html 页面，如图 17.15 所示。

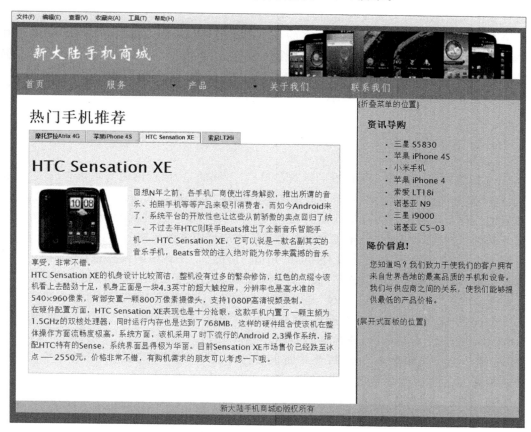

图 17.15　在浏览器中查看卡式面板的效果

17.4　修改 Spry 选项卡式面板的样式

与 Spry 菜单栏相同，Spry 选项卡式面板的样式也是在"CSS 样式"面板里修改。

第 1 步：在"文件"面板双击文件 main.html 打开它。之后打开"CSS 样式"面板，单击面板顶部的"全部"按钮，则面板的"所有规则"列表列出了当前页面所涉及的 CSS 样式。展开其中的"SpryTabbedPanels.css"节点以查看该外部样式表中所有的规则。从样式表的名称可以猜出 SpryTabbedPanels.css 是专门针对 Spry 选项卡式面板的样式表。

第 2 步：单击".TabbedPanelsTab"规则，之后在属性列表修改"background-color"属性的值，从"♯DDD"改成"♯88B036"（与 navigation Div 背景色相同，这个颜色值可以通过单击"颜色选择器"再用拾色器在 navigation Div 内单击自动获得）。这使得未激活的选项卡呈现深绿色。

第 3 步：单击".TabbedPanelsTabSelected"规则，之后在属性列表修改"background-color"属性的值，从"♯EEE"改成"♯CFA"。这使得激活的当前选项卡呈现浅绿色。

第 4 步：单击".TabbedPanelsContentGroup"规则，之后在属性列表修改"background-

使用 Spry 组件

color"属性的值,手工输入"♯CFA"(即第 3 步出现的浅绿色)再按回车键,这样使得整个面板的背景色与激活选项卡的颜色相同。

第 5 步:目前面板的高度由内容的多少决定,可以指定面板的高度。依然选中". TabbedPanelsContentGroup"规则,在属性列表单击"添加属性"条目并从下拉列表中选择"height"项,之后在右侧的输入框内直接输入"400"(注意,选择"px"为单位)。

第 6 步:选择菜单"文件"→"保存全部"命令,之后在浏览器中预览该页面。

17.5　创建 Spry 折叠式面板

Spry 折叠式面板很像一个标准的垂直菜单栏,不同的是,面板的内容可以包含文本、图像、视频等多种类型,而菜单项只能是链接文本。创建 Spry 折叠式面板与创建 Spry 选项卡式面板的过程非常类似,此外,与其他的 Spry 组件一样,Spry 折叠式面板使用自己专用的样式表。可以方便地修改这个样式表使得面板样式与页面整体风格一致。

第 1 步:在"文件"面板双击文件 main. html 打开它。在页面的侧栏区,把光标定位于占位符文字"{折叠式面板的位置}",选中并删除此占位符文字后,让光标停留在当前位置。

第 2 步:在"插入"面板的"Spry"类菜单中单击"Spry 折叠式"按钮,则在光标的位置添加了一个折叠式面板,默认有 2 个标签,名称依次为"标签 1"和"标签 2"。接下来将通过"属性"面板再添加两个标签,并修改标签的名称。

第 3 步:为了选中整个 Spry 折叠式面板组件并激活其"属性"面板,只需要单击位于折叠式面板左上角的蓝色标签。这时候"属性"面板内的列表框显示这个折叠式面板组件的全部标签。在"属性"面板内单击列表框上方的"添加面板"图标(即加号)将在当前标签下方新增一个标签。类似地,单击列表框上方的"删除面板"图标(即减号)将删除当前标签。也可以选中列表框某项后单击列表框上方的"上移"或"下移"图标(即三角形向上或向下箭头),这样将改变页面内标签的上下排列顺序。单击列表框上方的加号图标两次,使得页面内共有 4 个标签。列表框内当前选中的条目对应页面内当前显示的标签面板。

第 4 步:在页面内单击第一个标签,让光标位于第一个标签内,之后可以手工修改第一个标签的名称。删除第一个标签原先的名称,输入"三星"。用相同的方法把第二至第四个标签的名称依次改为"摩托罗拉"、"诺基亚"、"HTC"。如图 17.16 所示。

第 5 步:在页面内打开某个标签的面板有两种方法。第一种方法是在页面内选中整个 Spry 折叠式面板,之后在"属性"面板的列表框中单击某个标签名称条目,则页面内将显示这个标签的面板内容;第二种方法是在页面内把鼠标移至某个标签上,则标签右端会显示一个眼睛图标,如图 17.17 所示,单击该眼睛图标则显示这个标签的面板内容。

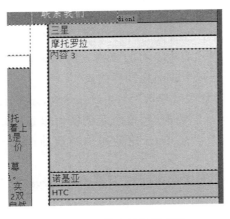

图 17.16　修改标签的名称

第 6 步：在"文件"面板内双击文件 rightside.txt 打开它，用鼠标点击并拖动的方法选中"三星"相关的手机型号及颜色信息，再按组合键 Ctrl＋C 以复制选中的内容。

第 7 步：回到 main.html，在页面内按第 5 步描述的方法之一打开第一个标签的面板并在面板内单击，让光标位于面板内。手工删除面板内原先的文字，再按组合键 Ctrl＋V，把第 6 步复制的内容粘贴至第一个标签的面板内，如图 17.18 所示。

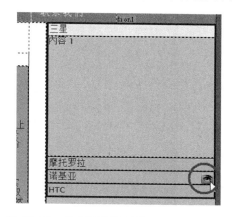

图 17.17　单击眼睛图标将显示这个标签的面板内容

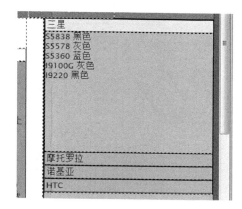

图 17.18　通过复制和粘贴，修改第一个标签的面板内容

第 8 步：重复第 6 步至第 7 步，分别把 rightside.txt 文件内"摩托罗拉"、"诺基亚"、"HTC"相关的手机型号及颜色信息粘贴到 main.html 页面中第二个、第三个、第四个标签的面板内。

第 9 步：选择菜单"文件"→"保存"命令。与添加 Spry 菜单栏、Spry 选项卡式面板类似，将弹出"复制相关文件"消息框，如图 17.19 所示。消息框告知你某些文件已复制到站点文件夹内以便页面的 Spry 折叠式面板正常工作，单击对话框的"确定"按钮则完成保存。

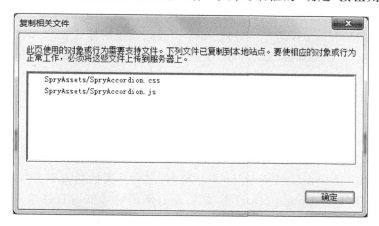

图 17.19　保存 Spry 折叠式面板时 Dreamweaver CS5 会自动将某些文件复制到站点文件夹内

第 10 步：在浏览器中预览 main.html 页面，如图 17.20 所示。

使用 Spry 组件

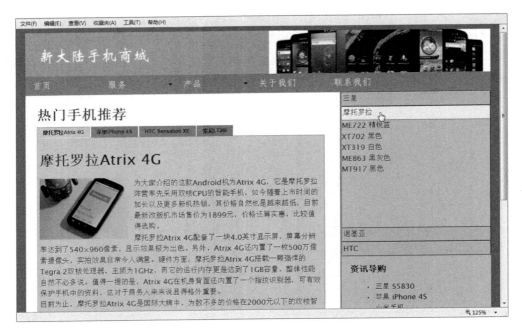

图 17.20　在浏览器中查看折叠式面板的效果

17.6　修改 Spry 折叠式面板的样式

与 Spry 菜单栏、Spry 选项卡式面板相同，Spry 折叠式面板的样式也是在"CSS 样式"面板里修改。

第 1 步：在"文件"面板双击文件 main. html 打开它。之后打开"CSS 样式"面板，单击面板顶部的"全部"按钮，则面板的"所有规则"列表列出了当前页面所涉及的 CSS 样式。展开其中的"SpryAccordion. css"节点以查看该外部样式表中所有的规则。从样式表的名称可以猜出 SpryAccordion. css 是专门针对 Spry 折叠式面板的样式表。

第 2 步：单击". AccordionPanelTab"规则，之后在属性列表修改"background-color"属性的值，从"＃CCC"改成"＃88B036"（与 navigation Div 背景色相同，这个颜色值可以通过单击"颜色选择器"再用拾色器在 navigation Div 内单击自动获得），如图 17. 21 所示。这使得未展开的标签呈现深绿色。

第 3 步：单击". AccordionPanelOpen . AccordionPanelTab"规则，之后在属性列表修改"background-color"属性的值，从"＃EEE"改成"＃CFA"。这使得当前展开的标签呈现浅绿色。

第 4 步：单击". AccordionPanelContent"规则，之后在属性列表单击"添加属性"条目并从下拉列表中选择"background-color"项，之后在右侧的输入框内直接输入"＃FFC"（淡黄色）。这样就设定了折叠式面板的背景色。

第 5 步：修改显示内容的面板的高度。依然选中". AccordionPanelContent"规则，在属性列表修改"height"属性的值，从"200px"改成"100px"。

第 6 步：单击". AccordionFocused . AccordionPanelTab"规则，之后在属性列表修改"background-color"属性的值，手工输入"＃9FCC41"（与页面标题栏的背景色相同，这个颜

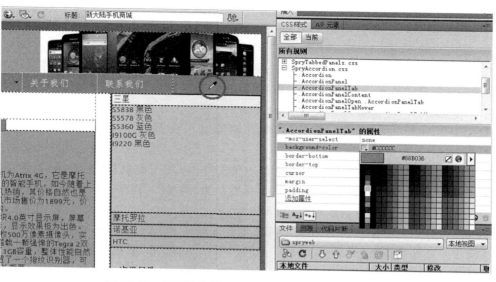

图 17.21   使用拾色器设置 background-color 属性的值

色值可以通过单击"颜色选择器"再用拾色器在标题栏内单击自动获得），这个颜色用于匹配第 2 步的颜色。这样就设定了折叠式面板成为页面焦点时未展开标签的颜色。

第 7 步：单击". AccordionFocused . AccordionPanelOpen . AccordionPanelTab"规则，之后在属性列表修改"background-color"属性的值，手工输入"＃CFA"（即第 3 步出现的浅绿色）再敲击回车键。这样就设定了折叠式面板成为页面焦点时的当前标签的颜色。

第 8 步：选择菜单"文件"→"保存全部"命令，之后在浏览器中预览该页面，如图 17.22所示。

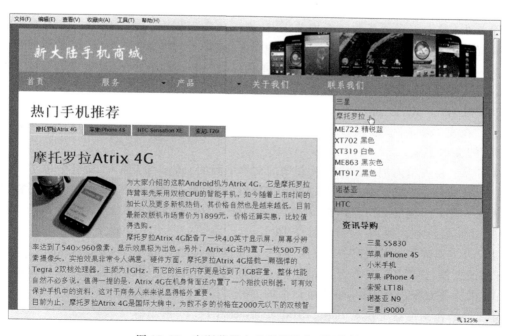

图 17.22   在浏览器中查看折叠式面板的样式

17.7 创建 Spry 可折叠面板

Spry 可折叠面板被单击时会显示或隐藏内容。可以把 Spry 可折叠面板看作只有一个标签的 Spry 折叠式面板。将在页面的"{展开式面板的位置}"添加一个可折叠面板。

第 1 步：在"文件"面板双击文件 main.html 打开它。在页面的侧栏区，把光标定位于占位符文字"{展开式面板的位置}"，选中并删除此占位符文字后，让光标停留在当前位置。

第 2 步：在"插入"面板的"Spry"类菜单中单击"Spry 可折叠面板"按钮，则在光标的位置添加了一个可折叠面板，只有 1 个标签，名称默认为"标签"。接下来你将通过"属性"面板设定页面浏览时该面板的默认状态（展开或关闭）。

第 3 步：为了选中整个 Spry 可折叠面板组件并激活其"属性"面板，你只需要单击位于可折叠面板左上角的蓝色标签。在"属性"面板内有一个"显示"下拉列表，若选中该列表的"打开"选项，则设计窗口内该面板展开，便于你编辑面板内容；若选中该列表的"已关闭"选项，则设计窗口内该面板关闭。在"属性"面板内还有一个"默认状态"下拉列表，若选中该列表的"打开"选项，则用户浏览页面时该面板默认是展开的；若选中该列表的"已关闭"选项，则用户浏览页面时该面板默认是关闭的。在这两个下拉列表中均选择"打开"选项，如图 17.23 所示。

图 17.23 在"属性"面板设置可折叠面板的显示及默认状态

第 4 步：在页面内单击可折叠面板的第一个标签（也是唯一的标签），让光标位于标签内，之后可以手工修改标签的名称。删除标签原先的名称，输入"联系方式"。这样就修改了标签的名称。

第 5 步：在打开的可折叠面板内单击，让光标位于面板内。手工删除面板内原先的文字并让光标停留在面板内。在"插入"面板中单击"表单"类的"表单"按钮，则在可折叠面板内添加一个表单，光标自动地位于新增的表单内。在"插入"面板中单击"表单"类的"文本字段"按钮，则弹出"输入标签辅助功能属性"对话框，如图 17.24 所示。在对话框内作如下设置："ID"设为"email"；"标签"设为"您的电子邮箱"；"样式"设为"用标签标记环绕"；"位置"设为"在表单项前"。最后单击"确定"按钮，则可折叠面板内添加了一个标签为"您的电子邮箱"的文本字段。

第 6 步：在表单内把光标定位于新增的文本字段的右侧。在"插入"面板中单击"表单"类的"按钮"按钮，则弹出"输入标签辅助功能属性"对话框，如图 17.25 所示。在对话框内作如下设置："ID"设为"btn"；"标签"内容为空；"样式"选为"无标签标记"。最后单击"确定"按钮，则可折叠面板内添加了一个"提交"按钮。

第 7 步：选择菜单"文件"→"保存"命令。与添加其他 Spry 组件类似，将弹出"复制相关文件"消息框，如图 17.26 所示。消息框告知你某些文件已复制到站点文件夹内以便页面的 Spry 可折叠面板正常工作，单击对话框的"确定"按钮则完成保存。

第 8 步：在浏览器中预览 main.html 页面，如图 17.27 所示。

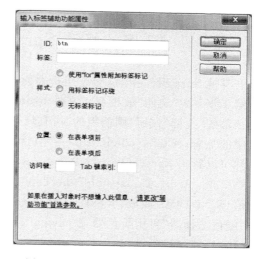

图 17.24　设置表单元素——文本字段的属性　　　　图 17.25　设置表单元素——按钮的属性

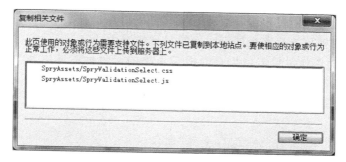

图 17.26　保存 Spry 可折叠面板时 Dreamweaver CS5 会自动将某些文件复制到站点文件夹内

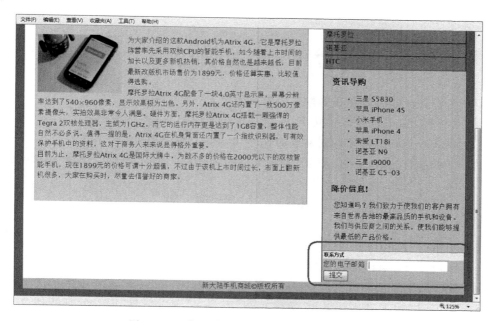

图 17.27　在浏览器中查看可折叠面板的效果

使用 Spry 组件

17.8　修改 Spry 可折叠面板的样式

与其他 Spry 组件相同,Spry 可折叠面板的样式也是在"CSS 样式"面板里修改。

第 1 步:在"文件"面板双击文件 main. html 打开它。之后打开"CSS 样式"面板,单击面板顶部的"全部"按钮,则面板的"所有规则"列表列出了当前页面所涉及的 CSS 样式。展开其中的". SpryCollapsiblePanel. css"节点以查看该外部样式表中所有的规则。从样式表的名称可以猜出 SpryCollapsiblePanel. css 是专门针对 Spry 可折叠面板的样式表。

第 2 步:单击". CollapsiblePanelTab"规则,之后在属性列表修改"background-color"属性的值,从"♯DDD"改成"♯88B036"(与 navigation Div 背景色相同,这个颜色值可以通过单击"颜色选择器"再用拾色器在 navigation Div 内单击自动获得)。这使得可折叠面板关闭时标签呈现深绿色。

第 3 步:单击". CollapsiblePanelOpen . CollapsiblePanelTab"规则,之后在属性列表修改"background-color"属性的值,从"♯EEE"改成"♯CFA"(与折叠式面板第一个标签的颜色相同,这个颜色值可以通过单击"颜色选择器"再用拾色器在折叠式面板第一个标签内单击自动获得)。这使得可折叠面板展开时标签呈现浅绿色。

第 4 步:在页面内通过单击可折叠面板左上角的蓝色标签选中整个 Spry 可折叠面板组件并激活其"属性"面板。在"属性"面板内把"默认状态"选为"已关闭",则页面浏览时可折叠面板默认为关闭状态。

图 17.28　在浏览器中查看可折叠面板的效果

第 5 步:选择菜单"文件"→"保存全部"命令,之后在浏览器中预览 main. html 页面。当页面在浏览器中打开时,可折叠面板处于关闭状态,单击其标签"联系方式",则展开面板,如图 17.28 所示。

17.9　常 见 问 答

1. 哪 4 个 Spry 组件能用于导航和内容展示?

Spry 菜单栏,Spry 折叠式面板,Spry 选项卡式面板,Spry 可折叠面板。

2. 使用 Spry 组件时被复制到站点的 Spry Assets 文件夹有什么作用?

这个文件夹包含 Spry 组件能正常工作所必需的支持文件,如 CSS、JavaScript 和图像文件。

17.10　动 手 实 践

1. 修改 main. html 页面中 Spry 菜单栏的颜色。

2. 在 main. html 页面侧栏区把"资讯导购"内容与"降价信息"内容转移至两个新增的 Spry 可折叠面板内。

3. 在 main. html 页面侧栏区把"资讯导购"内容与"降价信息"内容分别转移至一个新增的 Spry 选项卡式面板组件的两个选项卡面板内。

第18章　用行为增加页面的互动

学习目标

◆ 行为的含义

◆ 为网页对象添加动作

◆ 选择触发动作的事件

◆ 使用行为增加页面的交互性

◆ 在页面内创建可拖-放的对象

Dreamweaver CS5 行为用来添加页面与浏览者的互动性。你可以设定当浏览者进行打开页面、单击鼠标、移动光标之类的操作时页面要发生的一些动作,如显示原先隐藏的某个页面元素、弹出信息窗、改变容器的文本等。这些动作通常需要 JavaScript 代码的支持,但是 Dreamweaver CS5 自动地为设计者添加全部的 JavaScript 代码,因此你无需理解 JavaScript 脚本。

准备工作

在开始之前,请单击菜单"窗口"→"工作区布局"→"经典"命令,以重置工作区。本章将使用教材素材文件夹 chapter18\material 里的若干文件。请确认你已经把该文件夹内容复制到硬盘上,假设在硬盘上新文件夹的位置为 E:\ DreamweaverCS5 \ lesson12,表示 Dreamweaver CS5 的第 12 课。之后需要创建一个站点,它的根文件夹就是上述硬盘上这个文件夹,站点名称命名为"phoneweb",可以参阅第 8 章"创建一个新站点"了解创建站点的细节。

18.1　什么是行为

当添加一个行为至页面时,Dreamweaver CS5 将往页面里插入相应的 JavaScript 函数以及对这个函数的调用。在浏览网页时,当某个事件发生时(这个事件也是在之前添加行为时指定的),页面将自动执行对这个 JavaScript 函数的调用,这样就实现了页面与浏览者之间的互动。

JavaScript 函数位于网页的头部,一个 JavaScript 函数描述了输向该函数的信息类型以及将返回的结果或将完成的某项功能。JavaScript 函数的调用是添加至某个页面元素的 JavaScript 代码,它指明了要执行的函数;通常这段代码不会执行,只有当该页面元素发生相应的事件(如鼠标单击、鼠标悬停等)时,才会触发这个 JavaScript 函数的调用。

简单来说,行为是由事件触发的动作:事件是用户的某个操作,如打开页面、单击鼠标、移动鼠标等;动作是用 JavaScript 语言编写的函数,它具有某项功能,如显示-隐藏页面元素、弹出信息等；因此，"事件＋动作＝行为"。行为的本质是建立事件与动作的关联，使得浏览器捕获到这个事件时自动触发指定的动作。

Dreamweaver CS5 通过"行为"面板来管理页面内各个元素的行为。可以选择菜单"窗口"→"行为"，之后在打开的"标签检查器"面板内单击"行为"按钮以打开"行为"面板。如图 18.1 所示，"行为"面板顶部的标签表示当前的页面元素类型为超链接，面板列出了与这个超链接相关的行为目前只有一项，即当鼠标移至该超链接上时（onMouseOver）隐藏或显示某个页面元素。列表还列出了这个超链接可以捕获的其他事件，如单击事件（onClick），但是并没有为这个事件指定相应的动作，因此当浏览者单击这个超链接时不会执行任何 JavaScript 函数。

图 18.1　"行为"面板示例

18.2　为超链接添加"显示-隐藏元素"动作

在这个练习中，将在 gallery.html 页面内创建一行数字链接，当鼠标移至某个数字上时，页面下方出现相应的手机图片。

第 1 步：在"文件"面板双击 gallery.html 文件，用"设计"视图显示该文件。把光标定位于文字"手机图集"的末尾，按回车键，在新的一行输入数字 1 到 6，相邻的数字之间用空格分隔。

第 2 步：选中数字 1，在"属性"面板的"链接"文本框内输入"＃"，这样就创建一个超链接，这个超链接指向链接自身所在的文件。对数字 2 至 6 分别执行同样的操作，这样就形成图 18.2 所示的结果。

第 3 步：选择菜单"窗口"→"插入"命令，之后在打开的"插入"面板内选择"布局"类型，再单击"绘制 AP Div"项，如图 18.3 所示。

图 18.2　为数字分别创建超链接

图 18.3　在"插入"面板内单击"绘制 AP Div"项

第 4 步：回到文档的设计窗口，用鼠标在页面的空白处拖出一个大小合适的矩形框，即 AP Div。可以用鼠标按住 AP Div 左上角的手柄再拖动，以调整 AP Div 在页面上的位置。还可以用鼠标按住 AP Div 边框中间的方点再拖动，以调整 AP Div 的大小。单击 AP Div 的边框即选中此 AP Div，之后在"属性"面板的"CSS-P 元素"输入框内输入"phone1"，这表示这个 AP Div 的标识；并在"属性"面板的"Z 轴"输入框内输入"10"，"Z 轴"值越大，表示 AP Div 离浏览者越近。

第 5 步：在 phone1 这个 AP Div 内单击，这样就把光标定位于这个 AP Div 内。再选择菜单"插入"→"图像"命令，从弹出的"选择图像源文件"窗口选中名为"1-Huawei-G309T"的图像再单击"确定"按钮，就把选中的图像添加至 phone1 这个 AP Div 内，调整新增图像的大小以及 phone1 AP Div 的大小，使之大小匹配，结果如图 18.4 所示。

图 18.4　往 phone1 AP Div 内插入图像

第 6 步：重复第 3 步至第 5 步的操作共 5 次，分别在 phone1 AP Div 近似的位置绘制名为 phone2 至 phone6 的 AP Div，AP Div 的 Z 轴值依次为 11、12、13、14、15，分别在每个 AP Div 内插入名为"2-Lenovo-S880"、"3-Motolora-RAZR"、"4-Nokia-Lumia920"、"5-Samsung-GalaxyNote2"、"6-Sony-LT28h"的图片文件。分别调整这些 AP Div 的位置和大小，使得最终 phone1 至 phone6 这 6 个 AP Div 重叠在一起。图 18.5 表示这些 AP Div 的大小并不需要严格一致。

图 18.5　把 phone1 AP Div 至 phone6 AP Div 重叠在一起，AP Div 的大小并不需要严格一致

用行为增加页面的互动

第 7 步：选择菜单"窗口"→"行为"打开"行为"面板。在设计窗口内选中超链接文字"1"，可以看到"行为"面板上方显示"标签＜a＞"，表示当前是针对超链接设置行为。单击"行为"面板上"＋"按钮，从下拉菜单中选择"显示-隐藏元素"项，则打开"显示-隐藏元素"对话框，在"元素"列表选中"div'phone1'"项，再单击"显示"按钮。图 18.6 所示是操作后的对话框。

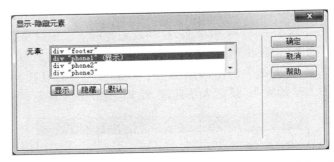

图 18.6　在"显示-隐藏元素"对话框内把 div"phone1"设为"显示"

第 8 步：依然是在这个对话框内，在"元素"列表选中"div'phone2'"，再单击"隐藏"按钮，把 phone2 这个 AP Div 设为"隐藏"。用相同的方法把 phone3 至 phone6 AP Div 均设为"隐藏"，如图 18.7 所示。最后单击"确定"按钮关闭对话框。

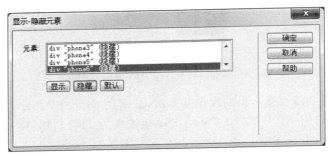

图 18.7　在"显示-隐藏元素"对话框内把 div"phone2"至 div"phone6"均设为"隐藏"

第 9 步：以上的操作使得"行为"面板新增一项，这个行为的事件默认为"onClick"，行为的动作为"显示-隐藏元素"。这表示浏览者必须单击文字链接"1"（这是因为在第 7 步是选中超链接文字"1"之后再添加行为的）才会发生"显示-隐藏元素"动作，现在修改触发这个动作的事件。用鼠标单击文字"onClick"则出现一个下拉列表框，从列表框中选择"onMouseOver"，如图 18.8 所示，这表示浏览者只需把鼠标移至文字链接"1"的上面（不需要单击）就会触发"显示-隐藏元素"这个动作，而这个动作所显示以及隐藏的元素在第 7、8 步已经设定。

第 10 步：选择菜单"文件"→"保存全部"命令，

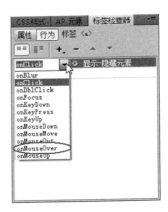

图 18.8　把行为的事件由默认的"on Click"改成"onMouse Over"

之后在浏览器中预览这个网页。可以看到网页刚打开时显示的是 6 个手机图片层叠在一起的情景（稍后会解决这个问题），当鼠标移至文字链接"1"上时，页面内只显示"1-Huawei-G309T"这个图片，而这个图片正是我们添加至 phone1 AP Div 的图像，如图 18.9 所示。当把鼠标从链接"1"上移开并移到其他数字链接上时，网页没有任何变化，因为这时候还没有为其他的数字链接添加行为。

图 18.9　当鼠标移至超链接"1"上时页面只显示"1-Huawei-G309T"图片

第 11 步：用第 7 至 9 步相同的方法，分别为 phone2 至 phone6 AP Div 添加类似的行为。注意，每个链接在 onMouseOver 事件时要显示或隐藏的 AP Div 是不同的。

第 12 步：注意到浏览器刚打开 gallery.html 这个网页时，页面显示的是多个手机图片层叠的情况，因此还需要设置一下图片的初始显示状态，我们假设页面初始只显示 phone1 这个 AP Div。在"设计"窗口的左下角的状态栏内单击"＜body＞"标签，然后在"行为"面板添加"显示-隐藏元素"动作，在弹出的"显示-隐藏动作"对话框内把"div'phone1'"设为"显示"，而 div phone2 至 phone6 均设为"隐藏"，如图 18.10 所示。最后单击"确定"按钮。

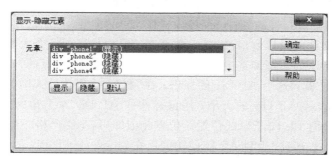

图 18.10　设置页面打开时各个手机 Div 的可见性

第 13 步：这时"行为"面板显示新增了一项行为，该行为的事件默认为"onLoad"。如果行为的事件默认不是"onLoad"，则单击此项行为的左列数据，从下拉列表框中选择"onLoad"项。onLoad 表示页面刚打开这个事件，因此这项行为表示在页面刚打开时只显示 phone1 AP Div，而其他的手机 Div 则隐藏。

用行为增加页面的互动

第 14 步：选择菜单"文件"→"保存全部"命令，之后在浏览器中预览 gallery. html 页面，效果如图 18.11 所示。用鼠标在数字链接上滑动时，手机图像将发生变化。

图 18.11　gallery. html 页面刚打开时的效果

18.3　用"拖动 AP 元素"动作创建一个匹配游戏

本节将构造一个游戏网页 game. html。页面中有 4 种不同型号的手机图像排成一行，第二行是 4 个空白的方框，每个方框内用文字显示上述四种手机之一的型号。浏览者可以用鼠标拖动一个手机图像至某个方框内，如果方框内的文字正好是手机的型号，则弹出信息窗口告知浏览者匹配正确，否则不会弹出消息窗。这样一个游戏需要用到"拖动 AP 元素"动作。

第 1 步：在"文件"面板内双击文件 game. html，以"设计"视图显示该文件。选择菜单"窗口"→"插入"命令，之后在打开的"插入"面板内选择"布局"类型，再单击"绘制 AP Div"项。

第 2 步：回到文档的设计窗口，用鼠标在页面的空白处拖出一个大小合适的矩形框，即 AP Div。单击 AP Div 的边框即选中此 AP Div，之后在"属性"面板的"CSS-P 元素"输入框内输入"answer1"，这表示这个 AP Div 的标识；在"宽"文本框内输入"70px"，在"高"文本框内输入"110px"，这表示 AP Div 的大小；用鼠标按住 AP Div 左上角的手柄再拖动，把 AP Div 调整至页面上如图 18.12 所示的位置。位置相似即可，不必严格一样。

第 3 步：用第 1 步所述"绘制 AP Div"功能项在 answer1 AP Div 的同一排从左至右依次绘制 3 个 AP Div，分别在"属性"面板内设置其标识为"answer2"、"answer3"、"answer4"，宽度均设为 70px，高度均设为 110px。4 个 AP Div 的布局如图 18.13 所示。

可以先选中某个 AP Div 再按方向键（上、下、左、右）来手工调整 AP Div 的位置，也可以先选中某个 AP Div 再设置"属性"面板内"左"和"上"文本框的值来精确设定 AP Div 的位置，其中"左"、"上"值分别表示此 AP Div 左上顶点的横坐标和纵坐标。

第 4 步：通过"CSS 样式"面板新建一个名称为". answer"的类 CSS 规则用于稍后设置

这 4 个 AP Div 的样式。这条 CSS 规则包含的属性及值如图 18.14 所示。创建 CSS 的操作过程请参阅本教材的第 10 章。

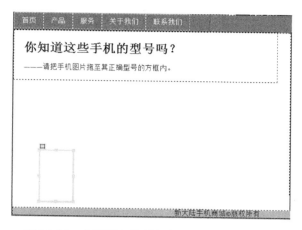

图 18.12　在页面上绘制名为 answer1 的 AP Div

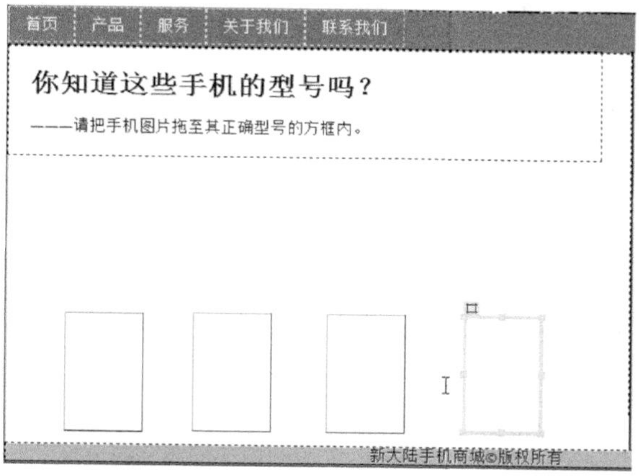

图 18.13　在同一排绘制四个大小相同的 AP Div

图 18.14　新建名为 .answer 的类 CSS 规则

用行为增加页面的互动

232

第 5 步：在页面内选中 answer1 AP Div，之后从"属性"面板的"类"下拉列表选中"answer"项，如图 18.15 所示。注意到，answer1 AP Div 的背景变成淡蓝色。

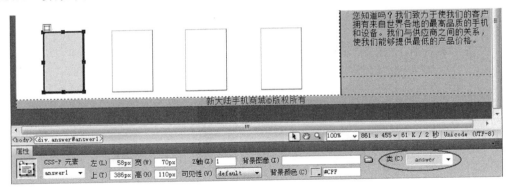

图 18.15　把 . answer 类 CSS 规则作用于 answer1 AP Div

第 6 步：对 answer2～answer4 AP Div 分别重复第 5 步的操作，这样就把第 3 步绘制的四个 AP Div 的背景全部设为淡蓝色；之后在这四个 AP Div 内分别输入文本"galaxy"、"i929"、"i9220"、"w899"。由于 . answer 类 CSS 规则的作用，文本呈现红色，如图 18.16 所示。

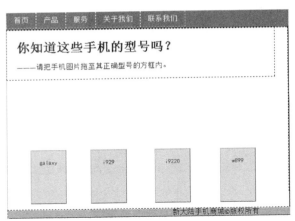

图 18.16　为四个方框添加文本表示正确的手机型号

第 7 步：用"绘制 AP Div"功能项在 4 个方框的上方绘制 4 个 AP Div，标识分别为"phone1"、"phone2"、"phone3"、"phone4"；"宽"均设为 65px，"高"均设为 105px。第一排的 4 个 AP Div 暂时不需要与第二排的 4 个 AP Div 对齐。如图 18.17 所示。

第 8 步：在 phone1 AP Div 内单击，把光标定位于此 AP Div 内，再选择菜单 插入→图像，在弹出的"选择图像源文件"对话框内选中 images 文件夹内的"g1-galaxy"图像，之后单击"确定"按钮，在随后出现的"图像标签辅助功能属性"对话框内不作任何设置，直接单击"确定"按钮，则 phone1 AP Div 内添加了"g1-galaxy"图像。

第 9 步：对 phone2～phone4 AP Div 重复第 8 步的操作，分别往这 3 个 AP Div 内插入 images 文件夹内的"g2-i929"图像、"g3-i9220"图像、"g4-w899"图像。之后网页 game. html 的"设计"视图如图 18.18 所示。

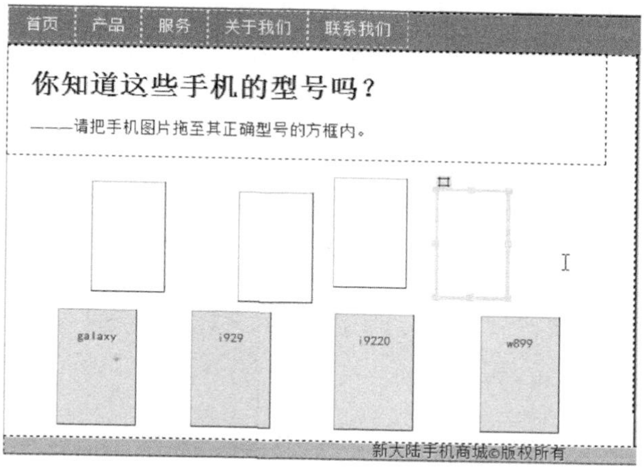

图 18.17　在第一排绘制 phone1～phone4 AP Div

图 18.18　往第一排的 4 个 AP Div 内分别插入手机图像

第 10 步：单击 phone1 AP Div 的边框以选中这个 Div,之后在 Div 左上角的手柄处按下鼠标左键并拖动,将这个 Div 拖至 answer1 AP Div 内再松开鼠标左键。这时 phone1 AP Div 将层叠于 answer1 AP Div 上方,如图 18.19 所示。如果觉得有必要,可以选中 phone1 AP Div,再按方向键(上、下、左、右)来微调此 phone1 AP Div 的位置,使之更接近 answer1 AP Div 的中心。

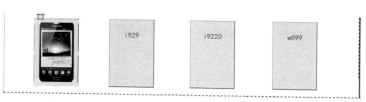

图 18.19　将 phone1 AP Div 拖至 answer1 AP Div 内

233

第 11 步：单击"设计"窗口左下角状态栏的"<body>"标签,之后选择菜单"窗口"→"行为"命令,打开"行为"面板。单击面板内"+"按钮,从下拉菜单选择"拖动 AP 元素",弹

用行为增加页面的互动

出名为"拖动 AP 元素"的对话框。单击对话框的"基本"标签,从"AP 元素"下拉列表选择"div'phone1'";再单击"取得目前位置"按钮,则"左"、"上"输入框内自动显示 phone1 Div 当前的位置,由于 Div 的摆放差异,你操作时自动显示的"左"值和"上"值可能会与图 18.20 的值不同;最后把"靠齐距离"文本框内的值改为"20"。这时对话框如图 18.20 所示。

图 18.20　在对话框的"基本"标签内的设置

第 12 步:单击此对话框的"高级"标签,保留其他设置不变,只在"放下时:呼叫 JavaScript:"文本框内输入"alert('It is right!');",并选中右侧的"只有在靠齐时"选项,如图 18.21 所示。

图 18.21　在对话框的"高级"标签内的设置

第 13 步:单击"拖动 AP 元素"对话框内的"确定"按钮关闭此对话框。这时"行为"面板的列表中新增了一项行为,该行为的事件为"onLoad",该行为的动作为"拖动 AP 元素",如图 18.22 所示。

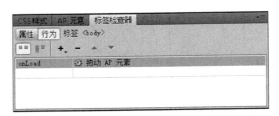

图 18.22　"行为"面板中新增的一项行为

第 14 步:分别对 phone2～phone4 AP Div 重复第 10 步至第 13 步的操作。把 phone2 AP Div 拖至 answer2 AP Div,把 phone3 AP Div 拖至 answer3 AP Div,把 phone4 AP Div 拖至 answer4 AP Div;再分别添加与标签＜body＞的 onLoad 事件对应的"拖动 AP 元素"

动作,并且使得 phone2~phone4 AP Div 将来在距离新位置 20 像素范围内放下时会呼叫
JavaScript:"alert('It is right!');"。注意,在"拖动 AP 元素"对话框的"AP 元素"下拉列
表中需要选择不同的 AP Div,分别是"div'phone2'"、"div'phone3'"、"div'phone4'"。之后
如图 18.23 所示,在"行为"面板的列表中出现四项行为,事件都是"onLoad",而动作都是
"拖动 AP 元素",这 4 项行为分别是针对 phone1~phone4 AP Div;此时这 4 个 AP Div 位
于正确的位置上。

图 18.23　添加分别针对 phone1~phone4 AP Div 的四项行为

第 15 步:在"设计"窗口把 phone1 AP Div 拖至 answer3 AP Div 的上方,把 phone2 AP
Div 拖至 answer4 AP Div 的上方,把 phone3 AP Div 拖至 answer2 AP Div 的上方,把
phone4 AP Div 拖至 answer1 AP Div 的上方。即让装有手机图像的 AP Div 与写有手机型
号的 AP Div 错开,使得图像方框与型号方框在位置上并不是上下对应的。为了界面的美
观,注意让 phone1~phone4 AP Div 水平对齐,这可以通过在每个 AP Div 的"属性"面板内
设置相同的"上"属性值实现。图 18.24 展示了装有图像 Div 与写有型号文字 Div 错开之后
的效果。

图 18.24　错开装有图像 Div 与写有型号文字 Div

第 16 步:选择菜单"文件"→"保存全部"命令,将上述操作的结果保存。之后在浏览器
中预览 game.html 页面。你可以在浏览器中拖动 4 个手机图像中的任意一个至页面的任
何位置。只有当你把手机图像拖放至正确的型号方框内时(允许有 20 像素的偏差,"20"这
个值是在第 11 步中设定的),页面才会弹出写有"It is right!"的消息窗口,这个消息的文本
是在第 12 步设定的。如图 18.25 所示,当把第一排的 phone2 图像拖放至第二排的
answer2 方框(即写有 i929 的方框)内时,页面弹出消息窗口,显示消息"It is right!"。当你
把 phone2 图像拖放至其他的型号方框内,或者把其他图像拖放至 answer2 方框内,页面不

用行为增加页面的互动

会显示任何消息。

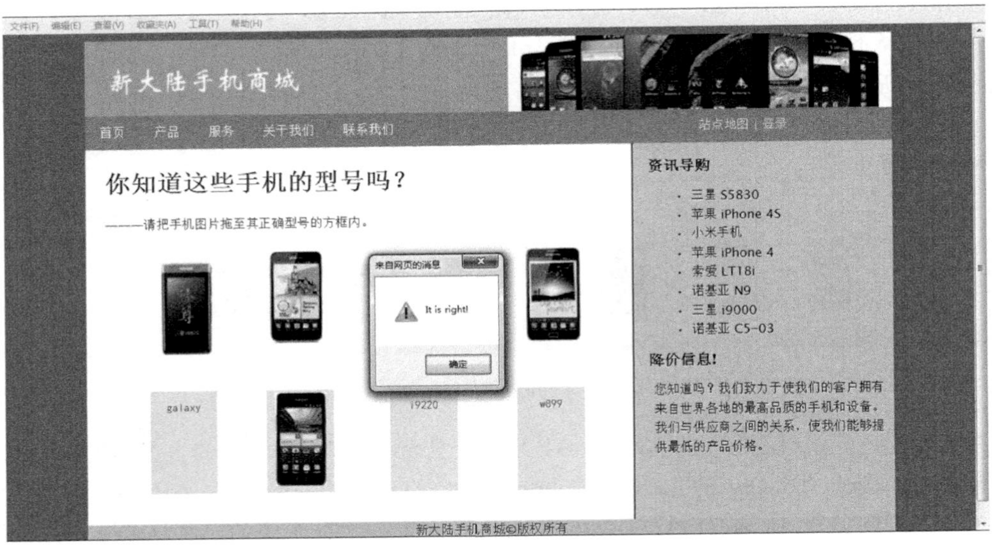

图 18.25　把 phone2 图像拖放至正确的型号方框内时则弹出消息窗口

18.4　常　见　问　答

1. 如何对一个隐藏的 AP Div 添加行为？

对一个 AP Div 添加行为之前要先选中它。可以在"AP 元素"面板内选中页面内的隐藏 AP Div,这样"设计"视图内将显示原先隐藏的那个 AP Div,之后切换至"行为"面板添加行为。或者可以临时地改变 AP Div 的可见性使之可见,为其添加行为,之后再隐藏这个 AP Div。

2. onClick 事件与 onMouseDown 事件有什么差别？

onClick 事件包含 onMouseDown 事件与 onMouseUp 事件,这两个事件加起来等于 onClick 事件。

3. 页面的一个元素只能附加一个行为吗？

可以为页面的一个元素添加多个行为,并且设定这些行为发生的顺序。

4. 除了用♯表示空链接,还有其他的方法表示空链接吗？

空链接用于在页面内添加针对超链接的行为。除了用"♯"表示空链接,还可以用"javascript:;"表示空链接。当浏览者单击"♯"表示的超链接时,页面不但会触发这个超链接的行为而且会跳至当前页面的顶部;当浏览者单击"javascript:;"表示的超链接时,页面只会触发这个超链接的行为而不会跳至页面顶部。

18.5　动　手　实　践

1. 把最后保存的 gallery. html 页面中数字链接的 onMouseOver 事件改成 onClick 事件,使得只有当浏览者单击某个数字链接时,相应的手机图片才显示。

2. 新建一个页面,在页面内绘制一个 AP Div,再创建若干个文字超链接。为每个超链接的 onClick 事件添加动作"设置文本"→"设置容器的文本",往上述 AP Div 内填写该超链接的文本。这样当浏览者单击页面内某个文字链接时,页面内的 Div 将显示该超链接的文本。

3. 把上述第 2 题的动作改成"弹出消息",消息窗口显示该超链接的文本。

用行为增加页面的互动

管理你的站点

学习目标

◆ 上传和获取文件

◆ 取出和存回文件

◆ 站点完备性检查

◆ 使用站点报告

◆ 浏览器兼容性检查

在发布站点之前,需要对站点做最后的检查。Dreamweaver CS5 有一组报告、链接检查和问题解决工具,帮助最后上传之前定位和修改任何潜在的问题,而且"文件"面板中内置的 FTP 和同步功能可以方便地把本地文件上传至服务器上。

准备工作

在开始之前,请单击菜单"窗口"→"工作区布局"→"经典"命令,以重置工作区。本章将使用教材素材文件夹 chapter19\material 里的若干文件。请确认你已经把该文件夹内容复制到硬盘上,假设在硬盘上新文件夹的位置为 E:\DreamweaverCS5\lesson13,表示 Dreamweaver CS5 的第 13 课。之后需要创建一个站点,它的根文件夹就是上述硬盘上这个文件夹,站点名称命名为"poemweb",可以参阅第 8 章"创建一个新站点"了解创建站点的细节。

19.1　设置远程连接

通过"文件"面板可以上传本地站点至网站服务器,可以从网站服务器下载文件至本地站点,实现本地站点与网站服务器的同步。这个功能通常是使用"文件"面板内置的文件传输协议(FTP)实现。在传输文件之前,需要设置一个与网站服务器的远程连接,为此,要从系统管理员那里获取以下信息:网站服务器的 FTP 地址、FTP 登录名与密码、FTP 上用于此站点的专门文件夹、网站地址(URL)。

第 1 步:选择菜单"站点"→"管理站点"命令,则弹出"管理站点"对话框。单击列表框中"poemweb"项,再单击"编辑"按钮,弹出"站点设置对象 poemweb"对话框,单击对话框左侧的"服务器"项目,再单击左下方的"添加新服务器"图标(即加号),如图 19.1 所示。这将打开一个名为"基本"的选项卡。

第 2 步:在"基本"选项卡的各个文本框内输入特定的 FTP 信息,如图 19.2。由于网络环境的不同,需要输入的信息可能与例图不同。

第 3 步:单击选项卡中"测试"按钮以检验 Dreamweaver CS5 能否连接至你的服务器。

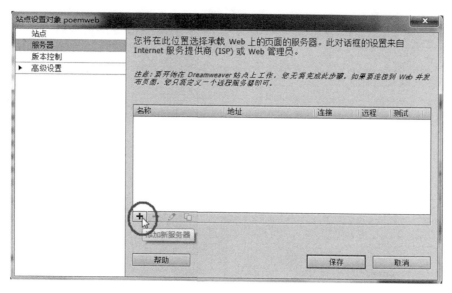

图 19.1　单击"＋"图标

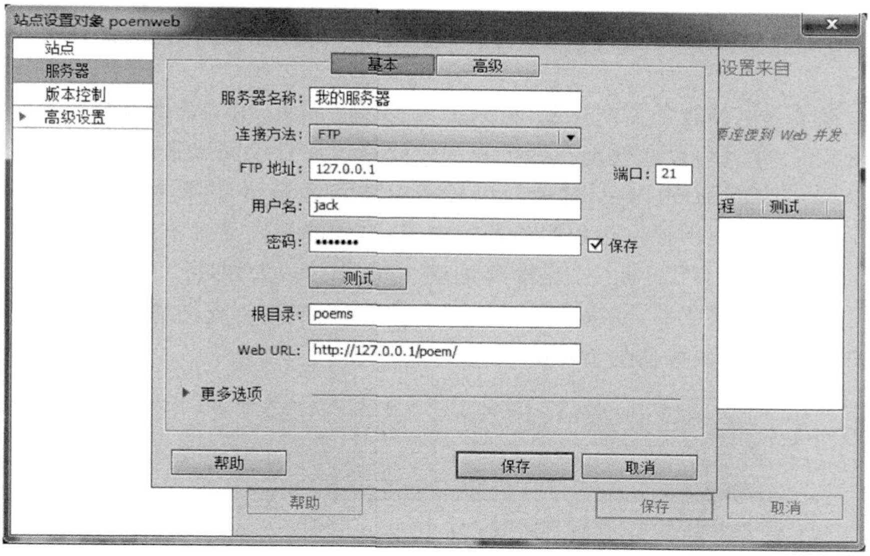

图 19.2　远程连接信息示例

如果输入的信息是正确的,将弹出一个消息窗口,如图 19.3 所示。消息窗口告知 Dreamweaver CS5 已成功连接到 Web 服务器,单击"确定"按钮则关闭此消息窗口。

　　第 4 步:单击"基本"选项卡中的"保存"按钮。之后在"服务器"列表中可以看到刚才添加的服务器,如图 19.4 所示。

　　第 5 步:单击"站点设置对象 poemweb"对话框中的"保存"按钮,这样就创建了一个远程连接。

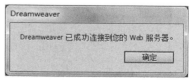

图 19.3　消息窗口告知测试远程
连接的结果

管理你的站点

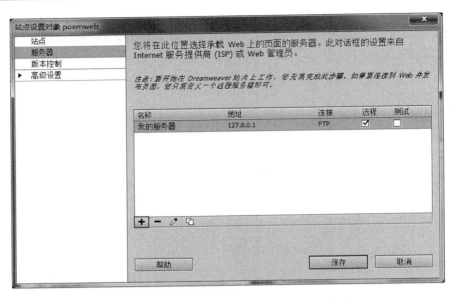

图 19.4 新增的服务器出现在"服务器"列表中

19.2 查看、上传、获取远程网站服务器上的文件

一旦设置了与网站服务器的连接,可以扩大"文件"面板,用一个拆分视图同时显示远程文件和本地文件,并且可以方便地在两个视图之间拖放文件以完成文件上传或文件下载。

第 1 步:在"文件"面板内单击"展开以显示本地和远端站点"图标,则"文件"面板扩大为全屏显示。左侧的视图显示远程服务器的内容,右侧的视图显示本地站点的内容。

第 2 步:单击"文件"面板中"连接到远端主机"图标,如图 19.5 所示。Dreamweaver CS5 将试图连接远程服务器,如果连接成功,"文件"面板的左侧视图显示服务器的内容。在这个练习中,目前远程服务器的 poems 文件夹为空。

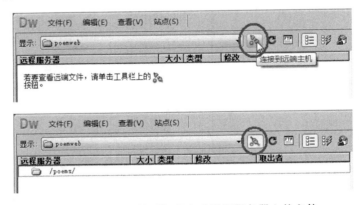

图 19.5 单击连接图标以查看远程服务器上的文件

第 3 步:"文件"面板内置的文件传输功能使得上传文件至远程服务器或者下载文件至本地机器非常简单。可以使用"上传"或"获取"图标完成这两项功能,也可以直接在远程文件列表与本地文件列表之间拖放文件完成这两项功能。单击本地文件列表中的 index. html

文件,再单击面板工具栏内的"上传"图标,如图 19.6 所示。若出现询问是否要同时上传相关文件(相关文件包括当前文件所引用的图像文件、外部样式表文件和其他文件)的对话框,则单击对话框内的"否"按钮。

图 19.6　在本地文件列表选中一个文件并单击"上传"按钮把它上传至远程服务器

　　一种替代的方法是从右边拖放一个文件至左边就把这个文件上传至服务器,如图 19.7 所示。

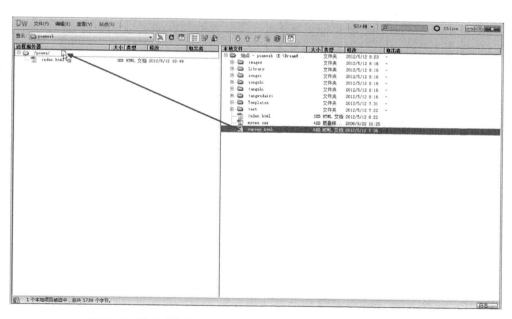

图 19.7　从右边拖放一个文件至左边就把这个文件上传至服务器

管理你的站点

第 4 步：类似地，单击远程文件列表中的 index. html 文件，再单击面板工具栏内的"获取"图标，若出现询问你是否要同时获取相关文件（相关文件包括当前文件所引用的图像文件、外部样式表文件和其他文件）的对话框，则单击对话框内的"否"按钮。注意在当前情况下，这个获取操作没有多大意义，原因是刚刚上传了 index. html 文件。

第 5 步：当发布站点时，需要把整个本地站点上传至服务器。单击右侧的根节点，之后单击面板工具栏内的"上传"图标，则弹出一个对话框，询问是否确定要上传整个站点，单击对话框的"确定"按钮完成上传。最后，"文件"面板视图如图 19.8 所示。

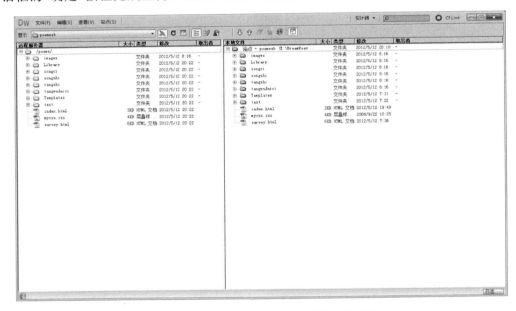

图 19.8　上传整个站点后的"文件"面板视图

类似地，当要从服务器下载整个站点，可以单击左侧的根节点，之后单击面板工具栏内的"获取"图标。

19.3　激活文件取出和存回功能

如果与别人合作开发一个网站，希望建立一个环境，使得每个人可以独立地编辑文件并且不会覆盖别人的工作。Dreamweaver CS5 的取出和存回功能提供一种方法让别人知道正在修改某个文件并且不想被扰乱。当取出和存回功能被激活时，正在编辑的文档在远程服务器上被锁定以防止别人同时修改这个文件。同样，如果试图打开一个服务器上已经被别人取出的文件，将有警告信息告知你此文件正在被谁编辑。取出和存回功能不需要运行任何其他的软件，开发者只需要在站点定义时激活 Dreamweaver CS5 的取出和存回功能。

第 1 步：选择菜单"站点"→"管理站点"，再选中"poemweb"项，单击"编辑"按钮。

第 2 步：在打开的"站点设置对象 poemweb"对话框内单击左侧的"服务器"项，之后选中"我的服务器"项并单击列表左下方的铅笔图标。

第3步：单击"高级"按钮，如图19.9所示。之后选中"启用文件取出功能"复选框和"打开文件之前取出"复选框，并在"取出名称"和"电子邮件地址"文本框内输入你的姓名和你的邮件地址，这样当别人试图取出某个已经被你取出的文件时就能知道这个文件已经被谁取出了。

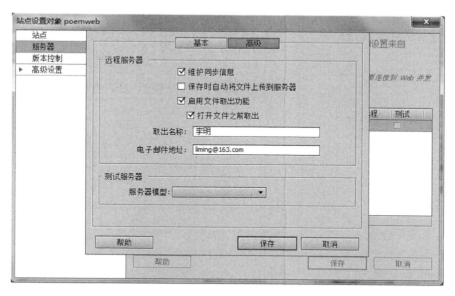

图 19.9   在"站点设置"窗口激活取出和存回功能

第4步：单击"保存"按钮关闭对话框。

19.4   取出和存回文件

当取出一个文件时，就是从远程服务器下载这个文件至本地站点文件夹内，并且锁定了远程的这个文件；这时在"文件"面板中可以看到这个本地文件和远程文件上出现"打勾"标记，表明当前该文件被取出用于编辑。当存回一个文件时，就是把这个本地文件上传至远程服务器上，并且解除了文件的锁定；这时早先在"文件"面板中这个本地文件和远程文件上的"打勾"标记消失了。

第1步：把"文件"面板扩大为全屏显示，以便能同时浏览本地文件夹和远程文件夹。

第2步：假设想取出 index.html 文件用于编辑，并且不希望别人也在这个时候编辑它。在本地文件夹单击 index.html 文件，之后单击面板工具栏内的"取出文件"图标。注意到 Dreamweaver CS5 会用这个文件的远程版本覆盖本地版本，并且两个版本的文件上都出现"打勾"标记。如图19.10所示。

第3步：缩小"文件"面板，单击面板右上角的下拉列表，从中选择"本地视图"，如图19.11所示，这样"文件"面板展示的就是本地站点文件夹内容。双击 index.html 文件打开它，对它进行修改再保存、关闭。

第4步：把"文件"面板扩大为全屏显示（也可以不用全屏显示），在本地文件夹内选中文件 index.html，之后单击面板工具栏内的"存回文件"图标，如图19.12所示。这样 index.

管理你的站点

html 被上传至远程服务器,并且远程版本被解除锁定;同时本地版本变成"只读",在文件名旁边出现一个"挂锁"标记。下次再打开这个本地文件时,Dreamweaver CS5 会自动地从远程服务器"取出"该文件的最新版本。

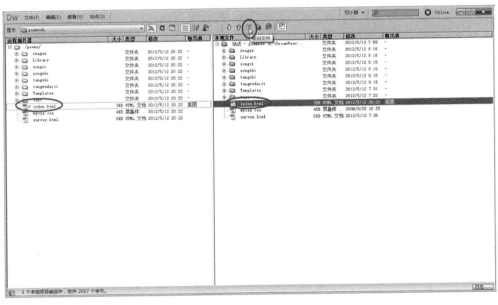

图 19.10　在修改文件之前先取出该文件以便别人不会意外地破坏你的工作

图 19.11　"文件"面板折叠后查看本地文件夹或远程文件夹

图 19.12　单击"存回文件"图标后文件旁边将出现一个"挂锁"标记

19.5　查找断掉的链接和孤立的文件

断掉的链接或者孤立的文件会使网站访问者对网站的印象大打折扣,因此,在网站发布之前发现这些潜在的问题很重要。Dreamweaver CS5 提供检查工具来发现断掉的链接和孤立的文件，并可以帮助你解决问题。

　　检查链接这项功能可以发现站点内页面间的断掉的链接，并且识别出站点内没有被其他文件使用（即链接）的孤立文件。

　　第1步：在"文件"面板双击文件 index.html 打开它。

　　第2步：选择菜单"文件"→"检查页"→"链接"命令，则打开"链接检查器"面板。面板中列出当前文件内断掉的链接，这是由于页面内链接所指向的文件不存在造成的。

　　第3步：列表中一个链接所指向的文件 tangshi/libaii.html 发生拼写错误。单击列表中这一项的第二列（即"断掉的链接"列），则链接文件名变成可编辑的，如图 19.13 所示。

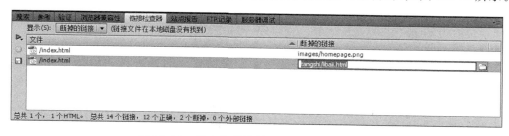

图 19.13　单击文件的第二列则可修改文件名

　　第4步：可以在编辑框内直接修改文件名，也可以单击编辑框右侧的文件夹图标，在"选择文件"对话框中指定确切的文件后单击"确定"按钮。只要新的链接文件名是正确的，链接所指的文件是存在的，则修改后该项自动从列表消失。

　　第5步：选择菜单"文件"→"保存"命令，之后关闭 index.html 文件。

　　第6步：除了可以检查某个页面内断掉的链接，还可以检查站点内断掉的链接。选择菜单"站点"→"检查站点范围的链接"命令，则又打开"链接检查器"面板。面板中列出当前站点内断掉的链接，可以单击列表中每一项的第二列来修改这一项的链接文件名。面板的左下方则显示链接相关的统计数据，如图 19.14 所示。

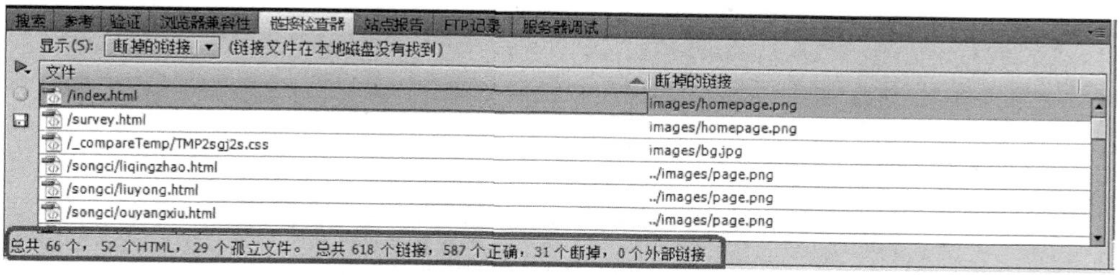

图 19.14　在"链接检查器"面板的左下方显示统计数据

　　第7步：为了查看站点内孤立的文件，在"链接检查器"面板的"显示"下拉列表中选择"孤立的文件"，如图 19.15 所示，则面板的列表显示了站点内所有孤立的文件，即没有链接指向这些文件。

　　第8步：为了查看站点内的外部链接，在"链接检查器"面板的"显示"下拉列表中选择"外部链接"，则面板的列表显示了站点所用到的外部链接。

管理你的站点

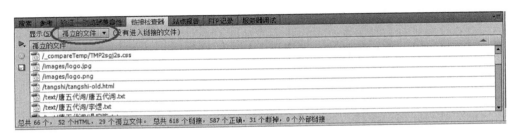

图 19.15　在"链接检查器"面板中列表显示孤立的文件

19.6　产生站点报告

Dreamweaver CS5 的站点报告功能可以在发布站点之前检查潜在的设计方面和访问方面的问题，所产生的好几类报告描述了站点的正确性及完备性问题，这些问题包括缺失页面元素的替换文本或标题、CSS 问题、HTML 标签问题。

可以为单个文档、多个文档，或者整个站点产生报告并在"站点报告"面板内列表显示所发现的问题。

第 1 步：选择菜单"站点"→"报告"命令，弹出"报告"对话框，如图 19.16 所示。对话框内显示两类报告，工作流程和 HTML 报告，选择需要的报告，再选择"报告在"下拉列表的"整个当前本地站点"项，最后单击"运行"按钮。

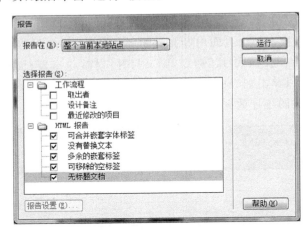

图 19.16　在对话框内选择需要的报告

第 2 步：运行结果在"站点报告"面板中显示，如图 19.17 所示。第 1 列显示页面文件名，第 2 列显示问题所在的行数，第 3 列是问题的描述。

第 3 步：双击面板中列表的某一行，则自动以拆分视图打开这一行所指定的文件，便于编辑；并且代码窗口自动高亮选中问题所在的行。

第 4 步：可以把所报告的问题保存起来。单击"站点报告"面板左侧的"保存报告"图标（即磁盘图标），如图 19.18 所示。在弹出的"另存为"对话框内选择文件夹并输入文件名，再单击"保存"按钮，则"站点报告"面板的列表内容被保存为一个 XML 格式的文件。

图 19.17 "站点报告"面板显示所发现的问题

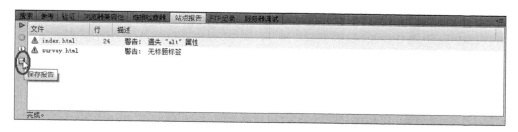

图 19.18 单击"保存报告"图标则保存列表内容

第 5 步：单击"站点报告"面板右上角的图标，在弹出的菜单中选择"关闭"，则关闭当前面板。

19.7 检查浏览器兼容性

用 CSS 设置页面格式或者创建页面布局时，可能需要确认页面是否在各种浏览器中以一致的方式显示，事实上一些浏览器可能根本不支持某些 CSS 属性。为了查找和修复任何潜在的 CSS 显示问题，需要使用 Dreamweaver CS5 的浏览器兼容性检查功能。

第 1 步：在"文件"面板内双击 index.html 文件打开它。

第 2 步：选择菜单"文件"→"检查页"→"浏览器兼容性"命令，则打开"浏览器兼容性"面板。面板的左半部分列出所发现的问题，面板的右半部分则对所选问题进行描述，如图 19.19 所示。注意，面板的右下方提供解决方案的链接。

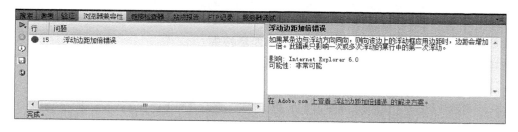

图 19.19 "浏览器兼容性"面板显示所发现的问题及描述

第 3 步：单击"浏览器兼容性"面板左上角的三角形向右箭头，在下拉菜单中选择"设置"，则弹出"目标浏览器"对话框，如图 19.20 所示。在对话框内可以重新设置要检查的目标浏览器的最低版本。

管理你的站点

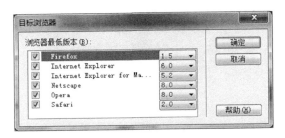

图 19.20　设置要检查的目标浏览器的最低版本

19.8　常 见 问 答

1. FTP 表示什么？它用于什么？

FTP 表示文件传输协议。FTP 用于连接你的本机与网站服务器并在两者之间传输文件。

2. 为什么 Dreamweaver CS5 会把站点的一些不是孤页的网页列为"孤立的文件"？

Dreamweaver CS5 通过检查是否有超链接指向一个页面来判断该页面是否为孤立的文件，但是 Dreamweaver CS5 的行为可能使用那些被 Dreamweaver CS5 列为孤页的文件。例如，可能使用"打开浏览器窗口"这个行为来装载一个网页，而这个网页并没有被其他的网页所链接，Dreamweaver CS5 将认为这个网页是"孤立的文件"。

3. 在运行一个网站之前，3 个可能的检查项目是什么？

（1）在"站点设置对象"面板输入并测试 FTP 连接信息；

（2）运行站点报告以改正潜在的设计问题或访问问题，如图像链接缺失替换文本，或者空的文档标题；

（3）运行站点范围的链接检查器，检查站点内断掉的链接或者孤页。

4. 怎样查出整个站点内哪些图片是没有设置"替换文本"的？

选择菜单"站点"→"报告"命令，运行站点范围的 HTML 报告，选中"没有替换文本"。

5. Dreamweaver CS5 如何给站点的文件附加设计备注？是否只能为网页而非其他格式的文件添加设计备注？

Dreamweaver CS5 可以给站点的任何文件添加设计备注。在"文件"面板内选中文件，再选择右键快捷菜单的"设计备注"项，在打开的"设计备注"对话框内就能为此文件添加设计备注。

6. 在"查找和替换"对话框内可以进行哪四类搜索？

这 4 类搜索包括：源代码、文本、文本（高级）、指定标签。

19.9　动 手 实 践

1. 导入以前练习所创建的站点，再检查该站点是否存在断掉的链接或孤页，如果有，就修复它们。

2. 选择菜单"编辑"→"查找和搜索"命令，在站点范围内搜索一个特定的标签，如<a>，单击"查找全部"按钮后查看"搜索"面板，把查找结果保存到硬盘上。

3. 对以前练习所创建的站点检查其浏览器兼容性。

参 考 文 献

[1]　严伟,潘爱民. 计算机网络[M]. 第 5 版. 北京:清华大学出版社,2012.

[2]　刘伟荣,何云. 物联网与无线传感器网络[M]. 北京:电子工业出版社,2013.

[3]　吴立德. 大学计算机信息科技教程[M]. 第二版. 上海:复旦大学出版社,2007.

[4]　何军 等. 无线通信与网络[M]. 第 2 版. 北京:清华大学出版社,2005.

[5]　吴朱华. 云计算核心技术剖析[M]. 北京:人民邮电出版社,2011.

[6]　王蓓 等. 中文版 dreamweaver cs4 网页制作实用教程[M]. 北京:清华大学出版社,2010.

[7]　陈宗斌. adobe dreamweaver cs5 中文版经典教程[M]. 北京:人民邮电出版社,2011.

[8]　孙东梅. dreamweaver cs5 完全实用手册[M]. 北京:电子工业出版社,2011.

[9]　李敏虹. dreamweaver cs5 入门与提高[M]. 北京:清华大学出版社,2012.